開放空間

將既有圍牆拆除下來的石塊拿來鋪設通道

P.50

## 開放空間

模糊界線範圍，與鄰居共享空間
P.46

開放空間

竹柵通道營造深邃景深
P.56

封閉空間與部分封閉空間

利用縱格子設計將外部風光導入中庭
P.68

照片＝小林浩志提供／SPIRAL

## 封閉空間與部分封閉空間

室內與室外形成相呼應關係
P.72

一體化

裝設木製支架幫助植栽蓬勃生長
P.76

照片＝富田治提供

一體化

利用綠色屏障引入宜人日照

P.80

寬敞

一分為二的庭院
P.88

照片＝目黑伸宜提供

寬敞

營造原野風格的居住環境
P.90

寬敞
階段性規劃長形建地
P.92

照片＝齋部功提供

照片=小林浩志提供／SPIRAL

狹小

合理地收整各項機能設施
P.96

高與低

利用綠景營造深邃景深感
P.110

照片=平井廣行提供

不規則

在旗竿型建地的竿部位地板上，賦予有表情的完成面
P.114

譯注：旗竿型建地一詞源自日文字，形容建地面積的形狀宛如一根裝上旗子的旗竿，旗竿部位是對外出入口，因而取名為旗竿敷地，本書譯作旗竿型建地。

擋土牆

擋土牆即是建築物的外牆
P.160

光、風、綠、水的設計

在二樓中庭設置群落生境
P.193

# 日式住宅外觀演繹法

NPO法人築巢會——著
洪淳瀅——譯

# 前言

「建築」固然有著引人入勝的吸引力，不過街道景觀之所以能看來既豐富又具有深度，建築物之間那極富魅力的「中庭」與「空地」實在功不可沒，除了滿足人類視覺上的感受外，也療癒了人們心靈，在維持都市生活上大有貢獻。

然而，現在的街道上已經很難看到那些富有魅力的空地了，對此，我們應該要從頭慎重檢視關於建築的周圍景觀。由於現代人們追求的是人與自然、住宅與街景都能結合並且可以帶給人溫暖與安定感受的建築物外觀，因此對於木頭格柵、木板圍牆、植栽這些能帶來柔和氣氛的元素，以及石子、水、開放式緣廊、庭院等日式住宅外觀，所創造出的人與街道之間既細膩又曖昧的關係，我們都應該要好好地重新學習及認識。

「NPO法人築巢會」成立於1983年，這是設計者們為了「提供委託人與設計者媒合的平台」所共通召開的活動。其中，建造住宅時的商談、設計、研究活動、研習講座、出版住宅書籍、住宅參觀等，都是順應社會潮流所策劃的活動。

本書收錄諸位築巢會設計者的「住宅外觀」——以享受生活與美學、充滿趣味為宗旨——範例，帶領讀者深入其中一探究竟。自從2009年出版後，很榮幸地獲得眾多讀者支持，為了滿足讀者們的訴求，我們於2012年改版成彩色印刷。

我的建築師友人曾經提過：「有個委託人帶著家人一同到事務所找我，向我表示希望自宅的外觀能像這樣……」，而令他感到訝異的是委託人拿來的不是隔間設計的書，而是這本書的初版！像這樣，現在已經有委託人會把住家周圍視為與隔間同等重要，可見這個觀念在民眾心中已然開花結果，大家都能普遍認知到外觀設計也是屬於住宅設計的一環。我們為了今後的委託人與其家人、以及協助住宅設計的每位專家們著想，這次特地在本書開頭展示幾件最新事例，以住宅外觀的真實事例編輯成寫真集，讓本書內容更加豐富、充實。

優美的「住宅外觀」不但可以巧妙地融合住宅的內外環境，也更加提升了人與自然、住宅與街景間的共存關係。一棟充滿魅力的外觀，除了歸功於建築本身的設計之外，還有普羅大眾已意識到建築周圍環境的重要性。相信不久的將來，豐富的街景一定能從這個點慢慢地拓展成線與面，美麗街景的夢想不再遙不可及。

2012年新春

本人謹代表參與本書的築巢會會友們獻上作者前言

高野保光

# 推薦序

做為「長期居留的場所」，住宅絕對是最適合展現生活樣態的容器，同時也是構成我們日常視野裡最重要而且數量最多的元素，一個地方的風貌以及人們如何過日子，都包藏在住宅的細節裡。正因為住宅具備容納眾人生活行為的能力，因此也是觀察常民文化的最佳櫥窗。每當我們到外地旅行，眼耳鼻等五官所見所聞，都會烙印在心中成為對那個地方的印象，形成了對此地人文與地景的認知。所以這個做為人類生命中的長期居留之所，對人們的空間經驗擁有著強大的影響力。

身為建築專業工作者，住宅設計總屬於又熟悉又畏懼的類型。在設計過程中，存在著共通熟悉之處，可以施以自身經驗而取得與業主的共識，卻也時時冒出從沒思考過的需求細節與屬於他人的生活哲學。因而必須時時提醒自己審慎回應，因為「生活」二字其實包含著多元而複雜的內涵，無法不斷複製相同的手法使用在不同居住者身上，而文化背景與地理條件的差異，也必定會使不同地區的住宅風貌走向不同的居住空間樣態。但是住宅設計所必須思考的核心問題卻是一致的，「是誰在什麼地方過怎樣的生活？」這也是為何住宅設計永遠是一種熟悉與相似的開始，卻往往導向不同樣態變化的原因。

但是有趣的是，所有的住宅設計似乎又有著共同追求的目標，並指向相同的心靈方向「符合居住者的需要並以適切的樣貌融入在地環境」並且「讓居住者擁有幸福感」。看似繁花似錦的種種住宅外觀，其實多半都在回答同一個問題。

在如此的詰問之下，本書究竟開展了怎樣的閱讀角度，進而引發我們對於住宅的思考呢？

## 之一　由外而內的善意

許多對住宅設計的討論，是將住宅由內而外拆解成數個部分，從使用機能開始一一進行設計對策的說明，猶如標準作業程序般一步步組建出一棟「漂亮的房子」，這是一種有效說明住宅設計手法的方式之一。

不過本書卻提供了另一種思考住宅的視角，先以七個關鍵詞彙「打開」、「隱蔽」、「整合」、「開闊」、「狹小」、「高低」、

「變形」，從外而內揉捏出住宅與周邊環境的關係，進而帶出居住者在建築基地上展開對生活場域的建構，而這七個詞彙正是感受住宅環境與空間時所能化約的最佳詮釋。帶出這些美好感受之後，進一步利用策略與手法去達成，於是成就了本書後半部精采又深入的設計圖集。換句話說，先從住宅最終意欲給予的整體質感切入，再一層一層深入細究這個整體性的零件組成，如同後期印象派中的點描畫法：在一個總括的印象之下，細細描繪出生活的風景。

《日式住宅外觀演繹法》一書之所以命名如此，清楚地揭示住宅與外部環境必須建立密切的對話，如此才能找出最適合的姿態，也才能在未來共同塑造的居住風景中給予善意。

## 之二 「必要」與「非必要」

相信大多數的人都會同意這個感想：在日本旅行，總會一次又一次在各種微小細節裡感受到日本人認真經營事物的心。日本人對於提升生活的幸福感付出了驚人的心力，總是竭盡所能在方方面面超越之前的成果，不斷地努力呈現一直在提升的美感，即便這些事物在大而化之的台灣人眼中是多麼微不足道，但是這些「非必要」卻造就日本成為民生相關產業極其發達的國家。

本書讓我再次感受到這樣的文化意念，書的內容子題繁多、鉅細靡遺地提點著住宅設計可從哪些面向切入，甚至飼主與寵物一起生活這樣的細瑣設計都盡善盡美。在台灣我們向來重視「效率」與「CP值」，對於很麻煩與無用之事始終不太熱中。不過仔細想想，「必要」的組成與重視大多僅是成就了器用，而真正傳達細節與生活溫度的東西，卻常常存在於許多的「非必要」之中：費心回收再利用的舊磚牆、與鄰居共享景觀的小小坪庭、留出適當位置與空間將設備收納至整體的立面之中……，這些非必要往往更多了份人與人、人與物交往的溫度與心意。

這本書不僅僅是住宅設計的寶庫，更透露整個日本住宅文化的深厚底蘊，除了在「必要之用」做足紮實的功夫之外，更用心經營涉及美感與生活感受的「非必要之事」，並且以眾人之力持續在不同時間、不同地點努力，建構出如今的日本住宅建築風景。

## 之三　在地住宅美學的追尋

眾多建築類型中，住宅是最為人熟知，也最能引起大眾注目的類型，因為在每日生活中，人人都離不開住宅，住宅可說是日常活動的圓心，生活皆自此延伸與輻射出去。因而住宅外觀以何種方式呈現，也傳達出居住者自身的特質。然而，住宅外觀不僅僅是居住場所與外在環境的中介皮層，實則更是由內而外，展現居住需求、回應基地、並以設計思維統合的最終成果。

住宅設計源自於居住者的渴望與需求，回應了環境賦予的條件，並採取恰當合宜的構成方法，最後以一種能與環境和諧共處的姿態將生活呈現出來，這應當也是所有住宅設計者嚮往達成的目標，也契合日本建築家內藤廣所提及的「適時、適地、適所」之觀念，亦是台灣當前住宅設計的核心命題，例如如何順應時代需求並深刻回應當代生活型態的轉變？以及如何對應基地所在的各種風土條件？又該如何符合住宅這個建築類型所應當具備的美學價值？……眾多建築專業者長久以來不斷地詰問如此問題，因為最終我們所追求的，即是符合在地特質並源自於自身需求的住宅美學。

如果人人帶著如此信念，從小小的住宅開始，重視本質、環境、美感，慢慢地就可擴及全面的城市景觀，那麼由點開始向外擴散的整體環境改造，就能啟動並且持續。我們從「住宅外觀」所觸及的視界，是對全民素質與認知提昇的提醒，也是一種對全面性美學運動的呼籲。

## 之四　攜手營造「家的風景」

往往，我們對於住宅的渴求並不在於建築的物質層次，而在於建築所蘊含的精神價值，這些價值會展現在住宅設計中，包含對於光線、風、雨水、土地的處理，也會體現在如何經營人與人之間的互動、思考人與物的共處。無論住宅在物質面上如何呈現，若最終能形塑出具有對「家」的情感與認同，那便是一幅最美好的生活風景。我想這也是此書在諸多文字與圖解的背後，最終想傳達的精神。

張正瑜　於宜蘭
常式建築師事務所

# 第一章 CHAPTER 01 住宅外觀設計的原理

## 創造微幸福的「空間」



## 從三大步驟思考外觀設計



# 第二章 CHAPTER 02 從關鍵字探討外觀設計

## KEYWORD 01 開放空間



## KEYWORD 02 封閉空間與部分封閉空間



## KEYWORD 03 一體化



## KEYWORD 04 寬敞



## KEYWORD 05 狹小

# 第三章 CHAPTER 03 各空間的設計圖選

## ITEM DESIGN 01 通道與玄關區域

## ITEM DESIGN 04 後院空間與設備區域



## ITEM DESIGN 05 車輛與自行車的停放空間

# 住宅外觀設計的原理

# 創造微幸福的「空間」

## 「適時適地適所」的住宅外觀

現今是消費者在虛擬畫面上評估商品、挑選商品的時代。在真實與虛擬交錯的空間裡，人與人之間的距離似乎產生了巨大改變……。而此時，因為高齡化、少子化、經濟不景氣等因素而形成的多樣化家庭組成型態，也促使建築界往前推進，不但在結構分析上進步神速，就連住宅設計也更加多元。因此，現狀可說是回應時代變遷之下的發展趨勢。

「以經濟因素至上，然後行政面則是配合經濟因素來創造出『適時適地適所的空間』」（「『土地』與『空間』」內藤廣〈住宅建築2007年1月號〉）

內藤先生說到，我們所處的這個「空間」不僅變得黯淡無趣，甚至枯燥乏味到令人喘不過氣，人類原本繽紛多彩的生活正慢慢地消失，然而生活中的美麗風景會如此蕩然無存，正是我們自己造成的結果。

試想追求均質與安定性的社會氛圍之下，能否在日本土地上繼續創造出同樣美麗的景色？

在這樣的時代氛圍下，我們所處的空間是否還有「適時適地適所」？

「日本建築的空間是由千變萬化的空間組成。其中，有一個好像具有實質機能、專門用來連結空間的區塊——連結屋前、屋後的橋樑——是從室外到室內或從室內到室外，以內外關係為中心，透過多種規劃與該空間氛圍，使空間得以無止盡延伸。」這個概念日本建築史家中川武在《日本住宅——空間、記憶、語言》（TOTO出版）一書也曾提到「……事實上，日本的住宅與文化之所以能發展出獨特風格，正是拜這種變化萬千的『境界空間』所賜」，此外針對現代住宅如此寫到「看起來自由無拘束只是表象，在我看來只是住戶的意識被統一、被侷限住罷了」。

林芙美子宅邸 [ 山口文象設計 1941]
這是林芙美子（日本作家）位於丘陵上的住宅。從室外到室內、從室內到室外都是互通的延伸空間。

我們在現代住宅中或許獲得了前所未有的新「氣象」，然而也捨棄至今曾經擁有過的「舊風情」。

## 從一棟住宅做起

融入當地環境的住宅，代表著建地和建地附近形成相當和諧的畫面，這必然是屋主一家共度一段歲月之後才能生成的外觀。因此，想具體表現出這種相當和諧的設計，就不可缺少「外觀計畫」。

規劃階段是摸索外觀與道路之間的界線、與近鄰之間的關係、室內與庭院之間的空間連結等，所以也可說是設計著眼點的探索作業。

猶記造訪卡萊宅邸（阿瓦・奧圖（Alvar Aalto）設計，1956～1959）時，被眼前呈直線梯田狀的陡峭坡面和勻稱的建築景象吸引，那股澄清而美麗的氣息讓人忘卻時間、迷戀不捨離去。這般自然與建築完美融合為一體的建築風景實在令人讚嘆。

此行讓我再次體悟到「那塊土地只要稍微動點巧思，讓建築更親近大自然，就能創造出幸福的場所」，由此可見將「外觀」併入建築設計的重要性。

然後，我們現在能做的是從一棟住宅、從一棵樹、以及從微不足道的「外觀設計」開始，利用現代技術摸索新街景的可能性並付諸提案。

卡萊宅邸（Alvar Aalto 設計，1956～1959）
南側外觀。將草坪花園斜坡的一部分設計成梯田狀，使建築與大自然形成美妙的相呼應關係。

「首先，從一棟住宅做起。從自己設計的住宅著手，街景就會漸漸地改變。我們得秉持著這樣的信念，否則什麼也改變不了。」（《吉村順三．住宅做法》吉村順三、中村好文［世界文化社］）

## 豐富日常生活的「和之心」

吉村順三先生曾提及，日本住宅不能只注重室內空間，室內與室外之間的自由交流、火源、水源以及廁所等等，這些和植物都是人類生活中缺一不可的必備條件。然而，現今ＩＨ調理爐問世以後，市面上熱門的建築雜誌以及許多住宅設計都讓人不禁認為日本的居住環境似乎已經不再需要火源與綠景（庭院）了。於是，一群試著改變時代與社會的建築家，他們設計的住宅構想不只包含建地與家族成員這兩項因素，而是試圖超越一般個案，推出劃時代的新設計。例如關於自然界的演化過程該如何呈現於建築上，已有人嘗試用演算法規則，設法將其具體呈現。這不是光憑經驗或習慣就能建造的建築。希望大家持續關注這種建築是如何營造與建地、與街道的關係，以及外觀設計朝向什麼樣的概念發展。

以一般提案來看，有些建築師相當重視具體空間的一致性，並且仔細考量住宅與住戶之間的關係、內部視野以及外觀給人的感覺，以確保在理想的「場所」上建造住宅。另外，有些建築師則是選擇不同的做法，甚至這種一般住宅也會試著去摸索、試著去超越，並且著重在獨特性上。

狹小建地的外觀設計範例。牆角採取開放式設計，栽植植物可美化街道，並與鄰家綠景融為一體。

進一步探討前，想試問各位「家什麼時候會使人感到舒服？」是對那片住宅風景產生情愫關係？還是腦海中模糊的生活記憶？或者是素材或比例和住宅的相互關係？還是灑落下來的柔和光線或風？……我以為應該是留心所有細節才能夠打造出宜居的空間。我們會為了營造豐富快樂的生活而特別下一番工夫，這可說是刻劃在人類DNA上的特質。外觀設計不僅是設計一棟住宅的外觀，也關係到街景，因此各位必須清楚明白——街景是由各式外觀所構成的畫面。

本書中介紹的案例就是上述所指的「空間」提案。

雖然有些不是機能上絕對必要的，但正因為有這些「並非絕對必要的空間」，才能營造出令人心境柔和的「空間」，或是空間雖小但可欣賞四季豐富的中庭、還有為了觀賞步道上的櫻花而設置的二樓露台等等，每個都是享受生活與美學意趣的案例。

這些「外觀」看似沒有作用，實質上卻是讓人們得以欣賞綠意盎然的綠景、享受向陽處的溫暖、感受柔風輕拂的舒適感等等，家裡內外到處都是讓人遺忘時光流逝、不知不覺長時間滯留，使心靈豐足的空間。

只要這樣的住宅一棟一棟慢慢地增加，最終就能找回美好的街景，造福孩童，並且營造專屬於該地方的「空間」。

雖然住宅外觀能創造的效果有限，但相當具有思考價值。

這也是為了讓土地和住宅成為可帶來小確幸的「空間」。

（高野保光）

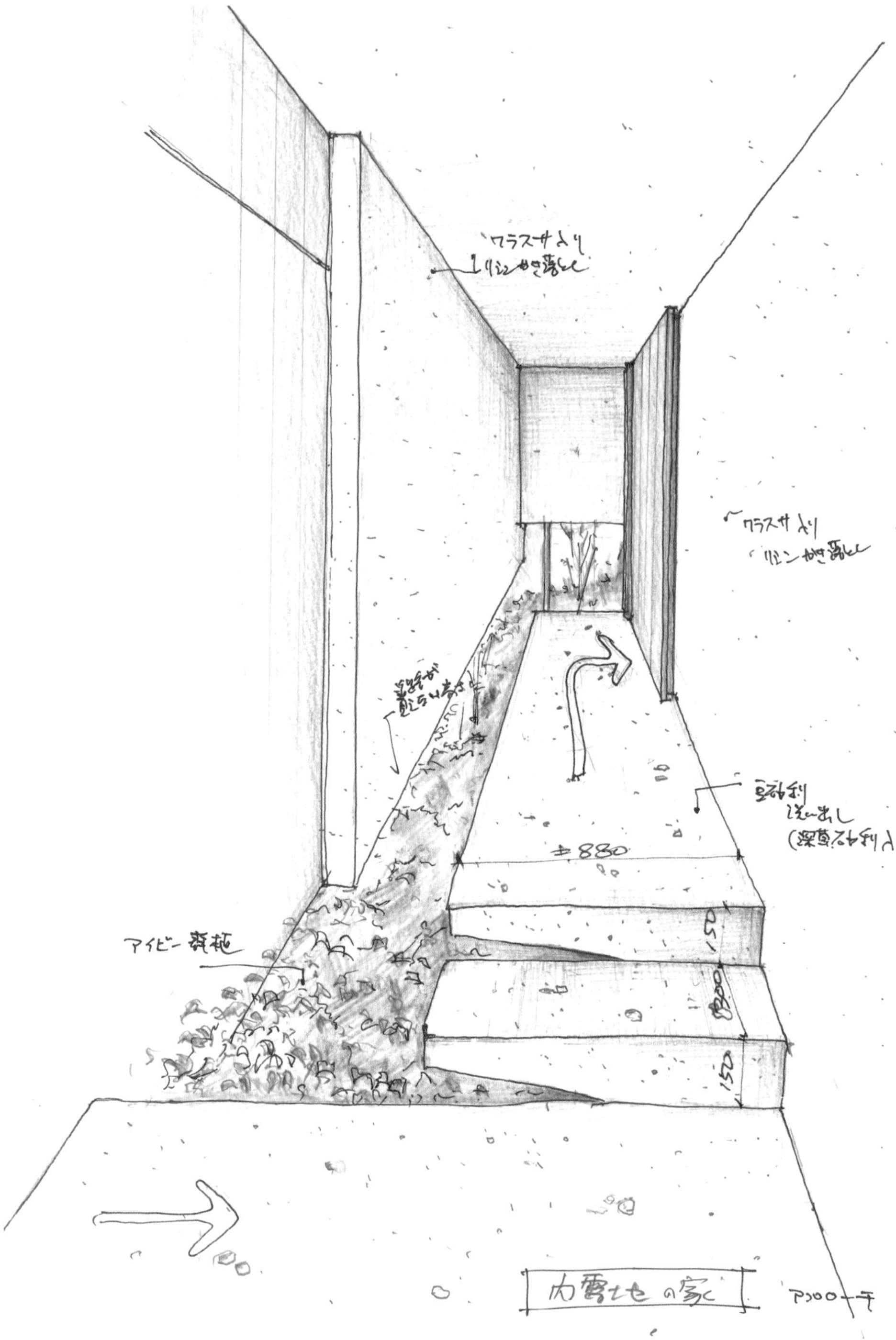


設有室內通道的家 [ 高野保光／遊空間設計室 2008 ]
以透視圖法描繪進入室內通道到玄關為止的空間，檢討牆角規劃成開放式的感受、以及綠景的呈現方式。

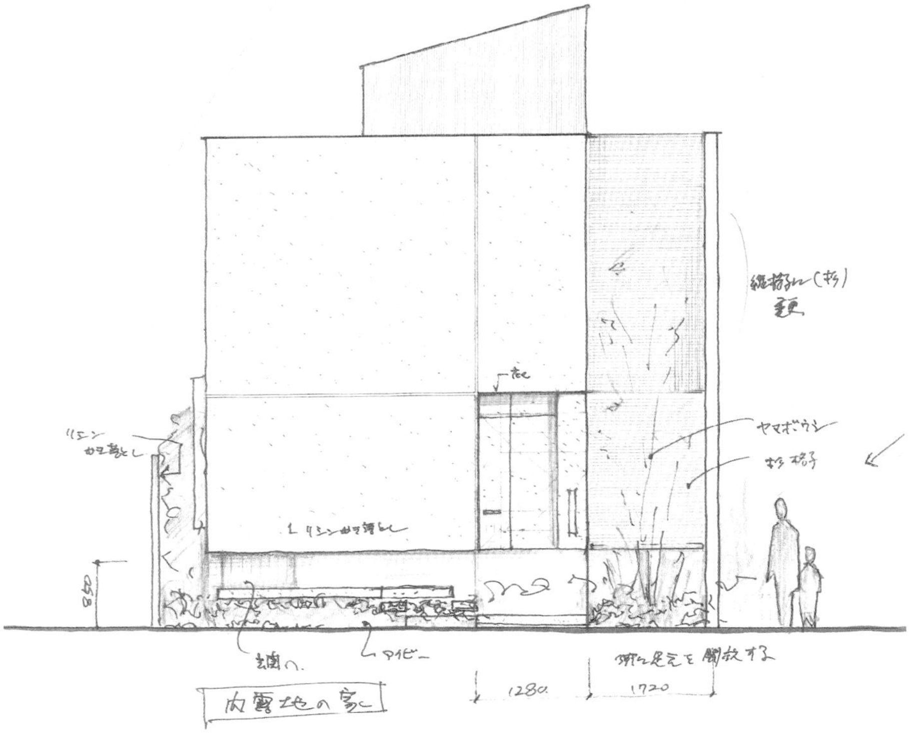


住宅環境與外觀是否能一體性地構成，關鍵在於利用立面素描反覆檢討。

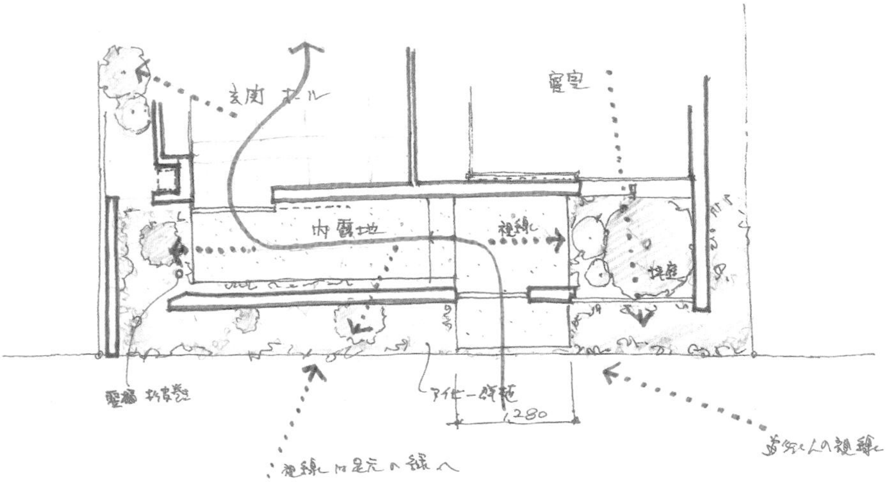


利用平面素描記錄「道路到玄關的通道距離與動線，以及各方位視線和外觀或建築物的關係」。

# 從三大步驟思考外觀設計

## 創造好風景

走在街上，偶然發現令人驚嘆的地方時，總會下意識停下腳步仔細欣賞。那樣的地方大部分都有綠景，而且即使規模不大也饒富趣味。因為經過用心修剪的綠景襯托著建築物，有種沉穩的氣息，所以自然地融入周圍環境。像是下面這張照片裡頭隱約可見一處感覺相當舒適的地方，那是設有椅子的露台，還有窗邊裝飾著可愛的陳設品。這些建築風景是經過屋主的巧手精心地維護著，可感受到屋主的生活氣息。像這樣的空間就是近在你我身旁的「好風景」。

當我腦海中浮現好風景，而且是住宅地的好風景時，那裡肯定會有陳年老舊的建築物與外觀。斑駁的老舊圍牆、門與茂盛的植栽彷彿訴說著長年佇立在那裡歷經風雪的滄桑。不過，圍牆與植栽並不會說話，以往的歷史種種很可能是我們受到那裡的氛圍影響，自己擅自想像出來的也說不定。

好的風景總是有故事。當我們置身於古老空間時，每個人所擁有的記憶與想像力，受到環境的刺激多少都會感染些許情感吧。古老空間到處都看得到人類與自然共存的痕跡。那些修補的痕跡、增改建的痕跡、晾晒衣物或澆灌樹木的日常作業、在日光照射下自然生長的綠景、風化後快剝落的屋簷、磨損的地板……，從種種痕跡，我們能夠體會到這是人類與大自然共存所編織而成的故事。

偶然路過大街看到原本是好風景的地方被改建成枯燥乏味的風景時，內心總是感到十分遺憾。為什麼會讓我有如此的感受呢？或許是因為那裡曾經營造的故事被抹滅殆盡，而新的故事卻尚未形成的關係。

一棟歷經歲月佇立在茂盛綠意中的古老建築物，是偶然看到便讓人捨不得移開目光的「好風景」。

群馬縣桐生市民宅內院裡的水道與水池。以生活空間來說，這裡規劃十分美麗，可悠閒地清洗農機具或準備食材。

進一步說明就是再怎麼嶄新美麗的風景也敵不過陳年累月的舊風景。舉例來說，以實力堅強的住宅專家的新作來看，不管外觀或植栽設計得多麼完美，竣工後總會覺得哪裡生硬不自然、景觀無法融為一體。這是因為唯有土壤、水源、日照、小蟲或鳥兒等生物的共存，故事才會開始。而且，故事還要經過歲月洗禮，一點一滴地彼此交織後才會愈陳愈香。這是剛種植的植栽根本不會有的故事。

當然，經過半年或數年以後，無論住宅內或外都會不斷地孕育出故事。除了家人間的故事以外，照顧庭院的人也能與自然對話，編織故事。自然而然與各種物品或植物、生物對話。研究土壤、澆灌或肥料的事情並實際執行看看，再觀察其成效。或許有時會遭遇失敗而感到困惑，雖然遲疑但還是會嘗試新方法……人類就是反覆這些行為，得以學習、磨練技術。一邊與自然對話一邊照顧庭院，如此一來經過歲月洗禮以後，故事就會依附著環境而生，使空間漸漸生成一片好風景。

另一方面，竣工後顯得不自然或煞風景的地方，有些即使經過歲月洗禮也不見得會往好的方面發展。以日本現代住宅來看，絕大部分都是這種類型。主要原因可能在於住戶的漠不關心，再加上設計事務所也不聞不問就這樣放置著不管，當然環境就無法朝向理想的方面發展。總歸一句，因為不注重所以不會花費時間整理。然而沒有整理的痕跡，人類的生活軌跡也就不會顯現出來。甚至有些因為怕麻煩就連自然界的活動也都盡量排除掉。這種做法只會形成與日俱增的荒涼感。

有些屋主的價值觀在於不用整理就不會衍生費用。因此只要求具備防盜、信箱與照明等最基本的機能，然後愈便宜愈好，最好也不必維護。由於這是消費者的需求，所以建材廠商在設計商品時也會打出機能性與免維護的宣傳標語。

東京葛飾區立石都會巷弄的巷道空間。
生長茂盛的盆景植物、晾晒著的衣物，
可感受到居民的生活氣息。

舊家與新家。
照片右邊是舊式日本住宅，
充滿著歲月痕跡的韻味。
照片左邊是筆者設計的改建住宅。
設計上意圖與對面舊式日本住宅形成和諧的風景。

設計者從眾多產品目錄中挑選商品；工匠則遵循建造手冊進行施工。然而故事不會依附在人們循規蹈矩「建造」出的空間。所以光是從產品目錄挑選的設計，與好風景根本沾不上邊。

本書收錄三百多張的圖面供各位參考。不過，即使將圖面複製貼到各位的設計專案裡，在不更改的情況之下也不見得適用。因此得有發生各種狀況的覺悟。例如，尺寸調整、個別收整對策、成本控制等五花八門的問題。即便發生這些問題，只要與屋主、施工方或工匠彼此好好溝通並找到解決方法，同心協力克服難關，一定可以建造出令人滿意的外觀。

## 外觀設計的三個階段

外觀設計會隨著設計者的思考方法而異，最好是參考各項政策以及興趣嗜好等條件來擬訂方法論。但即便如此，通常並無法依此就能提出好外觀的方法論，這是因為好的外觀設計，考慮的絕對不只是這樣而已。

筆者回顧至今經手過的住宅建造案例，在仔細分析筆者本身的風格以後，大致上可將外觀建造的程序分成三個階段。

- 計畫和整體結構的階段
- 細部設計與報價調整的階段
- 細部決定與施工的階段

以下，不妨也試著檢討看看在每個階段當中該如何思考才是良策。

湯島聖堂的高大圍牆。
這是重疊好幾層板瓦，厚重且堅固的圍牆。
隨著歲月洗禮，更添增獨特風格。

## 計畫和整體結構的階段

計畫和整體結構的階段理所當然是從設計的最初時期開始。這個階段是檢討建地如何配置建築物、會有多大規模的建築物以及如何構成。

依照屋主的需求與生活型態來設定必要的房間數，並依據法規限制與預算等條件，粗估整體規模的大小與樓層數，然後從周邊環境之間的關係思考如何構成整體空間。有些建築師會在繪製圖面時，將描圖紙覆蓋在建地圖上，然後一邊思考區域劃分和動線，一邊用鉛筆勾勒出草圖；也有建築師會先考慮整體結構後才繪製相關配置圖。總之，對一名建築師來說這些都是應當具備的基本能力。

這個階段還不會進行外觀設計的單獨思考。因為考慮到內與外在整體之中的相互關係，若以外部設計為主，則內部會產生變化，反之，若考慮內部的條件與需求，那麼外部的形狀也會跟著改變，內部與外部的緊密關係就是這麼地密不可分。

為了營造更舒適且更有活力的室外空間，必須考量「圖和地」的關係，最有效的方法是將外部也當做是「圖」的一部分來進行配置。比方說在四方形建地上建造四方形建築物，建築物即是「圖」，而建地界線範圍內與建築物之間多餘的空間就是「地」。就算建築物呈L形或ㄈ形等不規則形，也能打造出圖和地融合為一體的室外空間。也就是說，可以將「地」規劃成中庭或通道空間、或者當成通風採光的空間來加以活用。

這是位於希臘提諾斯島（Tinos island）村落中的小廣場。
樓梯上去是私人領域。
樓梯旁設有板凳與公共水池。這裡有避免日晒的樹蔭。

這個階段必須先檢討周邊環境的條件，也就是檢討鄰家建築物的高度、以及各方位的日照方式。然後從圖面檢討室外空間能夠獲得多少日照。中庭等空間不一定要全面導入陽光，也可能換個方向利用微弱光源製造陰影。簡而言之，建築師必須發揮想像力，理解四季的日照方位角度，同時預想外部空間能否營造出良好的氛圍。

此外，有沒有向周邊環境開放的空間、有沒有深具魅力的風景、以及是否有向周邊借景的條件等等，也是思考的重點。像是附近有公園或河川這類開放空間、或鄰家庭院富有充沛綠景時，最有效的方法就是將室外空間打造成朝向那個方位的開放空間，或者將之一體化形成一個整頓過的綠景區域。這部分的具體內容會在第二章的個案研究中說明，敬請參考指教。

還有，停車空間的規劃方式也會對建築物的配置產生莫大影響，而且關係著從道路端看建築外觀的印象。雖然規劃室內車庫並裝設車庫門，就能避免影響建築物的外觀設計，但無法這麼做的話，這個車庫就會格外顯眼。因此，在設計最初期的階段就應該充分檢討，確認車庫是否為開放式、是否有車庫屋頂、以及需不需要車庫門等，都必須事前與屋主討論。

## 細部設計與報價調整的階段

在細部設計的階段裡，應該更具體地思考該如何活用計畫中的室外空間。首先可從機能著手，接著是決定高度、階梯尺寸、以及素材或完成面的處理方法，最後再思考照明效果、植栽維護等設計的具體方法。

停車空間的設計對外觀形象影響甚大。
畫出透視圖、想像從道路端望向屋頂的印象。
強調水平線，屋頂斜度配合視線角度，讓整體看起來舒適簡潔。

借鄰家中庭的綠景。
充分解讀和周邊環境的關係，
設計成與鄰地一體化的綠景區域。

這個階段或許不需要連細部的收整都一併列出，但至少將必要的東西、素材、部材等報價單上所條列的數量資訊標示到圖面上。萬一外觀設計費用不足，必須做異動時，也不至於演變成簡陋的外觀。

相關的必要機能應該在這個階段確實掌握，最好全部附註在圖面上。將「這個是必要的」、「這個時候需要花費這些費用」一個一個標示清楚讓屋主知道，同時當施工現場再次檢討外觀施工細節時，這張圖面也能當做基準。此外後續在修改設計時，不管是畫出詳細圖並列出工作細節，或是改用其他的完成面處理或更換材料，只要不超出一開始所編列的預算，就還有許多變更設計的可能性。

思考外觀機能時，只要以人類為中心來考量設計，就能確保機能的實用性。例如設置通道前先預測屋主的行走動向；設置露台等空間前先模擬屋主的生活方式；設置庭院前先設想窗外的景致；設置倉庫前先規劃物品的取放動線；設置設備前先考量維護或檢測時的通行空間……等。換句話說，就是想像實際生活於該空間時是否方便。不光是抽象性的分析機能，而是想像自己實際使用這些機能時的感受。

防盜性是不可忽視的機能。防止入侵的對策多少都會採取一些手法，由於最好的方法是避免製造視覺上的死角讓入侵者無從隱蔽，而本書第二章所提及的「開放」式外觀設計就是相當有效的對策。

至於階梯高低、高度尺寸方面，可利用忽隱忽現的手法來豐富通道的連續感，或者營造從小封閉空間到大開放空間，這樣具有層次轉變的手法也相當有效。還有，巧妙活用高低差打造領域感也能起嚇阻作用，使他人內心產生不敢擅自入侵的念頭，也有助於提高隱私與防盜性。

朝倉雕塑館（谷中）的舊玄關。
玄關正面的植栽形成有如隧道般的通道，
踏上玄關隨即映入眼簾的一口窗，
從窗口能看見屋內中庭的美景。
明暗對比、環境調和、若隱若現的設計方法等，
都是值得學習的技巧。

可隱約看見庭院深處的門與通道。
訪客在此處看到什麼、
如何進行活動、會有什麼感受？
設計著重於必須想像自身實際處於該空間的情境。

最好從素材的耐久性和視覺設計性兩方面著手檢討使用方法。考慮到耐久性時，往往會偏向選用「鋁製現成品」。然而，除了著重整體的協調感與質感以外，更重要的是在向屋主說明將來的維修與成本等細節之時，最好能說明該素材與設計產生的價值何在。少了這個步驟，就無法構成理想中的外觀設計。

設備方面往往都是被推遲到最後階段，如果專業知識不足，設備很容易外露在意想不到的地方，甚至整體的外觀設計也因此功虧一簣。很多設備會露出於住宅外觀上，像是各種儀錶類、電力或電話的線路配置、空調或熱水器的室外機、排水孔蓋等。如何精準預測設置位置並完美呈現外觀，得具備深厚的實力才辦得到，因為設置時不但不能折損設備原本的機能，還必須兼顧維修更換和美觀。

## 細部決定與施工的階段

本書第三章「設計圖選」中收錄的圖面幾乎都是筆者在施工中所繪製的圖面。其他的有些無需繪製、或是在現場就能拍板定案的部分則是利用速寫或筆記之類的資料，與現場監督或施工方開會共同商議決定。不過，當想到設計必須「營造整體美觀」、以及「注重細節，以加深訪客對建築物的印象」時，就會確實將之圖面化。

圖面化的部分或細部果然必須經設計才能展現出高品質的表面。呈現升級的質感。因此，只要詳細圖預先做到檢討尺寸與收整，並且確保在合理的狀況下製作、施工，施工方也會抱持著相同的覺悟與態度接下案子。

透視圖適用於向屋主說明外觀設計的設計概念。
這張透視圖是說明改造後的外觀樣貌。
改造項目包含變更外牆與開口部分、
利用木材遮蔽位於二樓露台的室外機、
以及停車空間鋪設枕木與草皮。

咖啡館兼住宅的外牆與植栽。
這是精心修剪過的植栽一例。
張貼柳杉板的外牆雖然也需要維護，
但風化後的表面別具一番風味。

在進行中的施工現場，當拿著詳細圖與監督或施工方討論時，或許第一次配合的施工方、或不習慣與建築師工作的工匠們會相當抗拒。有些會擺出一副「什麼！要做到這個地步嗎？」的表情。不過，只要好好說明使用的材料和做法，同時傾聽理解施工方或監督提出的施工問題，展現共同謀策、設法解決問題的態度，通常對方都會願意攜手實現計畫。千萬不可強行要求對方配合，重要的是聆聽施工上的困難點，並且彈性變更細部設計。因為大多技術上或施工上的不合理都會衍生出後續麻煩的問題。

彙整詳細圖是件相當耗時又費神的作業。相對的，這也是建築設計的有趣之處。因為建築師在思考設計時既要貼近人體工學，也要依照自己的實際感受加以想像。因此，欣賞做好的設計並實際操作看看，能真實地體驗到「完美的地方、或有待改善的地方」是相當重要的。將選用的素材、結構、工法、以及手法和美感全都統整到一張詳細圖，經過仔細彙整的詳細圖能讓即使不起眼的部分也設計得很美麗。最後，最重要的是做為一名建築師必須秉持打造美觀的意念，並設法實現設計。

（安井正）

施工中的外觀。
植栽或石頭的配置等許多難以在圖面決定的要素，都是外觀設計的重點。
大多都在現場與施工方溝通細部工法並當場決定或變更。

# 從關鍵字
# 探討外觀設計

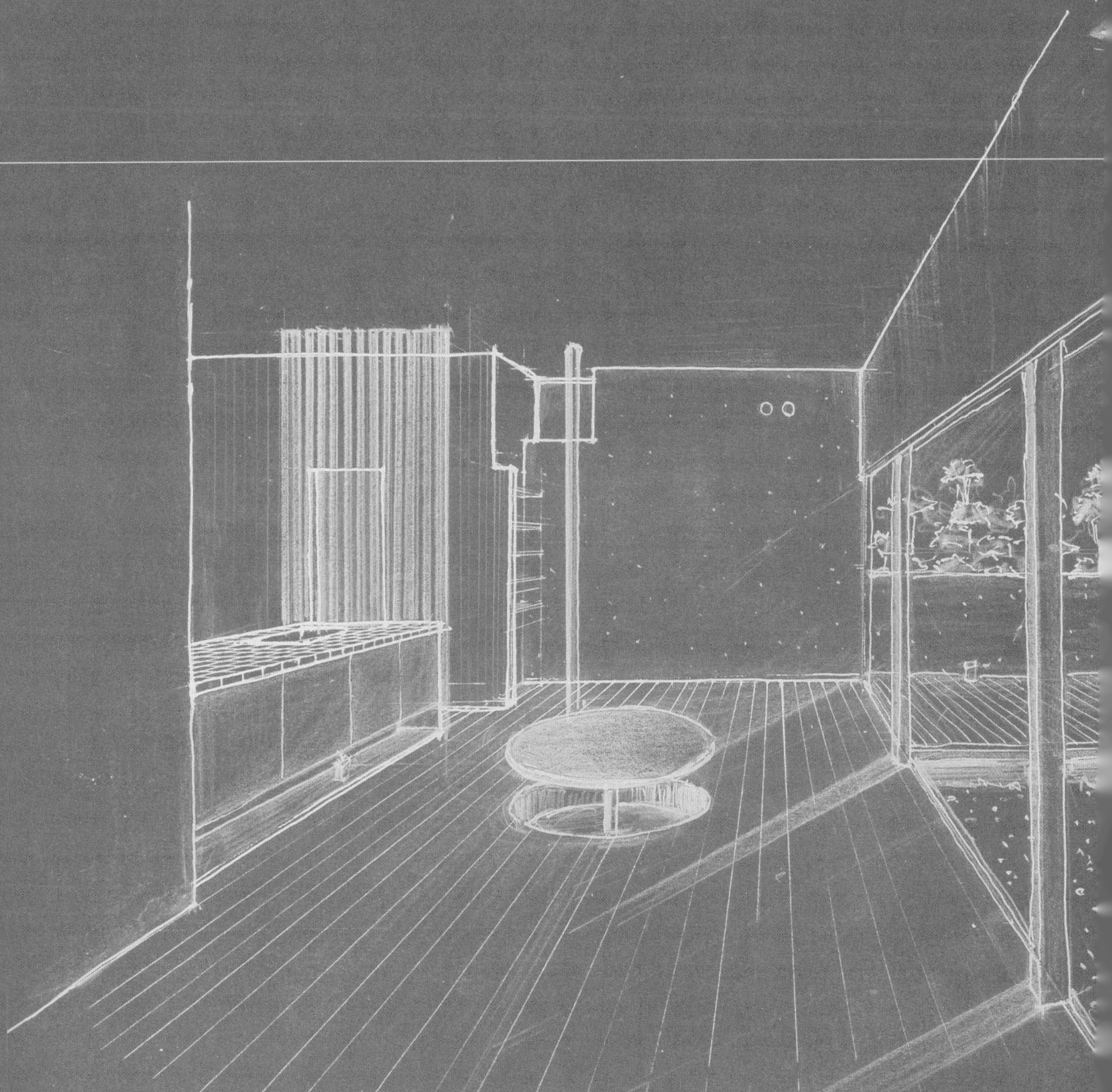

# 開放空間

## 手法[1]——將道路與建築外觀視為同一空間

### 形式化的圍牆與柵欄

「開放空間」是打造住宅外觀的首要重點手法。

日本住宅之所以傾向於封閉式的外觀，主要原因除了承襲象徵武家社會地位的氣派大門、圍牆之外，另一項則是基於防盜，大多會設置圍牆或柵欄來防止外人入侵。

然而，建地在逐漸細分化、狹小化的變化之中，以往圍牆與柵欄所具備的功能變得無法發揮用途。因為那些已淪為只是徒增建築物與邊界之間的無用空間而已。因此，要說圍牆與柵欄早已成為形式化的產物也不為過。

### 設計曖昧模糊的界線

「開放」式的建築外觀是指不將空間清楚劃出界線。也就是說，土地界線上沒有一整面的立體構造將道路與建地區隔開來，而是將道路和建地的一部分一體化，當做一個空間看待。建築師即是秉持著這樣的意念，融合道路與建築外觀，打造成一座以建築物為背景的庭院，讓行人與住戶共享這個跨領域的空間。

另外，以植栽代替柵欄也算是「開放空間」的做法。對於建地狹小、界線和建築物主體相當接近的建案來說特別有效。然而一旦沒有一整面的立體構造劃清區域界線時，視個案情況來說，就有可能發生土地所有權的爭議問題。不過，只要在界線上設置做為標記的界樁或矮牆，就等於主張私人用地範圍，如此一來爭議問題也能迎刃而解。

若無法活用「開放空間」創造出的空間，那麼設計再怎麼豐富的「開放」式外觀也是毫無意義。舉例來說，當庭院不蓋圍牆而是向道路開放時，或許可大膽設計一條如迂迴小徑般的通道連接內外。只是，這條通道該如何設計需要精心思考。又例如想營造步行經過樹下時那種放眼望去視線朦朧的感覺，其實只要回想一下以往的經驗，腦海就會浮現出好的設計。

### 確保隱私與防盜性能

「開放」式外觀會有隱私與防盜的疑慮，對此有各種解決對策供各位參考。

①在建築物的內縮部分設置門或圍牆。

②藉由變換通道地板完成面打造領域感，讓外人產生不能擅自入侵的心理。

③利用植栽限定可共享的區域範圍。

④利用段差或階梯高低差做出區隔，使外人不易越界。

這些手法不只能單獨使用，甚至還能多個搭配使用。只要做出像這樣有階段性的空間，就能有效確保隱私與防盜性能。

（安井正）

# 「開放空間」

- 土地界線上不蓋高牆或柵欄。
- 將道路和建築外觀融為一體，視這個空間為一座庭院。
- 將建築物內縮變成植栽的背景。
- 為了確保隱私與防盜性能，可多種手法搭配使用。

「開放」式的外觀就是不在土地界線上設置門、圍牆等一整面的立體構造，而是搭配植栽或地板完成面、高低差等手法創造出具有階段性的空間。也就是說，感覺像是一座與道路一體的庭院。

**非開放空間的外觀**

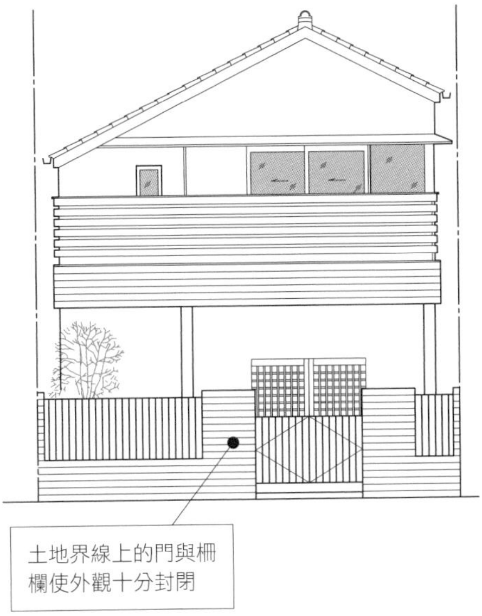

土地界線上的門與柵欄使外觀十分封閉

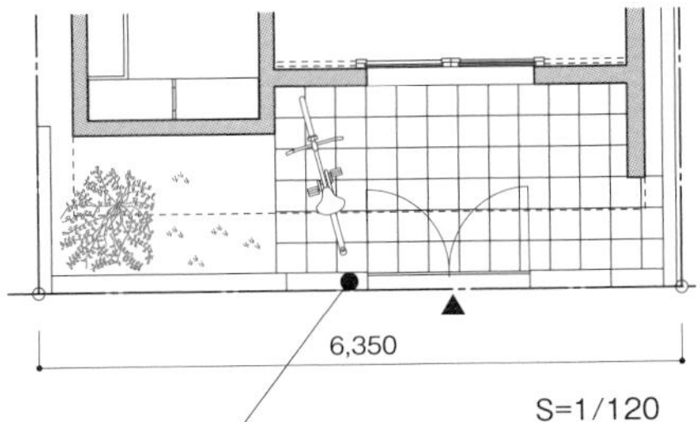


S=1/120

一般封閉式外觀是明顯區隔內和外的空間

**開放空間的外觀**

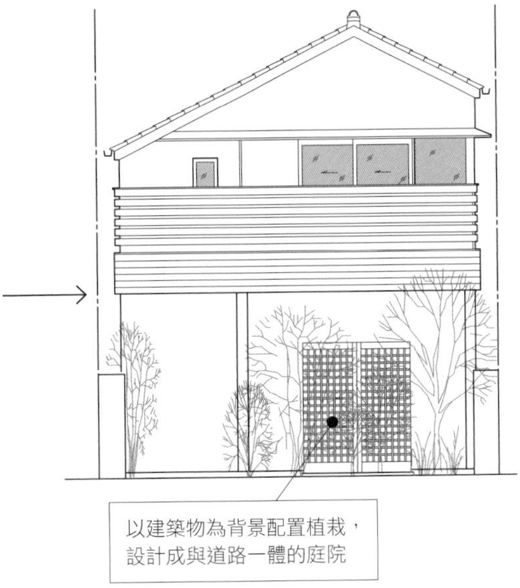

以建築物為背景配置植栽，設計成與道路一體的庭院

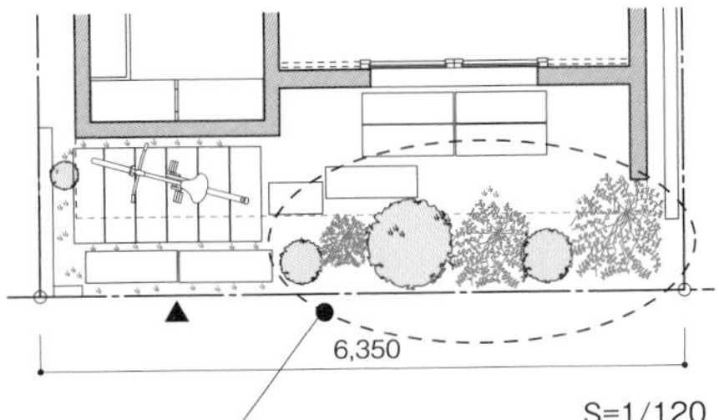


S=1/120

利用植栽的配置模糊土地界線。還可當做綠色屏障遮蔽主要出入口

# 模糊土地界線，與鄰居共享空間

橫切建地中央的鋼筋混凝土隔牆（RC 隔牆）一直到道路邊緣。以向道路開放的庭院做為背景，不但能營造私人空間感，也能模糊與鄰地之間的界線
這條通道結合植栽、素材、舒適感、高低差等多種設計手法，以活用建築物內縮後空出的空間

藉著重建提升居住環境品質，本案例採取與鄰居共享外部空間的設計。

## 利用四座庭院演繹「開放空間」的手法

本地區開發至今經過20～30年頭，隨著時間流逝周邊環境已逐漸趨向穩定。因此，為了使新落成的住宅能間接提升社區整體的居住環境品質，本案例採用模糊建地的界線，將外觀設計成與鄰地共用的空間。

這棟住宅的周圍圍繞著分別取名為春、夏、秋、冬的四個庭院。西側鄰地是國中校地。由於緊鄰隔壁的校地上種著一株櫻花樹，所以擅自將這個區域稱為「春庭」。而北側鄰家的庭院裡則種有紫薇（俗稱百日紅），一到夏天就會盛開紅色花朵。這個方位也是借景，有鄰家的綠景陪襯之下的這個區域稱為「夏庭」。然後，東側面向道路的區域種了一棵到秋天會轉變成美麗紅葉的楓樹，所以這裡設置成「秋庭」當做是向道路開放的通道空間。最後，南側是空出一大片寬廣土地的「冬庭」。

在與南側鄰家間的土地界線上，寧可不設置條狀柵欄而以長凳和兼具遮蔽機能的屏風取而代之。並且，栽植多種不同於矮樹籬笆的植栽，當做防止外人入侵的綠色遮蔽物。如此一來，建築外觀會因為模糊了界線而得到意想不到的寬闊感。

**活用借景的北側中庭「夏庭」**

借用鄰家的綠景，將其納入共享空間，以提升周邊環境與居住品質。這裡的圍牆是塗成白色的既有水泥磚牆，並採用長條木板鋪排成木板與木板之間保留些許縫隙的做法。

**區分停車空間與通道**

以鋼筋混凝土隔牆將停車空間與通道區隔開來。停車空間的屋頂設計是順著行人抬頭時的視線角度，期待能帶給路人薄又輕巧的視覺感受。鋼骨柱的柱腳則用植栽布置。

所在地 **東京都調布市——設計者 安井正／CraftScience建築事務所**

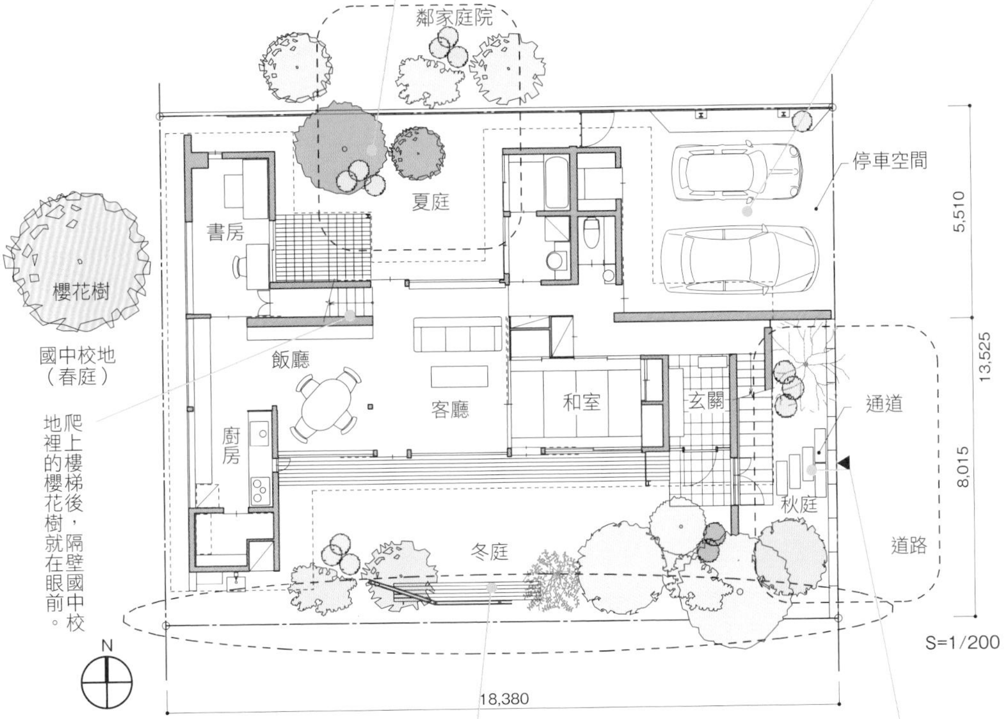
鄰家庭院
夏庭
書房
櫻花樹
國中校地
（春庭）
飯廳
客廳
和室
玄關
廚房
爬上樓梯後，隔壁國中校地裡的櫻花樹就在眼前。
冬庭
秋庭
停車空間
通道
道路
5,510
13,525
8,015
18,380
N
S=1/200

**南側主庭「冬庭」**

在庭院的一部分設置附有長凳、「く」形屏風形狀的柵欄。這道是具有遮蔽機能的屏障。這種設計不但能模糊界線，也能滿足必要的機能。

**向道路開放的「秋庭」**

這是設置在內縮空間上的混凝土牆。牆上的開口部具有門的機能。

# 植栽的「區隔性」有助防盜

迎賓用的「迎客」植栽
用於夜間照明的腳邊室外燈
在道路旁設置做為界線的門柱，並在門柱上裝設照明與對講機

通道入口處設有對講機，往玄關的通道是一條彎曲的小徑。由於開放式外觀沒有死角問題，所以反而更加安心。

## 提升街景價值的外觀

足夠寬廣的建地當然不需要設置明確的界線，然而即便是狹窄的建地，在緊鄰道路處築起外牆或圍起牆壁，將道路和建地區隔開來的做法，都令筆者感到相當可惜。

每一戶住宅都是構成街景的要素。因此只要周邊環境不是太糟糕，某個程度地開放建築是展現對街景的恭敬之意。

本案例的住宅外觀北側是採面向道路完全開放的設計。利用內縮建築物的空間種植植栽，使道路和建築物「不著痕跡地」隔開，營造和緩的界線。這般綠意盎然的外觀不僅為街道帶來沉靜氣氛，也能提升住宅地的價值。

開放式外觀最令人擔心的問題應該是防盜方面。一般大多的「防盜」方法都是設置高牆，然而一旦竊賊翻牆入內，反而能避人耳目有了撬開門鎖的時間。在防盜方面，最難落實不製造死角，因此利用植栽區隔可說相當有成效。此外，在靠近道路的位置設置對講機，並且將通道設計成迂迴小徑的話，能夠讓陌生人不易闖入私人土地。這些巧思都是外觀計畫的具體做法。

**富有街景觀賞的作用**
不設圍牆或柵欄，而是將植栽當做緩衝區連接建築物與道路。

**強調百葉窗**
從正面看得見的百葉窗是室內與中庭之間的隔牆。這道具有通風機能的牆也是住宅的外觀。

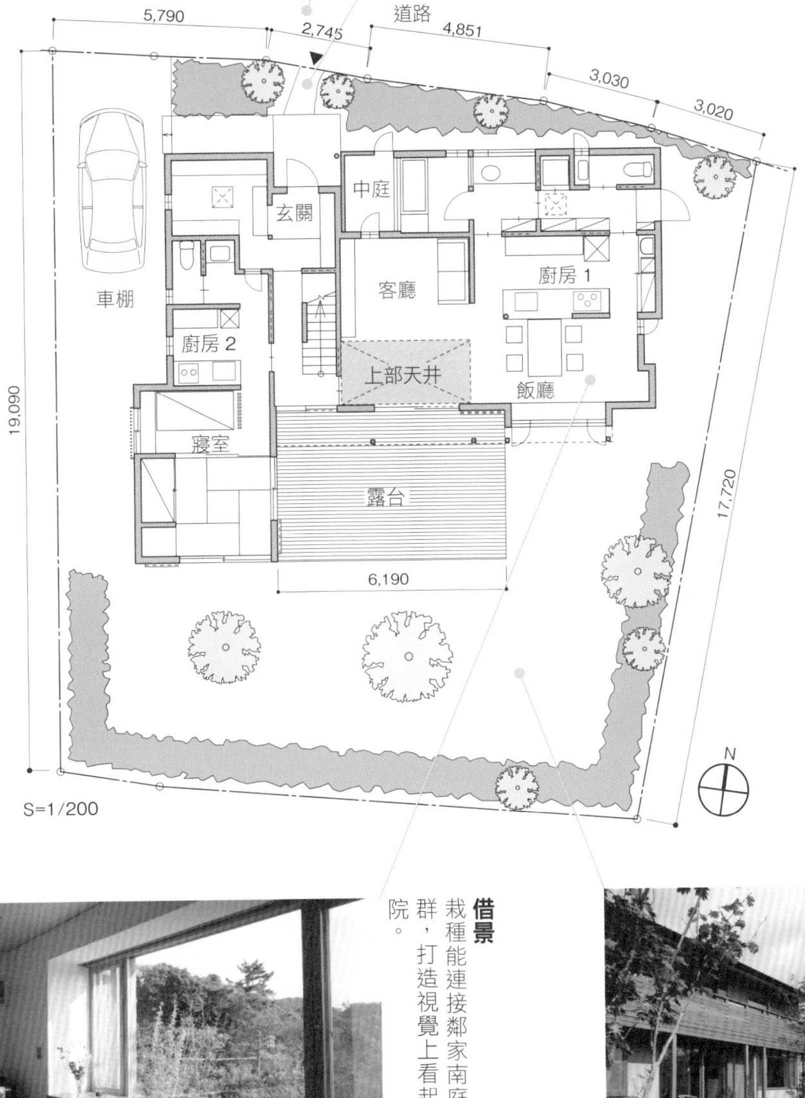
5,790
2,745
道路
4,851
3,030
3,020
中庭
玄關
車棚
客廳
廚房 1
廚房 2
上部天井
飯廳
寢室
露台
6,190
19,090
17,720
N
S=1/200

所在地 東京都練馬區——設計者 落合雄二／U設計室

**借景**
栽種能連接鄰家南庭與自家庭院的樹群，打造視覺上看起來更加廣闊的庭院。

**創造室內第二空間**
大面積的戶外平台巧妙連接室內與庭院。

# 既有圍牆變成通道地板的材料

將拆除下來的大谷石，鋪設於通道與階梯的地板上。走在通道上就像是鑽入樹枝盤結交錯的綠色隧道。

從樹枝縫隙隱約可見庭院。使人更加期待「庭院深處有什麼？」

再利用既有的大谷石石板鋪設而成的通道

## 不需要圍牆

本案例改造屋主在25年前購入的新成屋。長年居住於此住宅的屋主決定將一樓客廳與和室改造成對外開放的咖啡館。

這裡有一面給人與世隔絕印象的大谷石圍牆。由於屋主的開店計畫，因此決議拆除部分圍牆、開放庭院，並且確保通道空間。這種改造成住商合併的案例，需要區分家人用和顧客用的出入口通道，不過幸好這裡位於絕佳的路角地（俗稱三角窗地），不但滿足以上的條件，而且能輕鬆做出完成度高的住商專用出入口設計。

改向道路側開放的話，就必須拆除停車空間和玄關區域裡所有的既有門扉、門柱、柵欄。此外，開放式外觀講究地板完成面，本案例是在車棚地板鋪設古色古香的枕木並在枕木間的縫隙種植玉龍草。並且，活用從圍牆拆除下來的大谷石這種質地的復古感，做為階梯與門廊地板的鋪材。

咖啡館有助提升家族間或社區間的關係，增進彼此感情。因此，開放住宅不只是單純開放空間，在文化和社會層面上都具有開創各種可能性的價值。

**改造後的咖啡館通道**
拆除圍牆並設置一條從東側道路通往咖啡館的通道。圍牆底部兩層可發揮擋土牆的功用，因此底部維持原狀不動。

**改造前的住宅外觀**
從東側道路拍攝的照片。大谷石圍牆環繞著住宅，給人封閉的印象。

所在地 東京都調布市——設計者 安井正／CraftScience建築事務所

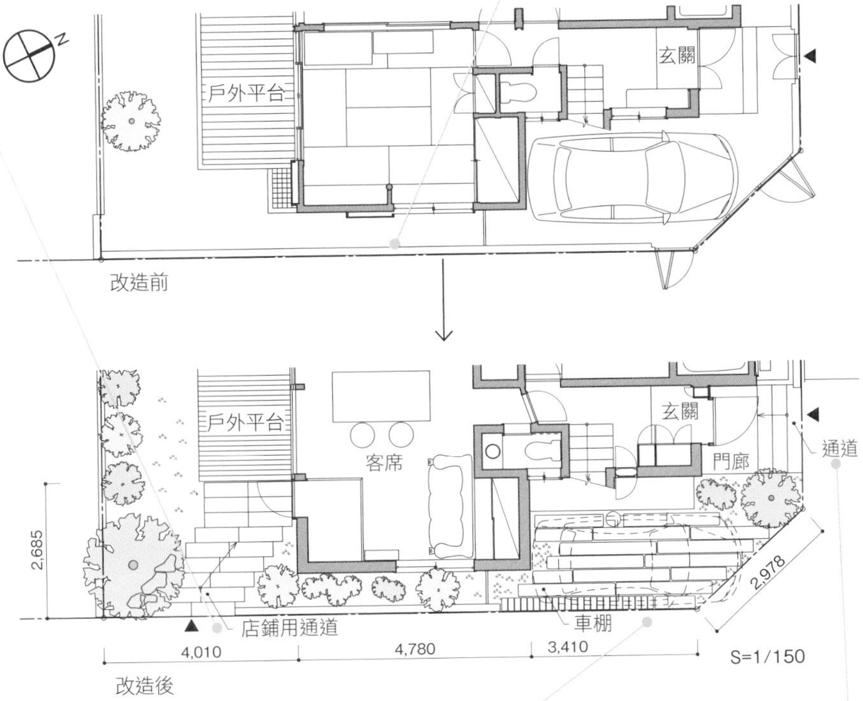
戶外平台
玄關
改造前
戶外平台
玄關
客席
門廊
通道
2,685
2,978
店鋪用通道
車棚
4,010
4,780
3,410
S=1/150
改造後

**改造後的車棚**
拆除磁磚並鋪上枕木，在枕木間的縫隙種植玉龍草。

**改造後的自宅通道**
將失去圍牆作用的大谷石做為玄關門廊與階梯的鋪設材料。種植樹木以區隔出停車空間。

# 開放通道、利用格子圈出玄關區域

木格子的內側是玄關門廊。格子影子隨著光線照入角度的不同而變化，為玄關區域增添多種風情
二樓大面積凸出的陽台兼為停車空間的屋頂
停車空間這一側鋪設枕木；另一側通道則鋪花崗石，是利用視覺劃分空間

這是從西側道路觀看通道和停車空間。鋪有枕木的停車空間裡邊是房間前的庭院。為確保這裡的隱私，必須設置木板圍牆區隔兩處。

## 利用地板劃分區域以及植栽的連續性

這是一塊路角地的外觀設計案例，一面是交通繁忙的南側道路；另一面是設有住宅出入口的西側道路。出入口只有一個，設置在交通量少的西側，南側則打造一排綠籬。

為了讓南側建地保有充足的空間，西側只能有1.8m左右的深度。因此，本案例嘗試在有限的空間裡，打造一條向外開放的通道，使住宅外觀成為開放式的外觀。

具體做法是不設置門板等隔間，而是將通道與停車空間設計成開放式，然後又利用花崗岩和枕木兩種不同的材料，分別鋪設在通道和停車空間的地板上，明確區分出「通行路線」。另外，在地板縫隙間種植花草，使之具有連續性。

至於連接通道的玄關門廊，則是在道路側設置木格子，形成一個被柔和包覆的空間。當打開玄關門時，這道木格子與玄關前的四照花隨即映入眼簾，十分顯眼。這塊小小的空間也因此得以稍微遠離塵囂，成為能夠沉澱心靈的場所。

這種外觀設計不但能避免室內被行人一覽無遺，同時是家人能輕鬆進出的通道。

**兼具眺望與遮蔽功能的通道**
外玄關的玻璃牆面外側，設有從門廊延續過來的木格子。打開玄關門，正前方的四照花正好可發揮遮蔽外人視線的功能。

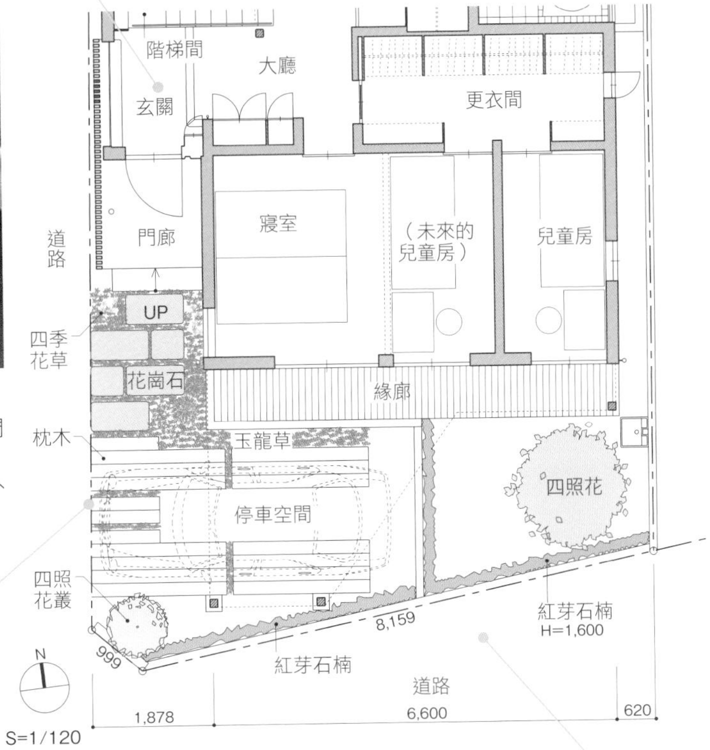
階梯間
大廳
玄關
更衣間
道路
門廊
寢室
（未來的兒童房）
兒童房
UP
四季花草
花崗石
緣廊
枕木
玉龍草
四照花
停車空間
四照花叢
8,159
紅芽石楠
H=1,600
999
N
紅芽石楠
道路
1,878
6,600
620
S=1/120

所在地 千葉縣市川市——設計者 松本直子／松本直子建築設計事務所

**以花與木格子裝飾玄關前**
這是善用道路與建築物之間，約1.8m寬的L形通道。花崗岩周圍那些惹人憐愛的小花以及玄關門廊的木格子，使建築物顏面的玄關演繹出魅力四射的景致。

**在南側道路旁設置綠籬**
向西側道路開放並在緊鄰南側道路的側邊打造一道綠籬，綠籬內側便是房間前的庭院。由於能夠遮蔽外來視線，所以可確保隱私。

KEYWORD 01

開放空間

# 以地板完成面劃分停車空間、通道與前庭的空間

樹形纖細的花梨樹柔和劃分出與南側鄰地的界線
以爬滿卡羅萊納茉莉的木板圍牆區隔與北側鄰地的界線
採用同素材營造一體感，但以不同的形態巧妙劃分出通道（右側）與停車空間（左側）

無論是通道、停車空間還是前庭都採開放式的這個空間，是利用植草磚和植栽調和周邊綠意盎然的綠景，營造柔和的氣氛。

## 通道與停車空間的併用例

這是座落於日本東京都武藏野市，一處綠景蔥蔥、沉靜的住宅區裡的「開放」式外觀。東西向長的建地被分割成三個區域，建築物位於正中央。東側庭院種有季節性的香草田與四季花草這類能帶給人寂靜感的植物，而且，隨著季節更迭還可以享受採收的樂趣。面向道路的西側則是通道兼停車空間，這邊也種有植栽。

由於考量到停車的便利性，再加上有限空間裡無法不加思索隨意設置圍牆或大門。因此，本案例設計成通道與停車空間一體化的開放式外觀。藉由內縮設計營造深邃景深感，使建築物看起來有放大效果。這種「構圖」能烘托出街景。

然後，這個空間同時是前庭，所以選擇隨處栽植花草，營造與綠樹繁茂的周邊環境和諧共存的景致。通道的部分採用混凝土洗石子地板，間距配合行走的步伐大小。在踏板間的縫隙栽植姬龍草，設計成植草磚的鋪面樣式。此外，建築物旁邊是一處能帶給用路人樂趣的植栽空間。南側種植樹形纖細的花梨樹；北側以爬滿卡羅萊納茉莉的木板圍牆，柔和劃分出與鄰地的界線。

**連接飯廳與庭院的戶外平台**
這是連接庭院的戶外平台，完全敞開推拉門時，裡外就是融合成一體的空間。可在平台上輕鬆享受露天飲茶的樂趣。

**建築物旁邊的植栽空間**
即使空間狹小，在僅有的空間裡種植植栽能為堅固的建築物印象添加柔和感。

**所在地** 東京都武藏野市——**設計者** 村田淳／村田淳建築研究室

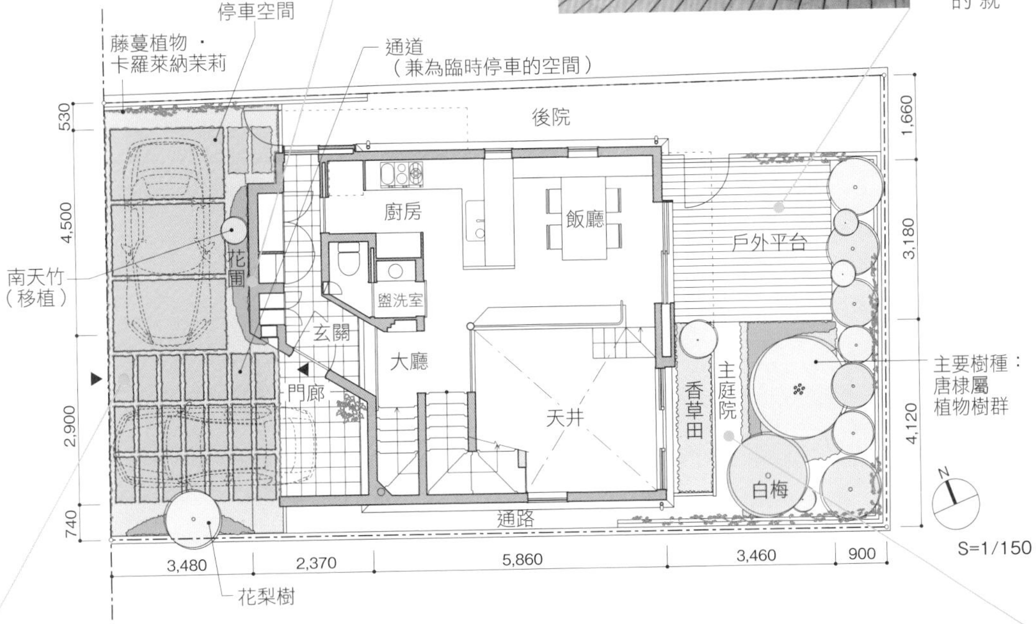
停車空間
藤蔓植物・
卡羅萊納茉莉
通道
（兼為臨時停車的空間）
後院
530
4,500
2,900
740
1,660
3,180
4,120
廚房
飯廳
戶外平台
花圃
盥洗室
南天竹
（移植）
玄關
大廳
門廊
天井
香草田
主庭院
主要樹種：
唐棣屬
植物樹群
白梅
通路
3,480
2,370
5,860
3,460
900
花梨樹
S=1/150

**依照步伐大小鋪設的通道**
利用姬龍草鋪成植草磚樣式，混凝土洗石子踏板以等距間隔隔開。陽光從花梨樹的樹枝間灑落，恰巧點綴腳邊風光。

**可欣賞花卉與果實的東側庭院**
用木板圍牆圍住的東側庭院是戶外平台與植栽的空間。四季綻放的花朵與果實能為生活帶來樂趣。植栽與植栽間的通路是通往前庭的道路。

# 利用通道兩旁的竹欄杆營造深邃景深

玄關門設置在避開正對道路的門廊牆壁內側
利用上照燈將山槭的影子映照在白牆上

樹影映照在白牆與木板牆壁所構成的建築物外觀上。

## 封閉式外觀

這棟是正對赤城山（群馬縣境內的休火山）、坐擁高聳雄偉景色的住宅。由白牆和木板牆壁構成的外觀因減少開口部，所以能避免從外部窺視內部。但有個地方卻反其道而行，本案例在建築物的東側設計了一個大開口部，走進建築內便能將整座赤城山盡收眼底。

如何牽引出動人的內部空間，其外觀序章——通道計畫扮演著相當重要的環節。通道上的踏腳石採用360mm的白色方形花崗石，並以頂點對頂點方式鋪排，然後周圍再鋪上鐵平石。通道入口到玄關門廊的距離雖然不及一台車5.3m那麼長，但在兩側設置竹欄杆可創造出深度拉長的視覺效果。此外，竹欄杆內的植栽是與委託人一同前往安行地區（埼玉縣川口市）著名的「植木街」挑選出的品種。期待左手邊中央的枝垂櫻與右手邊的山槭這兩棵樹能夠順利生長，有朝一日覆滿通道上方，形成隧道形狀般的通路。

構成外觀的材料或樹木各有不同的特徵。本案例是強調這些特徵並加以整合，創造一個與建築物為一體的景色。

所在地 群馬縣前橋市——設計者 根來宏典／根來宏典建築研究所

**連帶考量地板的耐久性**
玄關門廊與外玄關地板完成面採用銀灰色的敷瓦，鋪設在門檻兩旁。容易產生損傷的部分則鋪設堅硬的花崗石。

**圍牆創作取代柵欄**
上部是建仁寺垣（日式建築中的遮蔽型竹籬）；下部是四方格竹籬所構成的創意圍牆。種植丹桂（金木樨）、山茶花、香花。

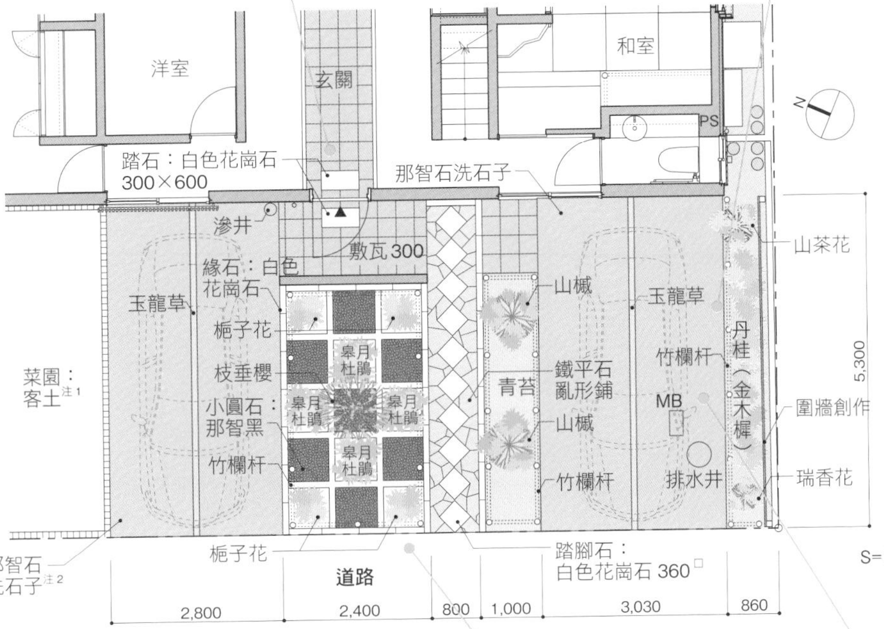
洋室
玄關
和室
PS
N
踏石：白色花崗石
300×600
那智石洗石子
滲井
敷瓦 300
緣石：白色
花崗石
玉龍草
梔子花
枝垂櫻
皐月
杜鵑
小圓石：
那智黑
竹欄杆
菜園：
客土注1
山樧
青苔
鐵平石
亂形鋪
MB
排水井
丹桂（金木樨）
山茶花
圍牆創作
瑞香花
5,300
梔子花
道路
踏腳石：
白色花崗石 360□
那智石
洗石子注2
2,800
2,400
800
1,000
3,030
860
S=1/120

**符合人體工學的停車空間**
地板完成面採那智黑石的洗石子處理。中央種植一小區塊的玉龍草，使空間在視覺上有所區隔。

**利用樹木與石頭的配置，打造摩登前庭**
枝垂櫻的樹幹下方以花崗緣石拼成格子狀，然後在格子內鋪設那智黑石並種植修整後的皐月杜鵑、梔子花。

照片（56頁、57頁右下） 上田宏

譯注
1 非當地原生、自別處移來置換原生土的外地土壤，通常是指質地好的壤土（沙壤土）或人工土壤。
2 盛產於日本和歌山縣與三重縣，一種黑色緻密的矽質黏板岩。

# 封閉空間與部分封閉空間

## 手法[2]——確保視野、消除封閉感

### 利用「封閉」式外觀打造盆景庭院

自古以來日本在娛樂與風俗方面，都表現得相當感性。封閉空間裡創造盆景式庭院即是一例。打個比方，在盆內排列石頭創作成風景的「盆石」、或在鋪上白沙的箱子內創作微景觀的「庭院式盆景」，以及將小缽內的苔蘚當做山、小石子當做海、綠植比喻為樹的「盆栽」。日本龍安寺的石庭與商家的中庭等也是這種設計概念之下的產物。

對建地周圍來說，住宅給人的印象或舒適度會攸關到外觀是採開放還是封閉，然而，由於住宅密集區的建地大多是緊鄰著鄰居，所以「封閉」式外觀可說是必然的選擇。

### 中庭與建築物的調和

在建地內設置中庭或庭院等圍繞建築物的空間，能有效阻隔外來視線，又能兼顧採光通風的環境。這種外觀設計是將外部景觀收進內部，營造有別於周邊環境的氣氛。

舉例來說，設置中庭時，若每個房間都是以這個中庭為中心進行配置的話，那麼無論在住宅的哪個地方都能夠眺望庭院的景致，而且在保有隱私的同時，也能夠獲得採光通風。另外，中庭地板採張貼木板和磁磚，並且只要調整這裡的地板高度與室內同高，然後將開口部設計成全敞開式的話，中庭就能夠當做室內的延伸空間。開口部是組合玻璃、和室門、紗門、隔板等建材的裝置，期待這裡能夠藉由不同的開閉程度，勾勒出順應季節變換的各種生活場景。

還有一點也相當重要的，必須思考該如何設置外玄關、緣廊或屋簷下等，這些難以區分內外的中間領域。這些場所除了具備調節氣候的機能以外，也具有自然連接室內外空間的作用。

（吉原健一）

### 「部分封閉」式的外觀取決於建築計畫與穿透性材料

一般中庭型的建築計畫也就是所謂的中庭大樓，因為具有高隱密性，所以相對地從街道端來看容易給人封閉印象。

因此，大多會採取不完全封閉的口形或匚形設計。這樣一來，不但可確保封閉式中庭的視野，內部的閉塞感也因柔和的外觀而獲得緩解。當然用牆壁包圍的做法，也可透過窗戶或狹縫消除壓迫感。在多處設置開口部的封閉方式，能夠確保住戶隱私並形成對外開放，使住宅溫和融入街景。

除此之外，還有利用具穿透性的建材包圍建地的做法。這個概念用竹篩說明的話，就是利用竹篩網目，篩選掉比網目小的而留下比網目大的材料。因此，「即使包圍起來也能與外部連接」就好比利用網目篩選外部環境。其中，最具代表性的是木板圍牆與格子。不僅能獲得光、風與風景，視站的位置也能阻擋外來視線。這些必須透過斷面或細部設計、以及間隔等加以調整。

（高野保光）

# 「封閉空間與部分封閉空間」

- 庭院與露台設計成室內的延伸空間。
- 將外部景觀攬進內部的盆景式庭院設計。
- 不採完全封閉的設計，必須保留與周邊環境視覺上相連的部分。
- 以圍牆包圍建地時，可藉開設窗戶或狹縫等緩和壓迫感。
- 採用木板圍牆或格子等具穿透性的材料，可調整視線、光和風。

「封閉空間」與「部分封閉空間」的共同特徵是能製造寧靜宜居的住宅。因此，在必要地方就應該採用「封閉空間」或「部分封閉空間」的設計。如此一來，既能顧慮到鄰家感受，又能將自然巧妙攬進內部，營造豐富且寧靜的生活。

N
在庭院的內外配置綠景，視覺上可與鄰近的綠景或風景相呼應
這裡採用「封閉」式外觀，庭院被牆壁或建築物包圍起來
在通道的適當位置上配置停車位
11,490
11,400
S=1/150

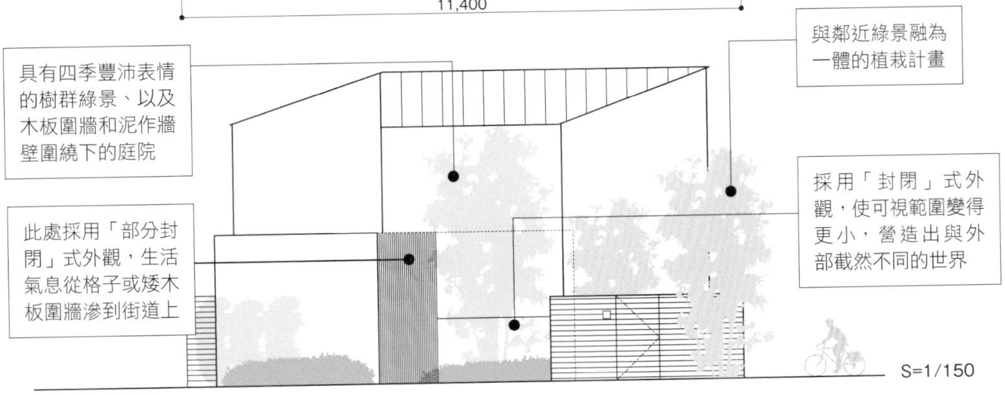
與鄰近綠景融為一體的植栽計畫
具有四季豐沛表情的樹群綠景、以及木板圍牆和泥作牆壁圍繞下的庭院
採用「封閉」式外觀，使可視範圍變得更小，營造出與外部截然不同的世界
此處採用「部分封閉」式外觀，生活氣息從格子或矮木板圍牆滲到街道上
S=1/150

# 建地界線上大量採用自然素材

利用格子圈住匚形設計的中庭，不但視野佳且與街景十分相襯

開放式車庫在與戶外木平台、格子以及植栽搭配之下，很自然融入街景裡頭

二樓露台的檜木板圍欄、木格子、以及開放式車庫的泥作牆壁，揉合了與外部之間的界線。

## 泥作牆壁與木板圍欄的質地

這是一棟充滿光、綠景和風的二世代木造住宅的外觀。建築物環繞著中庭，住在一樓的親世代和二樓的子世代彼此在可以互相照應的狀態下，各自過著各自的生活。這棟住宅可從建地內往外看見豁然開闊般的視野。另外，設有開放式車庫的南側建築則刻意壓低圍欄高度，讓光線導入中庭。外牆採用矽藻土、白洲（火山灰）土牆和木格子構成。

外觀並非採用完全封閉的設計，而是利用檜木板圍欄與曲面的木格子布置柔和的界線，讓外界也能感受到這裡的生活溫度。透出格子灑向屋外的家庭照明、表情十足的手感泥作外牆、以及綠景，這些巧思也是期待帶給往來行人一股平靜且安樂的氣氛。

從前方道路往內縮的格子牆，能確保人車都能夠順利通行。地面上鋪設不同材質的地板材料，可在訪客蒞臨時給予視覺上的引導。至於兩台車的停放設計方面，採取與街景方向一致，分開設置兩台車的停車空間，一台與道路垂直停放；另一台則與道路平行停放。並且從住宅的角度考量，如何設計使車輛不過分顯眼的方法。

照片 藤木一彰

**帶來寬裕感的通道**
只要打開格子門，點綴建築外觀的四照花即能對外迎賓。進門後眼前的階梯是通往二樓子世代的通道。

**中庭不過於封閉**
從二樓俯看中庭，可看到內縮空地上的木格子、座落在通道兩旁的中庭以及壓低高度的泥作牆壁。

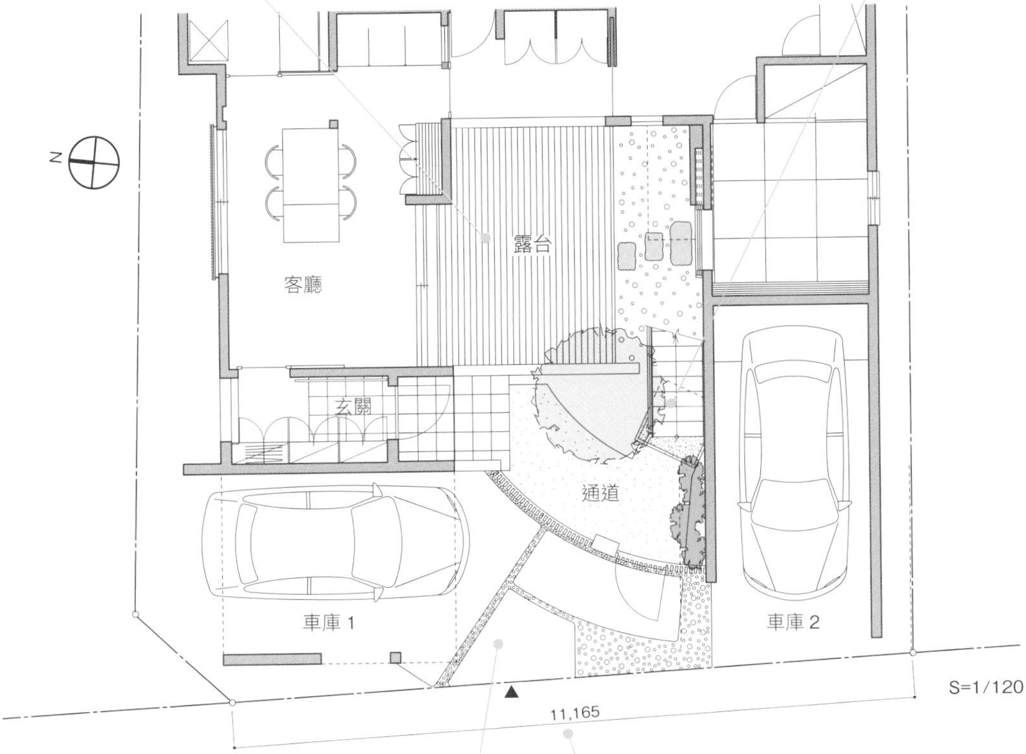
N
客廳
露台
玄關
通道
車庫 1
車庫 2
S=1/120
11,165

所在地 東京都練馬區——設計者 高野保光／遊空間設計室

**內縮格子牆**
門面並非採取緊鄰著道路側築起圍牆，而是採內縮設計騰出更大的人與車輛能夠通行的通道空間。並且用木格子圍起大門，讓街道看起來更寬敞。

**與牆壁合而為一的大門是木製格子門**
大門採曲面設計。格子門的設置考量到人與車輛的動線，一旁設有二世代個別專屬的對講機與信箱。

KEYWORD 02

封閉與部分封閉

# 有效活用板條狀的木板圍牆

和室地面的通風窗也是檜木製的格子，同樣可確保隱私
以15mm間距鋪設15×105 mm的檜木板，確保通風和隱私
通道旁種有一排矮叢，可為訪客指引前進方向

這裡是車庫與通道區域。通道的天花板是二樓露台。地板的踏腳石採用西班牙製的磁磚，以間隔鋪設而成。

## 利用木板圍牆圈出中庭與車庫區域

這是位於都會住宅地的住宅外觀。鄰地是一棟公寓，沿著界線上有一道共有的舊水泥磚牆。本案例的設計重點在於，在車庫到中庭這段水泥磚牆上，全面張貼檜木板，將汙穢的水泥磚牆掩蓋住。車道旁的通道鋪有指引訪客通行方向的仿紅陶磁磚，中庭入口處則設置與外界稍微區隔開的簡易隔板牆壁。這面牆還設有木拉門、門牌、對講機和信箱。

由於都會區的建地面積十分有限，所以有時候無法與鄰地取得適當的距離，就算設置界線也必須採用較簡易的方式。加上，又要確保通風且要避免壓迫感，因此只有採用板條狀木板圍牆簡單劃分界線最為適當。本案例的二樓同樣使用板條狀木板來確保隱私。這樣一來，坐在二樓客廳可不必在意鄰居的視線，悠閒地觀賞種於中庭的四照花。

雖然中庭面積不過4坪左右，但是卻是能夠遠離塵囂、回到家後能獲得安心感的空間。

**富有輕快感的板條狀木板外觀**

這是從道路端看到的外觀。採用車庫與二樓露台一體的設計，木製框架和具有縫隙的板條狀貼板，使建築外觀看起來輕盈許多。

所在地 **東京都文京區——設計者 松原正明／松原正明建築設計室**

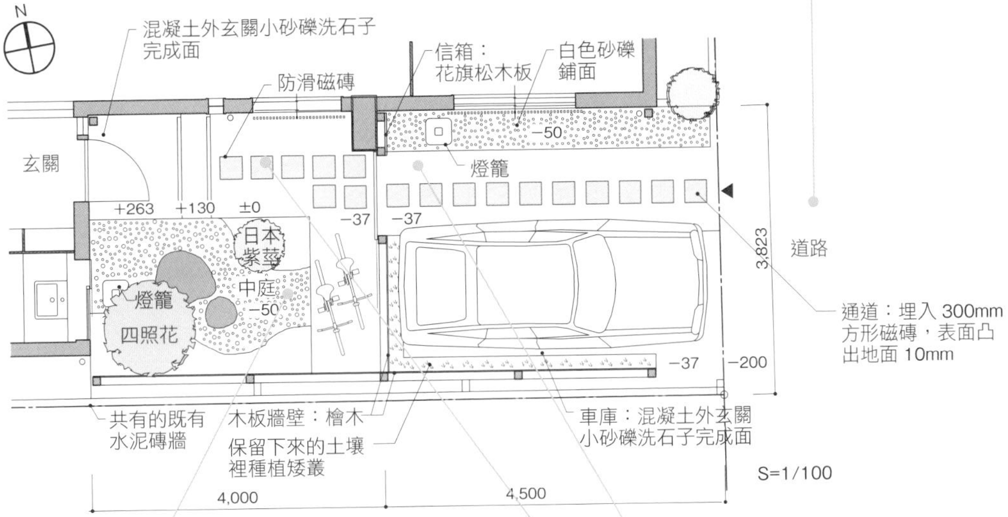
N
混凝土外玄關小砂礫洗石子完成面
防滑磁磚
信箱：花旗松木板
白色砂礫鋪面
−50
燈籠
玄關
+263
+130
±0
−37
−37
日本紫莖
中庭
−50
燈籠
四照花
道路
3,823
通道：埋入300mm方形磁磚，表面凸出地面10mm
−37
−200
共有的既有水泥磚牆
木板牆壁：檜木
保留下來的土壤裡種植矮叢
車庫：混凝土外玄關小砂礫洗石子完成面
S=1/100
4,000
4,500

**中庭採和風設計**

利用以前庭院裡都有的燈籠等，布置成和風中庭。

**玄關通道一旁種有賞心悅目的植栽**

木門前方是玄關通道。左側最裡面可見單株的四照花。

**收整外觀機能的木門**

位於中庭前的木門，這面門上裝設了門牌、對講機與信箱。從這裡進到裡頭即是玄關。

# 「天井」可調整視線、光線和風向

建地中央配置天井中庭，無論一樓或二樓位於中庭側這邊的開口部都設計得很大，利於各個房間的採光通風
露台全面施加FRP防水，香柏木板採板條狀鋪設法

以香柏木板鋪設的露台，便於排水管上部的拆卸細部作業。

## 發揮開閉的調節作用

本案例是在建地中央規劃一個面積不足4坪的天井中庭。建地是一塊將近50坪，但西側緊鄰道路的不規則形土地。道路側除外的三側皆有鄰家的條件之下，北側與東側採取順著鄰地界線建造，因此得以有效利用不規則建地。然後，在建築物的天井中庭的東南角設置一個開口，並在南側界線處築起間隔式鋪設的木板圍牆，以調整視線、採光與風向。整棟建築都充滿著木質的溫度感。

車庫崁入建築物的西南角，並設置寬幅板的木製門。車庫前預留訪客停車用的空間，車庫旁則還有愛犬散步用的出入口。

建築物的東南部分採取保持與建地界線的距離，在這裡設置一座園藝空間。天井中庭的開口部連結起兩個庭院，並且天井中庭裡設有通往二樓的階梯，階梯下方則規劃淋浴間。方便散步回來的愛犬在這裡洗淨腳上的泥土，再上到露台休憩片刻。

二樓露台與浴室旁的景觀浴池相互連通。這個景觀浴池的道路側是用木製格子封閉起來，天井中庭這側則採取開放。以住宅密集地來說，二樓也需要採取「封閉」式外觀。

**室外階梯下方的淋浴間**
從海邊回來能馬上淋浴沖洗，也兼做愛犬的清潔腳底的場所。階梯上去是二樓的露台。

**「封閉而開放」的天井中庭**
從上方俯看天井中庭，地面鋪設再生大谷石，並種上數株日本紫莖與皋月杜鵑這種低灌木植物。這裡是能夠享受四季變化樂趣的家中綠洲。

所在地 東京都武藏野市——設計者 十文字豐／ALCOVE U

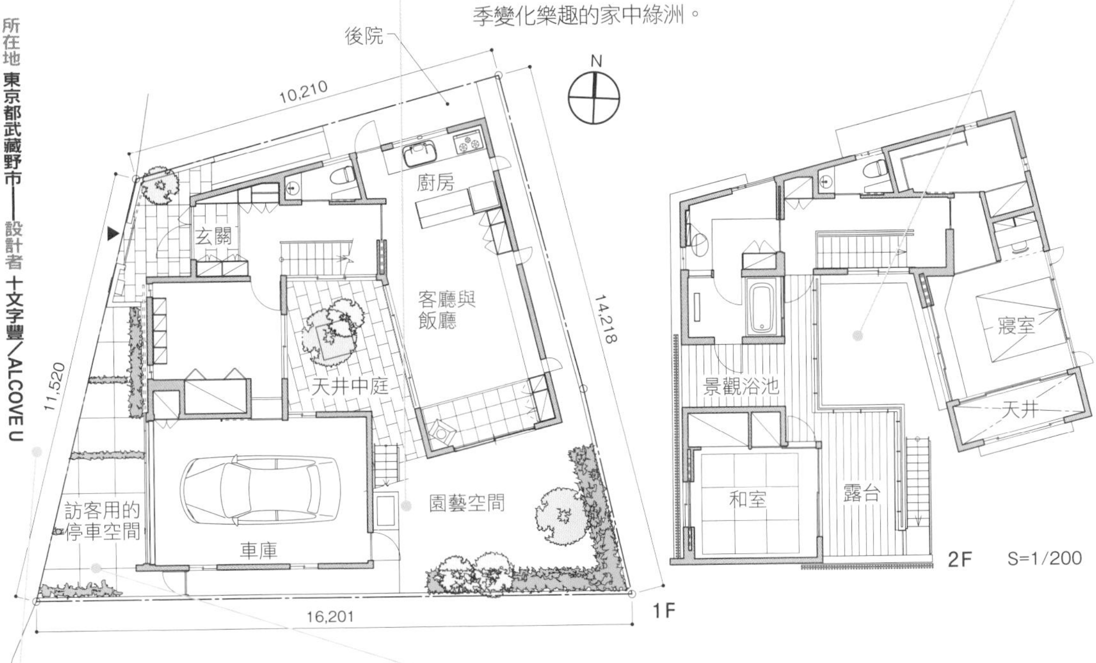
後院
10,210
N
廚房
玄關
客廳與飯廳
14,218
天井中庭
11,520
訪客用的停車空間
車庫
園藝空間
16,201
1F
寢室
景觀浴池
天井
和室
露台
2F
S=1/200

**確保兩台車的停放空間**
車庫門板是以寬幅木板製成的吊掛式滑軌推拉門，可敞開到玄關前面。前方是訪客用的停車空間。上部的木製格子內側是景觀浴池。

**界線上的圍牆著重在木製板的鋪設方式**
與南側鄰家間的界線圍牆是木製板。這裡採用橫向間隔式鋪設木板條，可遮蔽視線並調整採光通風。訪客用的停車空間旁設有愛犬散步用的出入口。

KEYWORD 02

封閉與部分封閉

# 以三個庭院做為室內空間的延伸

這是連子窗（雙層格子閉合拉窗），縱向間隙的部分可自由開閉
和室糊紙拉門、玻璃窗、紗門全部收納在牆壁內，揉合外玄關與中庭空間

從中庭看向外玄關的風景。打開連子窗有助通風。

## 封閉而開放的中庭

這是位於郊外的三層樓木造住宅外觀。雖然建地面積多達70坪，但受到法定建蔽率40%的限制（依據日本建築基準法住宅用途類型規範），所以無法建造太大的住宅。為了在有限的面積下營造室內寬敞感，本案例在建地內設置前庭、中庭與後庭三座庭院，分別連接室內藉此做為空間的延伸。

玄關門廊是前庭的延伸，從這裡進到外玄關後再度來到室外，隨即映入眼簾的是中庭。這裡設有隔間用的和室糊紙拉門、玻璃窗、紗門，設置時也盡量減少內外的高低差。當全部收納到牆壁內呈現完全敞開的狀態時，內部和前庭、中庭就是相連的空間。中庭打造成草坪庭院，南側的客廳前面鋪有與外玄關同樣材料的磁磚。此外，鄰家側則利用植栽遮蔽兩家的視線，藉此確保雙方的隱私。

後庭是保留屋主辛苦照顧的庭院，改造後做為室內的延伸空間。

由於客廳配置在中庭周圍，所以無論哪個角落都有良好的通風和採光，也能欣賞庭院景致。開口部也設有與外玄關相同的和室糊紙拉門、玻璃窗、紗門。配合季節與氣氛調整開閉，可讓內外相連的空間營造各種不同的表情。

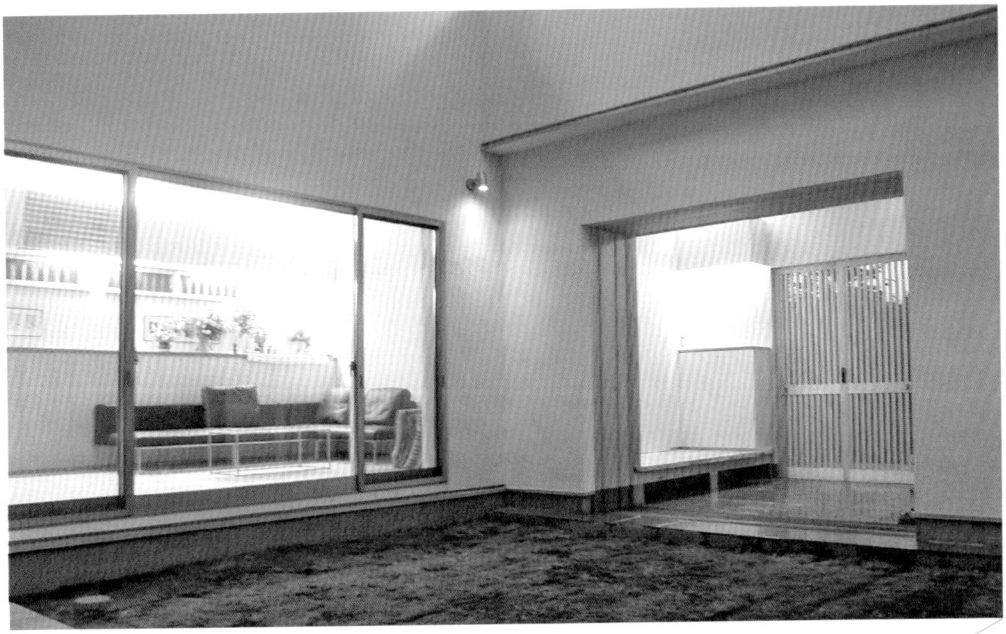

**中庭是客廳的延展空間**

無論玄關、客廳還是飯廳，每個地方都連接中庭。

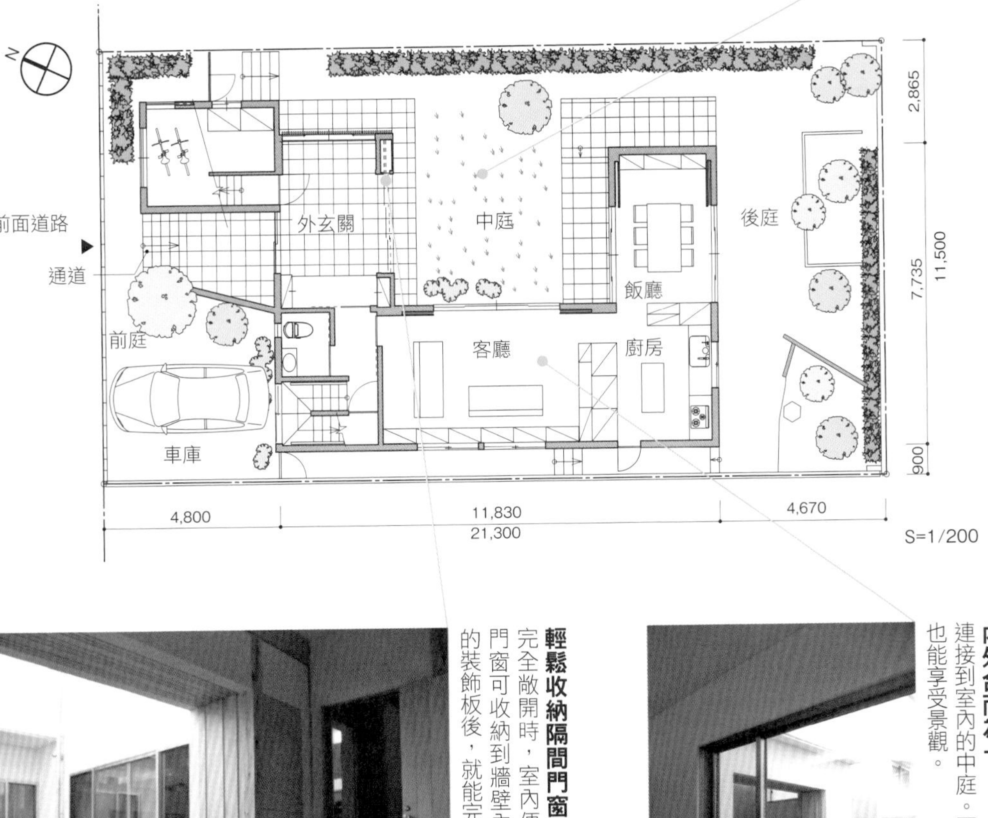
前面道路
通道
前庭
車庫
外玄關
中庭
飯廳
客廳
廚房
後庭
2,865
7,735
11,500
900
4,800
11,830
4,670
21,300
S=1/200

所在地 **橫濱市都筑區**——設計者 **吉原健一／光風舍**

**輕鬆收納隔間門窗**

完全敞開時，室內便與室外相連。隔間門窗可收納到牆壁內，關上遮蓋門板用的裝飾板後，就能完全隱藏門板。

**內外合而為一**

連接到室內的中庭。不僅採光好通風佳，也能享受景觀。

# 利用縱格子引入外部環境至中庭

縱格子可採光通風並確保隱私。風吹動能製造舒適的室內環境。但本案例不想過分營造和風感
放置亞洲風格的椅子，為和風感的外部空間添加些許異國氣氛
通道鋪設老舊的大谷石。這是再利用其他地方拆除下來的既有建材

從客飯廳望向中庭的風景。活用格子設計將光與風引入內部，同時能夠遮蔽外來的視線。從室內可見格子前這塊設有桌椅的空間。

## 不過分封閉的舒適感

這個中庭是以韓國安東市河回村的草家[譯注]為範本，設計而成的縮小版庭院。雖然設計中庭有許多的思考方法，但是這棟住宅的主題在於如何設計「不過度封閉的舒適空間」。

草家是韓國傳統建築。中庭規劃在建地中央，旁邊圍繞的口形或L形房屋則以簡單樸素的自然素材建造而成。從本案例的經驗來說如何拿捏「外部」自然景觀的導入方式，還有許多值得學習的地方。

在沒有被建築物包圍的中庭南面設置縱格子，除了考量通風與透視的因素以外，也是為了將四季的風導入內部。不但在炎熱的季節裡導入涼風，還助於雞爪槭或雞麻等植物的生長。此外，在格子前面的空間設置桌椅，可悠閒地享受喝茶或用餐。

面向中庭的所有隔間門窗都可收納，敞開能使中庭這個室外空間與客廳、飯廳、和室等室內空間融合為一體。夏季時就從收納門板的地方拉出格子紗門使用。只要在紗門上裝門鎖就可以保持通風又達到防盜作用。

譯注：草家是種用稻草或蘆葦搭成屋頂的房子。

**綠化停車空間**
即使從外面看起來是封閉式設計，但透過小窗與格子窗能傳達內部的活動。本案例透過綠化停車空間，向街景展現柔和的印象。

**注重地板完成面**
停車空間採碎石鋪面，並在間隔處栽植植栽。屋簷下設有人工灑水裝置。

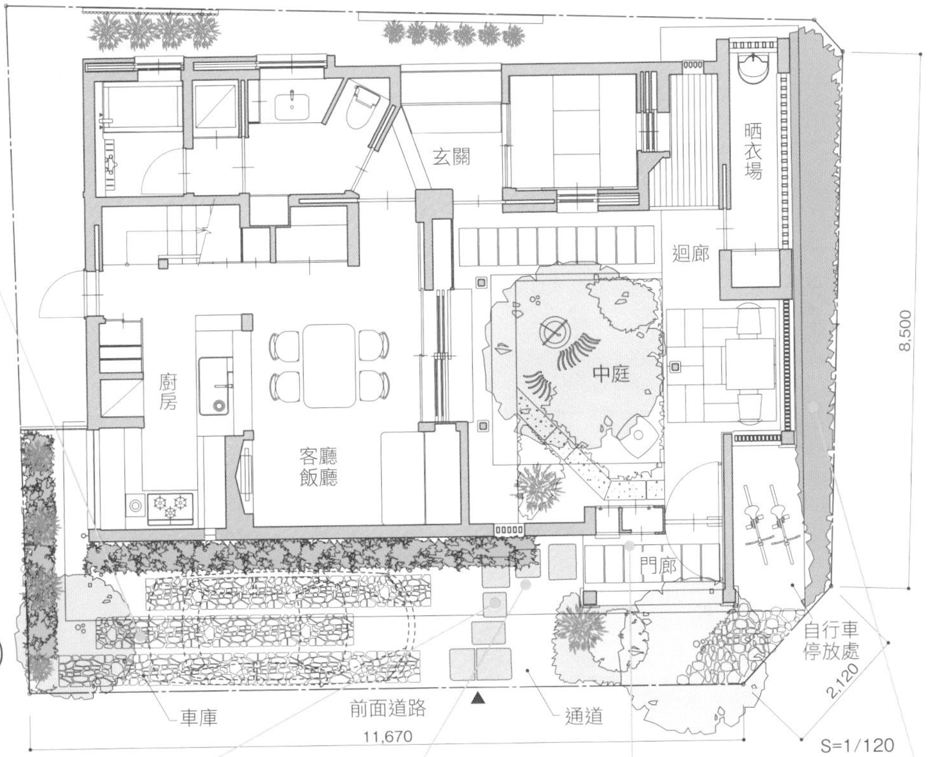
玄關
晒衣場
迴廊
中庭
廚房
客廳
飯廳
門廊
自行車
停放處
車庫
前面道路
通道
11,670
8,500
2,120
N
S=1/120

所在地 **東京都**——設計者 **川口通正／川口通正建築研究所**

**饒富意趣的通道**
從西側道路通往門廊的方向採用踏腳石鋪設成L形的通道。

**深屋簷**
由於屋簷極深，從車子通往門廊時，即使下雨也不怕淋溼。

**門牆功能齊全**
格子門旁設有對講機、信箱、以及宅配包裹放置處。

**縱格子內側的中庭**
南面利用格子阻隔外來視線。

KEYWORD 02

封閉與部分封閉

# 建築物上方是無屋頂的「露天庭院」

由於「露天庭院」周圍都是牆壁，所以能夠看見不被周邊干擾的廣闊天空
二樓露台能獲得充足日照。善用屋簷下方的空間做為晒衣場使用
設置與室內空間相互連結的緣廊式平台，能夠在此舒適自在地逗留

位於東側的寬廣露天庭院是四周皆為牆壁的隱密空間。二樓設有日照充足的晒衣場，從外部看不見晾晒的衣物。

## 內涵「露天庭院」的計畫

屋主一家以前住在一個有絕美海景的地方，一望無盡的海洋彷彿就是他們自家的庭院。當他們不得不搬到新興住宅區，正處於意志消沉的時候，有了「把天空當做自家庭院」的想法。因為這個念頭，大家對未來新家充滿美好憧憬。正因為天空不分界線，所以任何人都能看做是自家的庭院。

本案例以能夠近距離擁抱天空的「露天庭院」結合「中庭」的概念，在建築物內設置三座「露天庭院」。這些被牆壁包圍的露天庭院自然形成隱密空間，從外部無法看見它們的存在。不僅不需要將窗戶上鎖，也能開著不關，防盜性相當優良。再加上也不需要安裝遮蓋用的窗簾，所以露天庭院能與室內空間合而為一，連帶獲得寬敞感的效果。當然，採光通風也十分優異。

雖然這是需要一定面積以上的建地才能執行的奢侈計畫，不過即使建地小，只設置一個也能獲得極大效果。中庭是接觸大自然的空間，能夠感受來自天空中的光與風。抬頭仰望被建築物框住的天空彷彿是「家人專屬」一般。或許擁有這樣的中庭，就等同於心靈上獲得奢侈級的享受吧。

**連接玄關大廳的「露天庭院」**
進入玄關可看見右側的露天庭院（中庭）。訪客到此處不必脫鞋即可直接入內。

**內涵「露天庭院」的封閉式外觀**
從外部看不出裡面有露天庭院。房間面向南方，位於一樓的母親與祖母的房間旁設有緣廊。緣廊前面是停車空間。

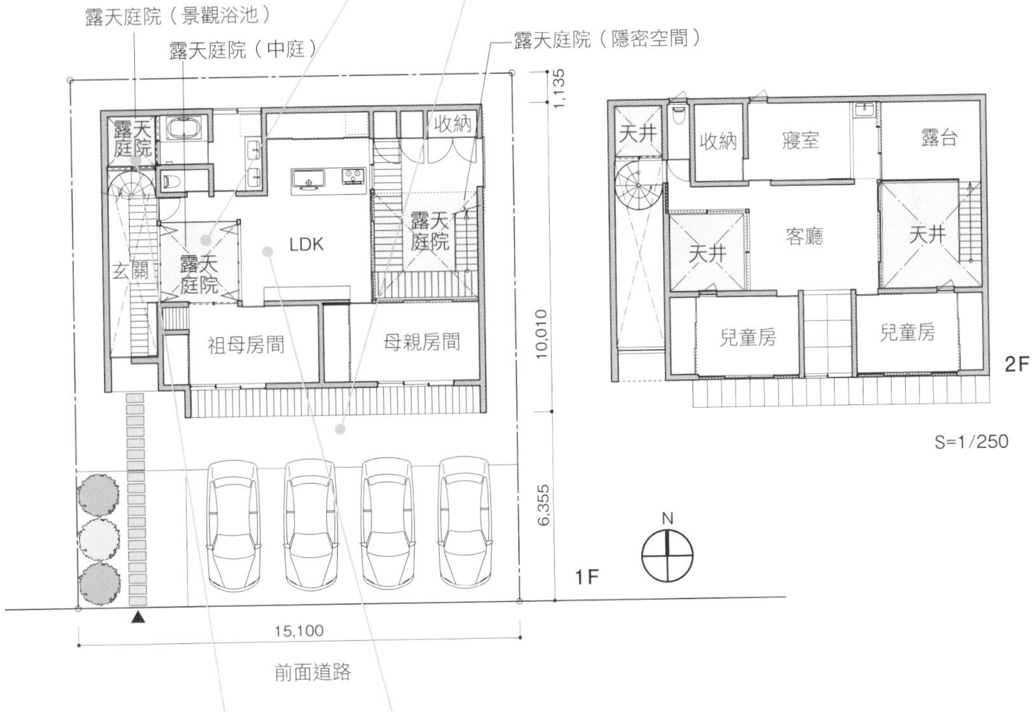
露天庭院（景觀浴池）
露天庭院（中庭）
露天庭院（隱密空間）
1,135
露天庭院
收納
LDK
露天庭院
玄關
露天庭院
祖母房間
母親房間
10,010
6,355
N
1F
15,100
前面道路
天井
收納
寢室
露台
客廳
天井
天井
兒童房
兒童房
2F
S=1/250

所在地 福島縣岩城市——設計者 根來宏典／根來宏典建築研究所

**浴室因「露天庭院」而有開放感**
由於北側的露天庭院（景觀浴池）連接浴室，所以在確保隱私的同時也能獲得良好採光，使空間看起來更加寬廣。再加上通風效果良好，所以也是防霉的良策。

**便於觀察家人情況的「露天庭院」**
露天庭院位於LDK與玄關大廳之間。從廚房這頭可見孩子們回到家的情形。

# 營造室內外呼應的關係

活用地形設計成斜坡式的迴廊。加裝橫格子將迴廊內部空間化。從迴廊到格子、蕨類植物、石菖蒲階段性賦予層次
從前面的水池到水生植物的石菖蒲、矮灌木的胡枝子屬植物、牆壁（土牆），接著是各個住戶的庭院和裡頭的植栽，至此階段性地過渡到建築物主體，不但提高水池的向心性，也能襯托出庭院的深邃景深
從住戶的窗戶眺望庭院的景緻。另一方面，從庭院看到的窗戶也意味著各戶住宅的存在
最初栽植在水池邊緣的是水生植物石菖蒲與睡蓮，後來自然生長出許多不知名的沉水性植物[注1]、浮葉性植物、挺水性植物[注2]，形成生氣盎然的水池
從池底依序覆蓋膨土、黏土、砂礫創造出群落生境的生態。將屋頂流下的雨水集中在一起，夏季乾季時期就可利用井水。雨水槽設有簡易的濾水裝置
邊散步邊觀賞左側的水池面時，可感受到前方住戶的玄關，像是強調個性般靜靜地佇立著，等候人們的造訪

這是具有群落生境的都會集合住宅。社區裡全部都是兩層樓的獨戶住宅，有如一座小村莊。

## 在中庭創造群落生境

這是位於市中心的集合住宅，集中了許多獨戶住宅看起來就像個小村莊。住宅並非整齊地平行排列，而是座落於四處，之間又形成庭院和巷弄道路。因此，整體配置既非建築物以外的空地都是庭院，也非庭院以外的空地都是建築物。建築物與外部空間的關係可說是內外呼應、相輔相成。種於庭院裡的樹群既屬於庭院，一部分也是各個住宅的所有物。

中庭是有螢火蟲等各種生物棲息的群落生境。從這個群落生境到建築物，沿路階段性設置迴廊或圍牆、植栽等，強調出中庭的向心性。而通往各住戶的通路則是五花八門，大多鑲嵌建地以前既有花崗岩或瓦片，打造遠離塵囂的環境。

庭院的每個角落都上演著季節更替變化。早春時節先是枝垂梅與日本辛夷開花，然後四月輪到池畔的枝垂櫻盛開、楓樹萌芽。過不久池子裡的紅色或白色睡蓮也相繼開花，蜻蜓自由自在地在水面上飛舞。夏天是螢火蟲的季節，秋風吹起時接替的蟋蟀與鈴蟲爭相鳴叫，晚秋則樹葉轉紅。一年到頭都能體會日本人的美學意識。

譯注：
1 沉水性植物生長在水底。
2 挺水性植物生長在水邊或水位較淺的地方。

**通路兩旁是綠油油的造景**

雁形排列在通路兩邊的多年生植物以及常綠的加拿利常春藤皆不需要除草。

**在石道的岔路種植枝垂梅**

古老石道的前面是一道牆，牆前種有枝垂梅，下面放置石水盤。

**雨水路徑是水槽→石水盤→水道→水池**

雨水先集中在有濾水裝置的水槽中，滿了會從這個石水盤溢出，經由水道流入水池內，然後再次流向水槽。

**庭院水池邊緣的枝垂櫻扮演著相當重要的角色**

垂下的枝葉延伸到水面上，滿開的櫻花宣示著春天來臨。

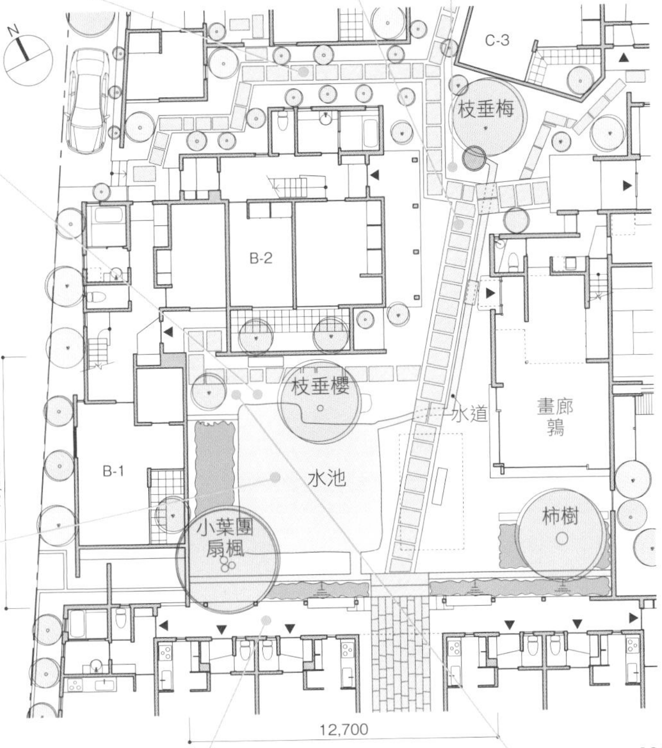

S=1/300

**睡蓮點綴夏天的水池**

池內種了紅色與白色的睡蓮。有很長的開花時期。

**所在地** 東京都豐島區——**設計者** 泉幸浦／泉幸浦建築研究所

**令人忘卻都市塵囂的景觀**

這是從迴廊望向畫廊的景致。走在水池周圍可欣賞周遭不同方位的各種美景。

**庭院周圍配置集合住宅**

這是從水池北側邊端望向迴廊方向的景致。水面上映照出建築物的倒影。

照片（第72頁、73頁下左）小林浩志／SPIRAL

# 一體化

## 手法[3]——將建築物與外觀融為一體

### 與建築物合而為一

自古以來日本住宅都有個連接外部到內部的過渡空間——緣廊。雖然現代住宅以重視隱私與合理性為優先，使得傳統的緣廊幾乎快看不到了，但是現在的緣廊已改良成具有使外觀朝建築端靠攏的機能，形成一個內部與外部的緩衝地帶。雖然以前的緣廊空間可豐富大庭院與室內之間的連接，但是現在的建地狹小，只要利用緣廊設計就能更有效活用那些與道路或與鄰地之間的畸零空間。

一般來說，當決定好建築物的配置位置與隔間後，大多得設法處理建地上的多餘空間。因此，不讓外觀淪為建築物蓋完後剩下的零散部分，就要積極思考做為內部與外部的過渡空間該如何設置，相信只要與隔間一併規劃，外觀設計的變化會更加豐富多元。尤其是當建地狹小時，外觀與建築物的距離相當近，所以一體性思考這些空間就變得很重要。

### 將外觀內部空間化

「一體化」的外觀是將外部與建築物之間的空間視為內部空間使用，藉此讓室內空間產生大於實際面積的寬廣度與開放感。例如在窗外設置一整排的窗台，不但能擴大室內空間，也能做為與外部間的緩衝地帶。又或者，在建築物的一部分做出一個低窪區並栽植植栽，就能讓綠意盎然的氣息透過玻璃蔓延到室內，也能柔和阻擋外來視線。

此外，設置在和室等位置低的窗戶腳邊，即使緊鄰鄰家也可以在避免視線接觸下，欣賞綠油油的窗景。

將外觀向建築物靠攏，不但能深化兩者之間的連繫，且能與外部保持適當的距離感。「一體化」的外觀設計可創造出許多意想不到的效果，為室內與鄰地、以及與道路之間營造出獨具風格的魅力。

### 思考內外的關係

思考外觀與建築物一體化的外觀時，會牽涉到考量內部和外部的相關性。舉個例子說明，內部凹進去的地方相對是外部凸出去的地方，一個要素對於內和外會各別帶來什麼樣的效果，不僅得一併考量而且必須設想出能為內外帶來良好成果的設計。

像是，藉由綠化與道路間、或與鄰居間的小空間，就能同時為內外帶來滋潤效果。以都會住宅來說，大部分會將客廳規劃在二樓，但是從二樓窗戶能夠欣賞到像喬木這種高大綠景的建地卻少之又少。這種情況在牆面種植藤蔓植物也是一種方法。如此一來，不但室內能獲得樹陰下般的涼爽感，這片綠意對於街道造景也十分有貢獻。

（松原正明）

# 「一體化」

- 狹窄空間的外觀必須和隔間一併規劃。
- 將外觀內部空間化，製造往室內的延伸感。
- 設計時要同時思考內部與外部的相關性。
- 蓋在無法建造庭院的狹小建地上的建築，可採綠化外牆。

有關外觀向建築物靠攏的設計，應該著重於室內外兩方都好的環境與關係。建地愈狹小，其內外的相關性愈強烈。因此為了使外觀作用發揮至極，必須有更縝密的外觀計畫。「一體化」的外觀能夠將外部連接內部、打造室內寬敞感。

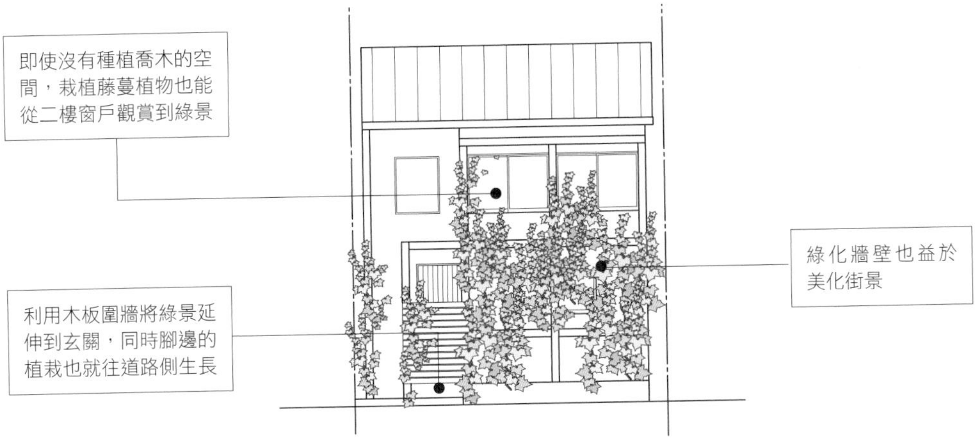
即使沒有種植喬木的空間，栽植藤蔓植物也能從二樓窗戶觀賞到綠景
利用木板圍牆將綠景延伸到玄關，同時腳邊的植栽也就往道路側生長
綠化牆壁也益於美化街景

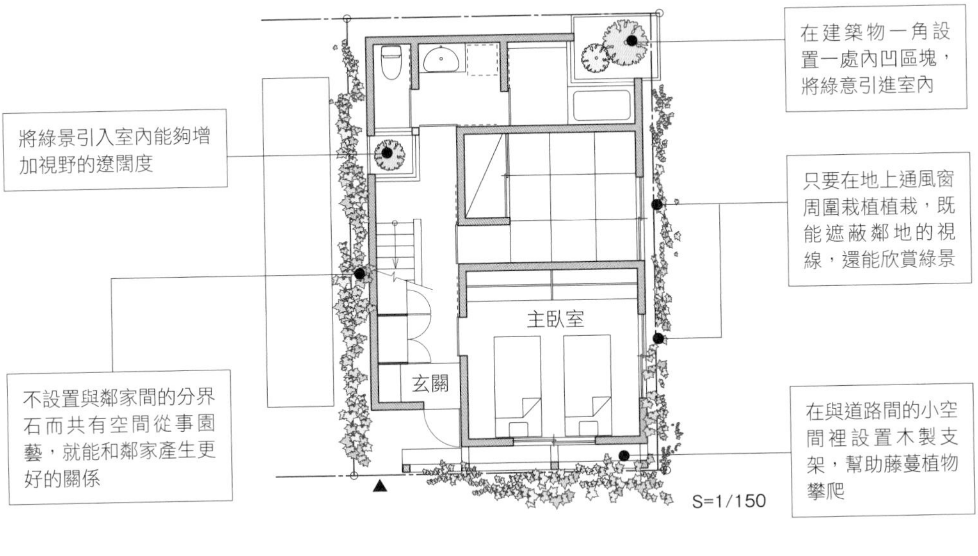
將綠景引入室內能夠增加視野的遼闊度
不設置與鄰家間的分界石而共有空間從事園藝，就能和鄰家產生更好的關係
主臥室
玄關
在建築物一角設置一處內凹區塊，將綠意引進室內
只要在地上通風窗周圍栽植植栽，既能遮蔽鄰地的視線，還能欣賞綠景
在與道路間的小空間裡設置木製支架，幫助藤蔓植物攀爬
S=1/150

# 設置木製支架輔助植栽生長

木製支架安裝在鋁鋅鋼板外牆上的金屬支架
藤蔓植物攀爬在網子上，綠化了整個牆面。不但能柔和夏季陽光，同時能遮蔽鄰家視線。

夏天覆蓋在南面木製支架上的苦瓜莖葉。由於這是一年生植物，所以一到秋天便會枯萎，因此冬天溫暖的日照能充分照入屋內。

## 多功能的木製支架

以都市裡的小坪數建地來說，若要確保住宅與停車場的空間，大多數都無法空下種植樹木的空間。這棟住宅最特別的地方是設置在建築物周圍僅存空間裡的支架，這是為了將綠景導入室內，使一樓起居室與二樓客廳都能享受到綠景的構想。

木製支架是用105mm的檜木角材，配合窗戶的配置組成格子狀。因為用螺絲固定鎖在外牆的金屬支架上，所以也易於更換。

這個支架像是依附在建築物上，設置在距離東面與南面的外牆約50cm的地方，能夠為這裡起不同的作用。例如，在支架上裝設網子讓藤蔓植物攀爬就不怕損壞牆面，還能造出一面柔和的綠牆，獲得視覺上的涼爽感。又或者，在支架的橫木上鋪設木板，做為陽台或窗台。此外若掛上掛簾也能阻隔日曬。雖然是僅僅50cm左右的空間，但只要在連接室內上下工夫，將外觀當做是內部空間的延伸，內部與外部之間就有可能創造出和緩的緩衝地帶。

**覆蓋南面與東面的苦瓜莖葉**
除了遮蔽夏日陽光直射以外，透過植物的蒸散作用能帶來涼爽的風。

**東面道路側的外觀**
搭配栽植多年生花卉的迎春花與一年生植物的苦瓜。支架剛好可當做收成苦瓜的踏腳地方。

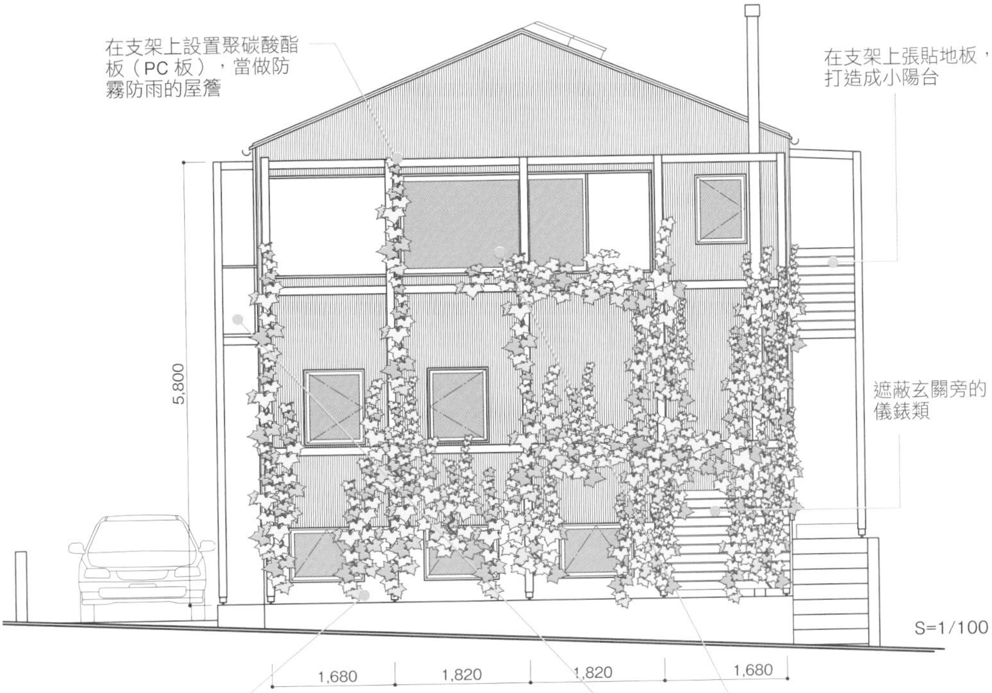
在支架上設置聚碳酸酯板（PC板），當做防霧防雨的屋簷
在支架上張貼地板，打造成小陽台
遮蔽玄關旁的儀錶類
5,800
S=1/100
1,680
1,820
1,820
1,680

所在地 **東京都板橋區——設計者 松原正明／松原正明建築研究所**

**利用藤蔓植物綠化牆面**
在支架與建築物之間的50cm距離地方栽植藤蔓植物。

**客廳前方是充滿綠意的陽台**
彷彿森林樹蔭般映照在二樓客廳地板上。

**活用支架的窗台**
在支架上放置木板就能變成窗台，使面積不大的外部空間延伸至室內。

KEYWORD 03 一體化

# 使門牆和建築物一體化的「內部庭院通道」

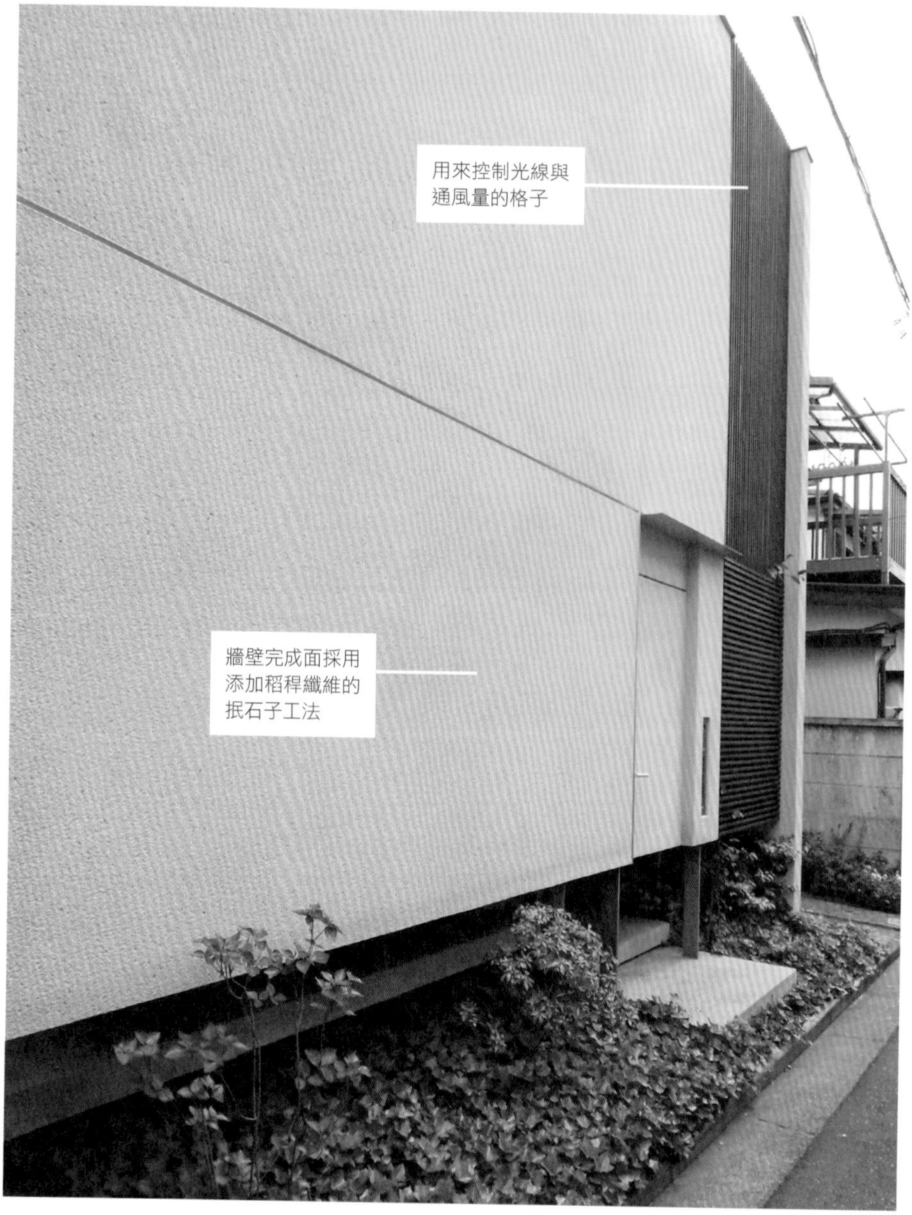
用來控制光線與通風量的格子
牆壁完成面採用添加稻稈纖維的抿石子工法

這是西側外觀。綠化範圍到道路邊緣，創造綠意盎然的街道景致。

## 將建築物下部外構化

這是位於日本東京都內一棟17坪建地上的小住宅外觀。在被切割成20坪上下的住宅用地區域上，不禁令人好奇周圍每戶住家的磚牆和外牆，是否都緊貼著鄰居。

這種狹小建地無法比照腹地廣大的住宅那樣又築圍牆又設置大門，因此最好避免採用這類計畫。大部分的情況會因為從大門到玄關只有10cm寬的空間，所以感覺打開大門的手馬上又能開玄關門，形成相當侷促的外觀。

這棟住宅將門牆與建築物融為一體，然後在整條因懸空結構而產生的空間上種植植物，儘管建地狹小但還是保有一條通往玄關的舒適通道「內部庭院通道」。而面向道路的外牆（外觀）下部設計成懸空結構，也能使光線透進內部。這種將門牆融入建築物的做法是活用「一體化」外觀的最好範例。

「內部庭院通道」能避開與外部行人對視，又能欣賞腳邊的綠意，保有一個沉靜的通道空間。這片綠地不但延伸到道路邊界線，還有可能與鄰居的植物互相結合。相信不久的將來，這個地方也會成為使街景綠意盈滿的開端。

**具有背陰處的內部庭院通道**
通往玄關的通道做出了遠離街道喧囂的距離，腳邊的柔光和綠意使訪客們沉浸在靜謐氣氛裡。

**中庭＋格子的效果**
17 坪建地裡的小庭院，從格子窗引入光與風，使綠意延伸至室內。

所在地 **東京都立川市**——設計者 **高野保光／遊空間設計室**

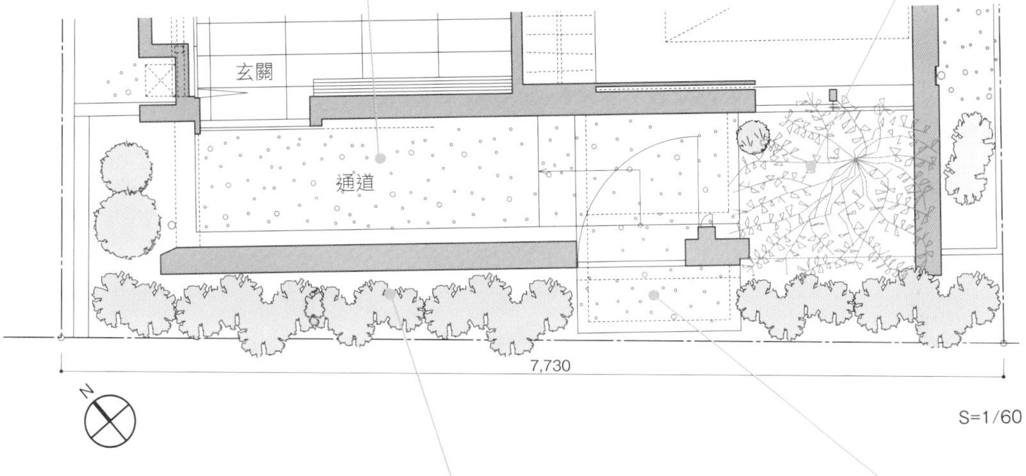

**利用綠意鋪滿外牆底部空間**
不在道路邊界線設置圍牆或門，而是將外觀融入建築物主體，並且在外牆底部的開放空間種植綠意，對行經於此的路人來說也是一種視覺上的綠意饗宴。

**外觀與建築物一體化**
與建築物合為一體的大門。右手邊是對講機和信箱投遞口。

# 善用綠色屏障創造宜人陽光

用於控制日照的綠色屏障。在客廳南面的大開口部前，種上隨機選擇的幾種樹木
橫向長形通風地窗可將陽光與綠景，導入位於地下室的鋼琴室與書房
右邊設置一個停放自行車的小型停車場

綠化大開口的落地窗，使陽光穿過葉間隙縫照入室內。

## 沿著窗旁種植樹木

本案例的建地有28坪，南側前面道路是條死路，因此幾乎沒有行人通行。因為這樣的環境條件，所以在一樓LDK的南面規劃一個面向道路的大開口部，並且在前方配置一道綠色屏障，藉此獲得採光通風和取景。雖然植栽空間的深度不到1m、寬度約5m，但是這個屏障能夠阻擋夏日的猛烈日晒。一到冬天落葉後，陽光便可以直射入室內深處，營造舒適的環境。

樹木種植的地方距離客廳很近，隨著季節轉換不但陽光能穿透葉間灑向室內，也能起過濾空氣作用導入舒適的微風。當然也有種植單一樹種的手法，但是本案例不想讓綠景像是人工造景，所以選擇如同雜木林般隨興栽植樹木。除了整體看起來頗為自然以外，還能營造出比實際空間深的縱深感或距離感。

都市裡的建地大多狹小，即使建地條件無法取得寬敞的南庭，只要設置這種依附在建築物旁的綠色屏障，就能一年四季都沉浸在大自然的生活裡。

**設置庭院，使房屋中央明亮、通風**
東面中央設有庭院。緊鄰庭院的正面階梯間前有一扇固定窗。窗上映照出以晨光為背景的娑羅樹。兩側房間都設置落地窗，除了有助通風以外，也便於進出庭院。

**開口部前觸手可及的綠景為生活帶來滋潤**
客廳窗外近在咫尺的綠景，使人忘卻前方就是道路。陽光從葉隙間照入室內、窗開著能吹到舒適的微風。

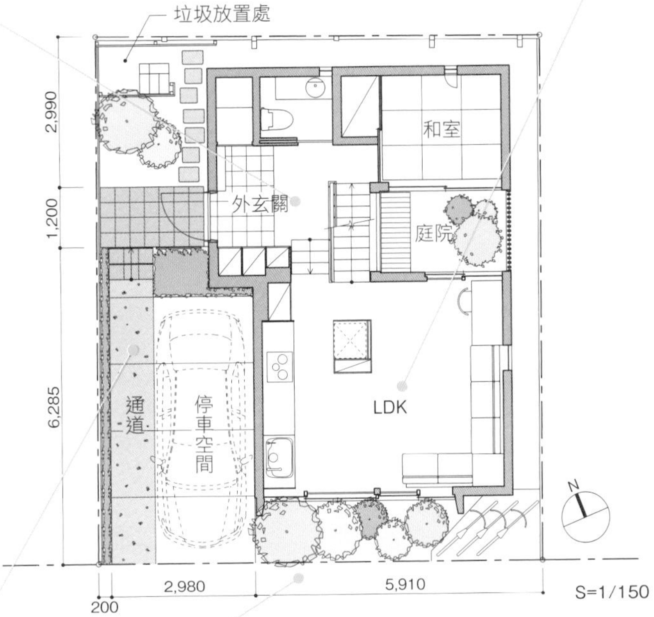
垃圾放置處
2,990
1,200
6,285
和室
外玄關
庭院
LDK
通道
停車空間
N
2,980
5,910
200
S=1/150

所在地　**東京都杉並區**——設計者　**高野保光／遊空間設計室**

**利用綠景連結通道與後院**
鋪設玄昌石的通道兩旁栽植闊葉麥門冬、常春藤屬小草。門廊裡側則種有娑羅樹，不經意區隔出後院的空間。設置在後院裡邊的木板圍牆後方是垃圾置放處。

**綠色屏障津潤街景**
雖然大窗戶到道路只有1m的距離，但是藉由綠色屏障就可確保隱私。隨意栽植的樹木與地面上的草坪，讓綠景有如雜木林般天然。

照片（上兩張、下右）富田治

# 寬敞

## 建地條件[1]——大面積建地的通道計畫

### 外觀不是建築物以外的「剩餘空間」

針對腹地廣大的外觀設計來說，當建築物的面積小時，就會思考如何設計沒有被建築物覆蓋的部分。因此，除了規劃成庭院之外，大部分也會「設置停車空間」。然而，外觀設計的目的難道只是妥善規劃建築物以外的「剩餘空間」？

訪客最先接觸到的地方，一般來說不是建築物主體，而是外觀。建築物在外觀的調和下看起來是什麼模樣，還有，從入口處如何引導訪客到達玄關，這些都大大地影響人們對建築物的印象。換句話說，外觀設計不是填滿建築計畫裡的空隙，而是有可能積極地從外觀面著手設計。

當然，什麼樣的計畫可行大多取決於建地的形狀以及建築物的配置計畫，只憑外觀計畫能做的有限。外觀設計的目的也與建築物一樣包含許多層面。

在這個小節裡主要針對通道的外觀計畫，並依據通道將建築物與外觀之間的關係分出建地類型。

### 凸顯建築物的外觀

當建地的面寬與深度屬於中庸比例，但是想讓建築物看起來美輪美奐或凸顯氣派時，除了強調建築物的正面之外，還必須特別注意建築物與外觀之間的設計相關性。不然，即使各部件設計得再好，看起來就像是毫無意義、一個一個零亂無章的個體。因此，不如以建築角度思考外觀做出一體感，營造更加寬廣的空間。

除此之外，在與建築物之間創造「關聯性」，不僅能確實規劃住宅格局，還能賦予強烈的存在感。

### 建築物的輪廓因外觀而柔和

當建地的面寬大且深度淺，但想讓建築物看起來與周圍環境融為一體，或帶給人柔和印象時，可利用樹木或圍牆來模糊建築物的輪廓與界線。尤其是不刻意主張設計而是配合街景與比例，著重與周圍環境的連續性。總的來說，外觀是依附在建築物上，扮演著建築物與周圍環境之間的重要橋梁。

### 通道變化的樂趣

從入口處看不到建築物這種旗竿型建地，是明顯與都市裡常見的建地形狀截然不同的類型。雖然這種形狀的建地通常不得不以車代步駛進裡面，但也期望為步行路人打造一條舒適的通道。例如，在沿途種植不同高度的樹木以及變化目的地的欣賞角度，使通道成為能夠一邊提高訪客的興致，一邊為訪客引導前進方向的外觀。

（長濱信幸）

# 「寬敞」

- 想讓住宅看起來美輪美奐的話，需注重建築物與外觀之間的設計相關性。
- 想讓住宅看起來柔和的話，可利用植栽或圍牆模糊建築物的輪廓與界線。
- 在冗長的通道上沿著人的活動路線增添變化。

「寬敞」的外觀大多承載著許多不同的機能，例如通道、停車空間、庭院、後院、柵欄等等。如果這些都個別地計畫並且只是排列在建地上的話，就容易產生散漫且雜亂的印象。總之，想讓整體呈現出什麼樣的氛圍就必須重視全面性的觀點。

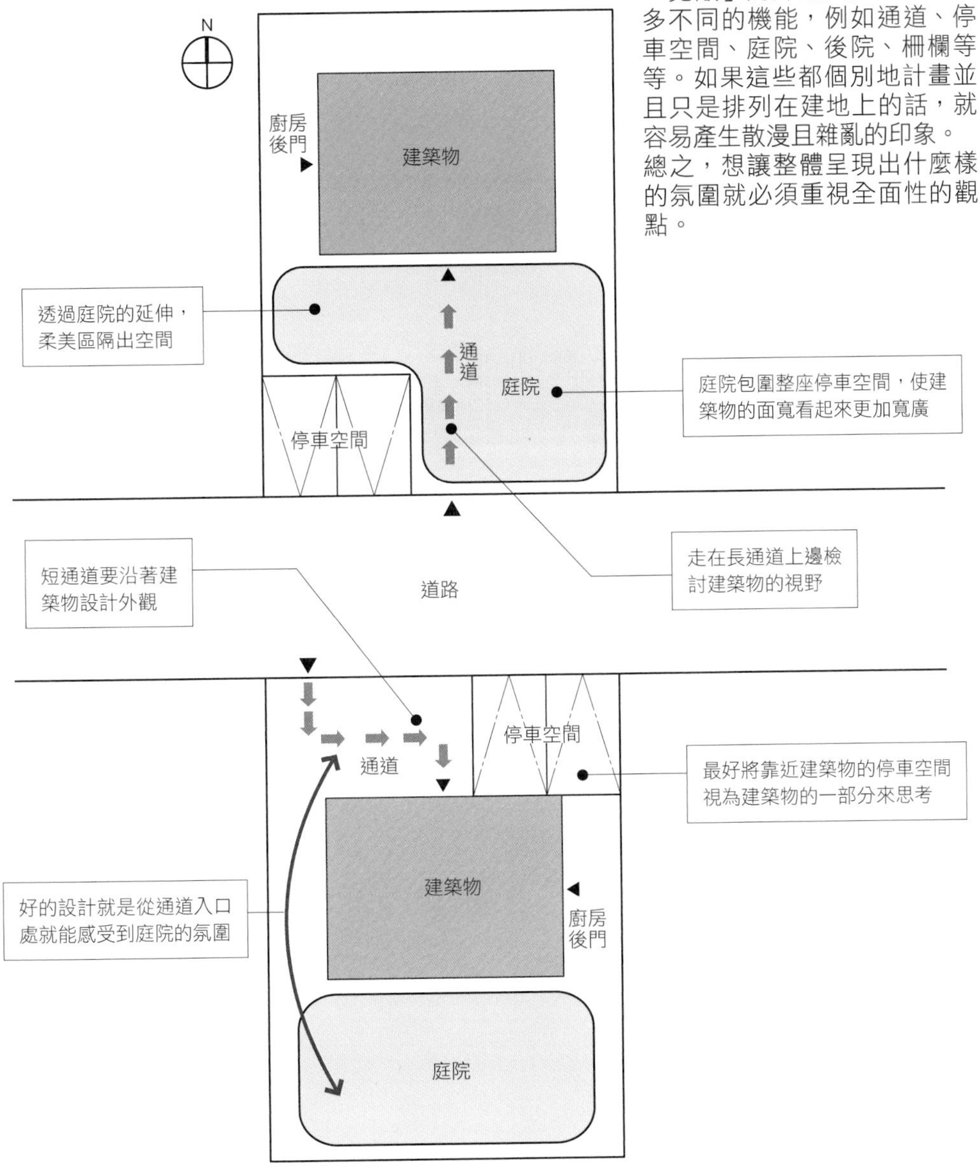
N
廚房
後門
建築物
透過庭院的延伸，
柔美區隔出空間
通道
庭院
庭院包圍整座停車空間，使建
築物的面寬看起來更加寬廣
停車空間
走在長通道上邊檢
討建築物的視野
短通道要沿著建
築物設計外觀
道路
停車空間
通道
最好將靠近建築物的停車空間
視為建築物的一部分來思考
建築物
好的設計就是從通道入口
處就能感受到庭院的氛圍
廚房
後門
庭院

# 與建築物做一體化設計

採取寬幅的玄關門廊
做為建築物的台座
階梯的影子使緩緩上
升的通道更顯立體
在停車空間地板的
間隙裡種植栽植

將通道與停車空間視為建築物的一部分來設計。

## 製造與道路的距離感

這是距離市中心稍遠的住宅用地裡，一棟建地約80坪的住宅。由於建地鄰接兩面人車往來頻繁的道路，所以為了營造安穩的居住環境，需要與道路保持一定的距離感。

正面東側外觀是兩台車的停車空間，和沿著停車空間右側緩慢爬升的階梯通道。通道旁隔出植栽區並立起一道約1m高的圍牆，阻隔在建地與北側道路之間，適度保有領域感，同時為通道營造沉穩的氣氛。

停車空間的左側是既有石牆與庭院樹，藉此與南側鄰家劃分出一條柔和的分界線。

停車空間位處的方位經常是白晝明亮，雖然建築物的牆面因而形成背陰處，但是當日落後打開照明，不但能享受與白天截然不同的景色，那些被上照燈照亮的植栽以及從建築物內部流洩出來的燈光，也能為訪客指引前進路線。

在建築物的配置上，假設與北側道路無法確保足夠的距離，那麼就不要設置牆壁，可規劃一個與建築物一體化的植栽空間當做緩衝帶，同時也能藉此襯托出建築物的立體感。

**建築物與外觀形成一體化**
堆砌混凝土花台，做為建築物一部分的植栽空間。

**打上上照燈的夕暮風景**
光線引導下的通道。透過反射在清水混凝土牆上的照明照亮植栽。

所在地 靜岡縣靜岡市——設計者 長濱信幸／長浜信幸建築設計事務所

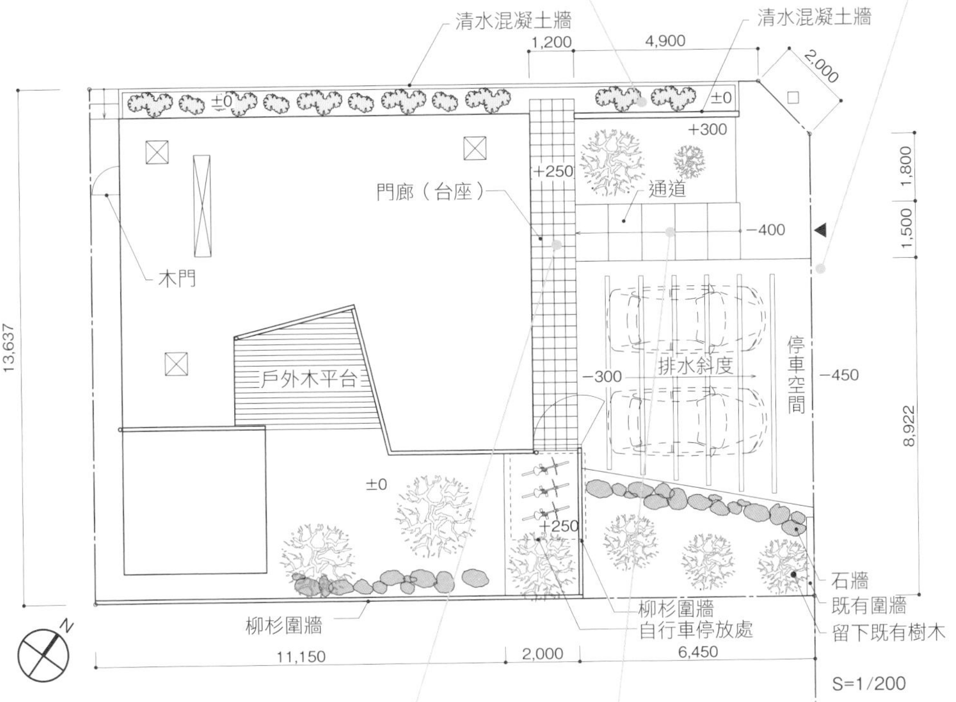
清水混凝土牆
清水混凝土牆
1,200
4,900
2,000
±0
±0
+300
+250
門廊（台座）
通道
−400
1,800
1,500
木門
13,637
戶外木平台
−300
排水斜度
停車空間
−450
8,922
±0
+250
石牆
既有圍牆
留下既有樹木
柳杉圍牆
柳杉圍牆
自行車停放處
N
11,150
2,000
6,450
S=1/200

**注重玄關門廊的寬幅**
鋪有磁磚的玄關門廊將建築物的寬幅充分延伸，這裡是做為台座打造外觀與建築物間的連續性。

**利用高低差產生距離感**
平緩上升的通道能夠營造距離感。

# 利用配置與植栽緩解過於寬廣的不安感

栽植樹木使外觀散發柔和表情
車庫門是木製掀背式，盡量設計成不顯眼的樣式
柳杉板型框的清水混凝土圍牆，與外觀融合為一體

大門採用穿透性佳的設計，上面覆蓋大面積且向外凸出的屋頂，藉此強調建築物的面寬。

## 車庫分成兩區

這是面寬寬廣的外觀設計例子。由於東側是道路，所以午前這段時間建築物能獲得充分日照。然後，在牆壁上方設置採光窗讓光線照入室內。此外，門與圍牆的材料和設計是考慮朝陽照射時的最美樣貌，還有為了使周圍自然與建地內的植栽在視覺上能融合，位置也得考慮進去。

由於雙車庫的門變大就容易有壓迫感，一般都比較不會採取這種設計，所以本案例將車庫規劃在建築物南北兩端較不明顯的一角，使車庫從玄關區域的視野範圍消失。

建築物整體呈現兩端車庫向外凸出、中間往內凹的形狀。在這個內凹的部分鋪上石板當做訪客用的臨時停車場。此外，為了方便包含造園計畫在內的未來變更規劃，石板沒有澆置混凝土而只做扎實碾壓固定。

活用橫向寬廣的建築物形狀，在角落種植每個季節都呈現不同樣貌的落葉樹。一來能模糊建築物的輪廓；二來經時間洗禮之後，會漸漸變成被自然包圍的建築物。

**弱化車庫的存在感**
在角落栽植落葉高木。樹木茂盛的枝葉讓環境看起來更加柔和

**注重圍牆的表面紋理**
在牆角下栽植植栽，與柳杉板型框的清水混凝土造圍牆之間，形成微妙的差異。

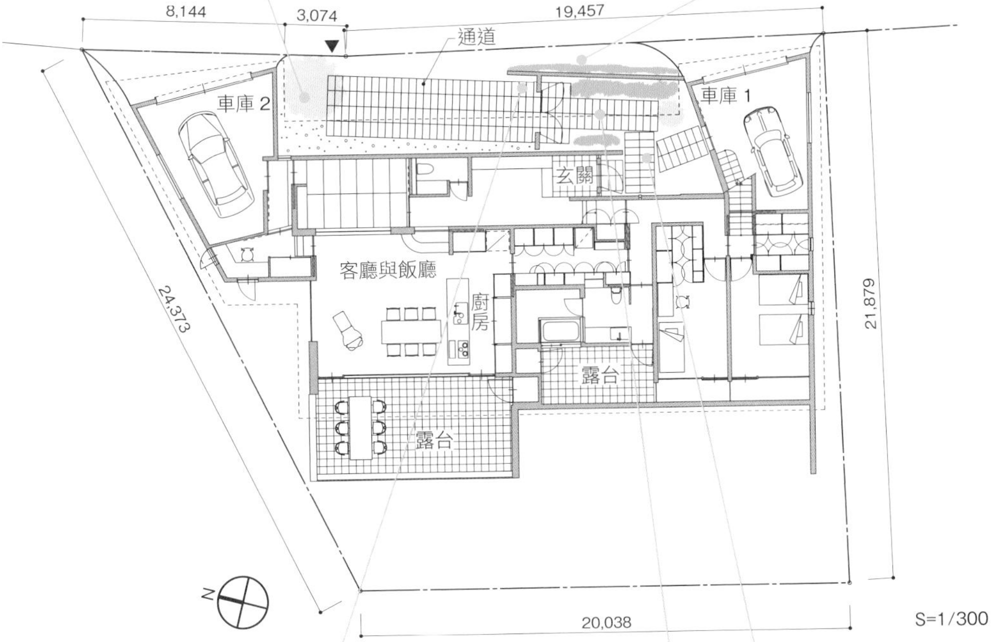
8,144
3,074
19,457
通道
車庫 2
車庫 1
玄關
客廳與飯廳
廚房
露台
露台
24,373
21,879
20,038
N
S=1/300

所在地 **埼玉縣川口市**——設計者 **川口通正／川口通正建築設計事務所**

**考慮到經年變化下的通道**
模糊石牆兩端的界線創造寬廣的視野。在這裡栽植植栽並鋪上砂礫，經過一段時間之後的綠意，會布滿牆角形成耐人尋味的景象。

**從大門與圍牆往外看的視野也是重點**
視線穿透大門能看見街景。大門的鎖鈕具防盜功能，從門外無法伸手開啟。還有，樹木的配置也經過深思熟慮，讓建地內的樹木與周邊環境的樹木重疊，形成綠油油的景色。

**利用植栽創造距離感**
在圍牆與石板通道之間留下空隙並栽植植栽，能夠將通道遠離圍牆，使視覺上產生寬敞感。然後，稍微加寬石板間的接縫強調室外地板的感覺。

# 一分為二的庭院

採用抿石子完成面工法，在表面留下波浪狀的抹痕，呈現「抿石子抹痕」的完成面
這三階石階是從石礦場搬運過來的花崗岩原石，上面殘有爆破痕跡

這是通道盡頭。玄關門的前方是三階往上的石階。

## 衡量維護管理的便利性

在外觀計畫上「設計大面積建地遠比狹小建地困難許多」。這是因為寬敞的空間有很多的可能性，在縝密思考門、通道、庭院等要素之後做出各司其職的合理配置，需要堅強的設計實力。再加上，建地愈廣維護管理愈難。若無法取得屋主共識並設計能夠維護的內容，就會成為失職的設計者。

這是蓋在面寬 4m、深度 75m、高低差 9m 建地上的住宅外觀。建築物配置在建地的最裡面，需要家人齊力維護的庭院有兩百多坪。因此，將庭院分成兩座設置在建築物前後，前面庭院在需要一定程度的整理為前提下，設計成深度有 50m 的通道庭院。裡面40坪左右的庭院則規劃成不太需要整理、充滿田園風格的庭院。

前庭採用「淡化視野、聚焦視線」的手法，以降低維護難度。庭院中配置像是樹木或石雕等幾個能集中視線的景觀，這樣一來需要維護的只有這些景觀的周圍。如此這般，人們邊走邊追逐著這些景觀前進，不知不覺地也就融入這座適度淡化視野且井然有序的庭院。

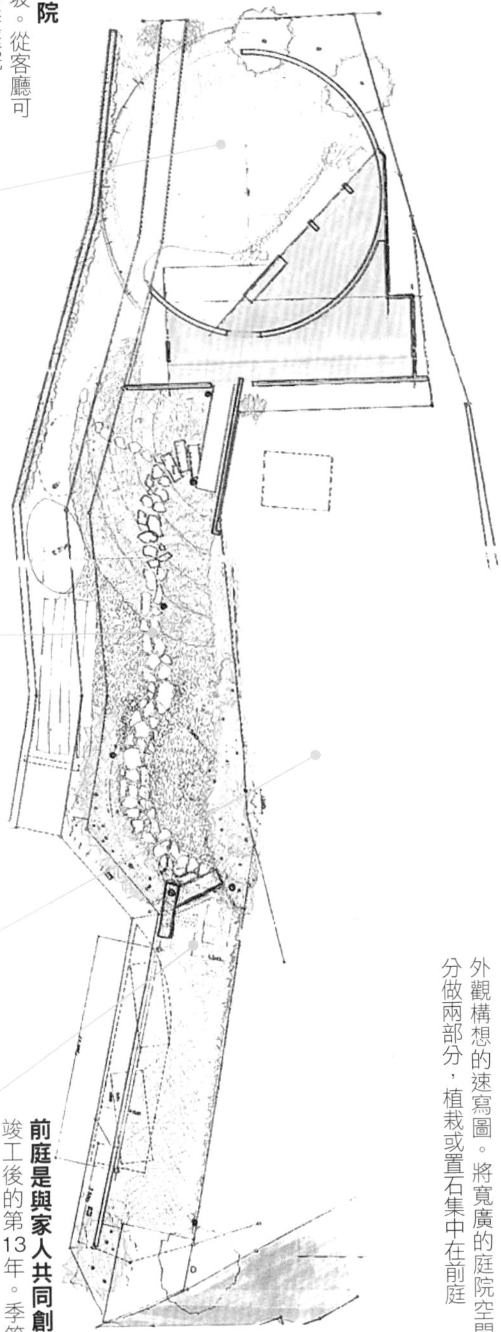

S=1/400

外觀構想的速寫圖。將寬廣的庭院空間分做兩部分，植栽或置石集中在前庭

**充滿田園風格的庭院**

庭院保留原有的斜坡。從客廳可眺望充滿田園風的四季庭院。

**前庭是與家人共同創造的自然環境**

竣工後的第13年。季節花卉為通道增添色彩。

**設有視覺重點的前庭**

前庭的主要樹木是視線的焦點。通道兩側有家人種的小竹。

**周遭的自然環境隨著物換星移更添意趣**

竣工後歷經15年，通道前面長成一片竹林，巧妙地讓住宅隱身在竹林中。

所在地 **群馬縣高崎市**——設計者 **德井正樹／德井正樹建築研究室**

# 營造原野風格的居住環境

白色泥作牆壁以及貼有柳杉板的雨淋板外牆，具有柔和的表面與街景十分相襯
竣工時種下的娑羅樹幼苗也和這戶人家一同成長，長成茁壯的紀念樹
地被植物雖然以常春藤屬植物為主，但也任由野草生長

在建地界線旁配置常春藤屬植物和野草，藉以自然地融入街景。

## 13坪左右的室外客廳

這裡的新興住宅地散落在田地或雜木林間的山中，本案件即是位於其中的一隅。地理條件相當好，不但面積將近百坪而且還是一塊路角地。道路與建築物之間不設置圍牆，而善用土地段差填築路堤，放任野草自然叢生，打造宛如置身於原野裡的住宅。如此一來外觀費用也會難以置信地獲得抑制。

首先，在建地中央規劃一個含有大庭院的建築物，然後沿著北側道路設置停車空間。主要通道設置在東側。以都市住宅來說，庭院通常是獲得採光通風的手法，但本案例積極運用外部環境打造室外客廳。這座庭院周圍的三個空間都能內外相通。室外客廳就像一個戶外平台或放有長凳可仰望青空的起居室，能夠或坐或臥放鬆欣賞綠景。

此外，道路側面向外部的牆壁採用白色泥作牆壁，以及貼有塗黑柳杉板的雨淋板外牆，但庭院牆壁這裡則為了避免夏日強光反射，因此塗成土黃色。寬5.4m大開口橫拉窗或長形的地面通風窗、狹長型窗戶以及天窗等，各式各樣的窗戶依照不同性質分別達到採光通風的效果，使生活沐浴在四季應時的景色裡。

**景觀浴池是小石庭**
用於採光通風的小石庭。泡完澡後可坐在平台上享受悠閒時光，雨天時也能充當晒衣場，具有多種用途的庭院。

**13坪左右的室外客廳**
窗外是沒有屋頂可看見天空的客廳。既是休閒庭院也是遊樂的庭院。

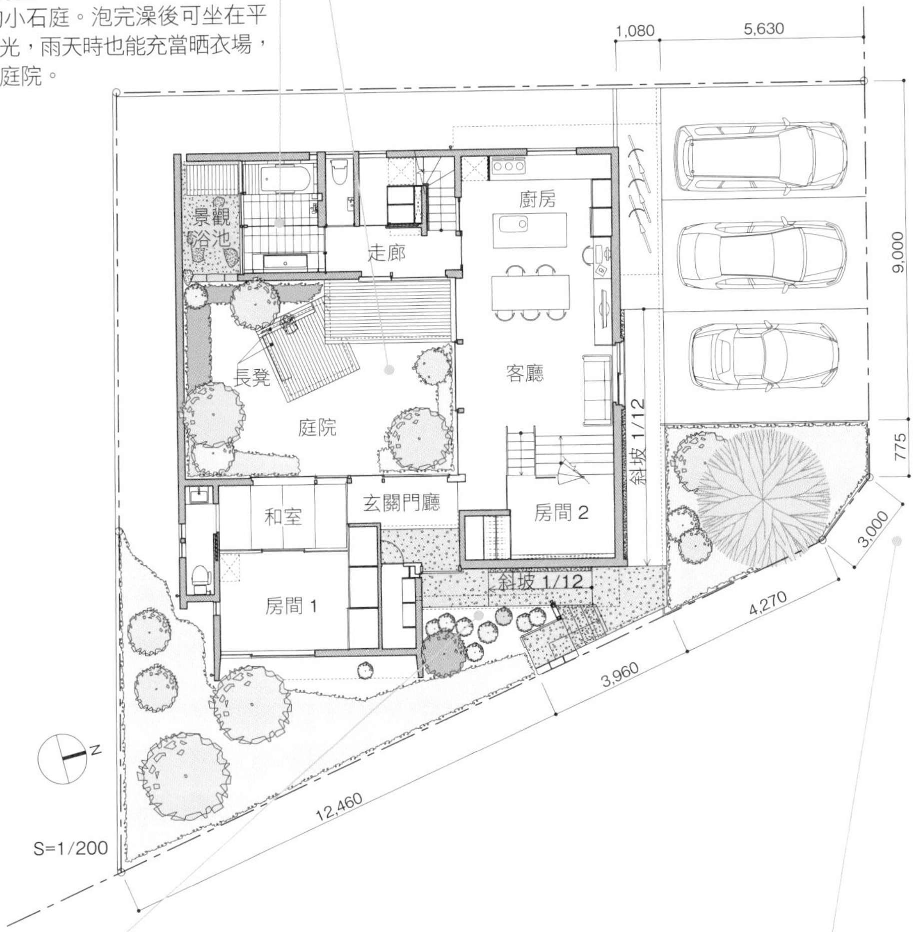
1,080
5,630
9,000
775
3,000
4,270
3,960
12,460
景觀浴池
走廊
廚房
長凳
客廳
庭院
斜坡1/12
和室
玄關門廳
房間2
房間1
斜坡1/12
N
S=1/200

所在地 茨城縣龍崎市——設計者 高野保光／遊空間設計室

**前庭與庭院互通**
只要打開玄關的推拉門，透過地面通風窗能將通道綠景與庭院綠意化為一體。

**沒有圍牆的界線**
建地的界線上不設置圍牆而採取開放空間，並且利用小草柔和劃分區域界線。

照片（90頁、91頁的上右與下面兩張）目黑伸宜

# 階段性規劃長形建地

住宅座落在雜木林風格的樹林深處
在植栽裡頭設置照明，燈光從葉縫間投射出來，若隱若現照亮樹木
草坪通道令人彷彿漫步林中。由於這裡也是車道，所以鋪上石塊

沿著通道配置雜木林風的樹木，藉此將門到建築物的長度轉化成廣度。

## 強調感官上的寬敞感

這塊建地的面積沒有大到令人瞠目結舌，但卻是南北向細長且形狀十分複雜的建地。從一眼就能看到深處這點來看，一味將建地的細長強調出來的話，反而給人狹隘感。因此，本案例在通道中途規劃車庫、菜園以及柴薪堆置處等，賦予長形建地層次加強寬敞感。另外，針對東西向寬度狹小的問題則採取在邊界上種植雜木林風格的樹林，透過枝葉間隙向周邊環境借景。這個外觀計畫可以營造出無邊界的錯覺。

訪客在步行途中可欣賞到各種風景，然後抵達樹林深處的住宅時，或許會有「終於看到了」的反應。這棟配置在建地深處的住宅呈ㄈ形，玄關入口設置在南側，陽光普照的東側則規劃成庭院。由於每間房間都是面向庭院，所以所有房間都能獲得自然採光、綠景和通風。南側玄關的隔壁房間是工房，這裡設有玻璃格子窗，既能夠遮蔽通道視線，又能抑制工房的深度，在飯廳或廚房就能夠看到是否有訪客到訪。樹木配置也是考慮到視線問題。另外，由於屋頂也刻意壓低，所以陽光能充分注入庭院。

照片 齋部功

**確保視線，採取抑制ㄈ形凹部深度和屋頂高度**
以ㄈ形的配置來看，因為後排建築物比前排長，所以從正面看起來，前排設有格子窗的工作室顯得較為小間。另外，利用壓低屋頂使可視範圍聚焦在通道上方便察看有無訪客，這種設計不只強調建地長度，也將長度轉化成寬敞感。

**栽植高大樹木，遮蔽鄰家視線**
在鄰居家前配置樹木使窗景充滿庭院綠意，如此一來絲毫不會察覺鄰居就近在咫尺。

**深長的屋簷降低可視範圍，使人產生置身雜木林的錯覺**
由於門廊的深屋簷可抑制視線高度，所以更加強調樹木，使人產生置身雜木林的錯覺。

**揉合豐富自然的居住環境**
這是日本傳統木造住宅，除了隔間門窗與內裝皆採用木製建造以外，就連取暖也是使用添加柴薪的暖爐等，無論居住環境或生活都能與自然和諧共存。

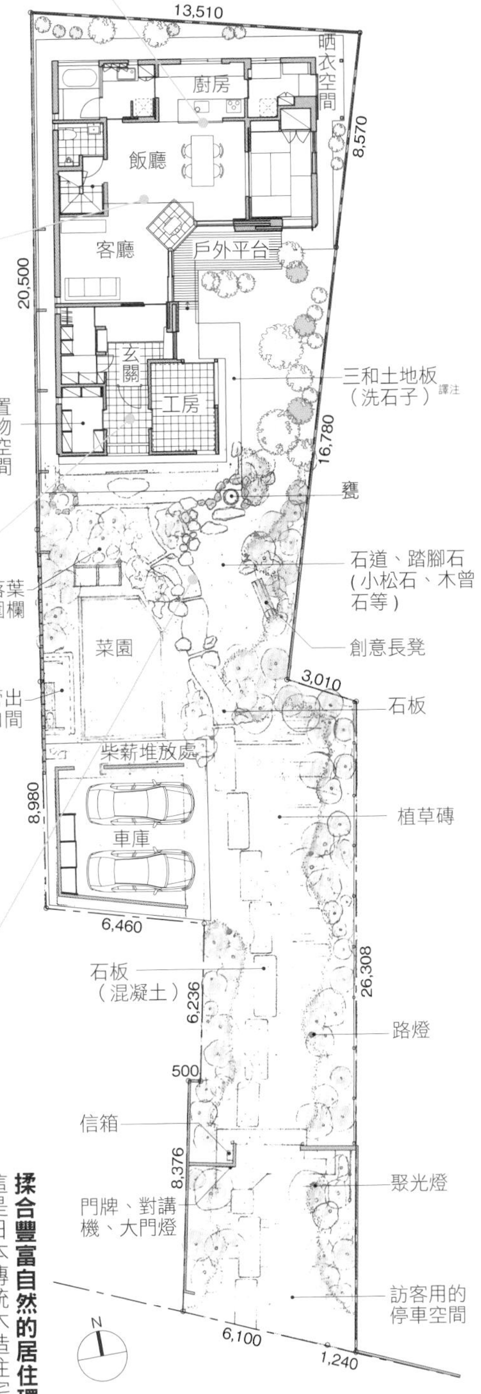
13,510
晒衣空間
8,570
廚房
飯廳
客廳
戶外平台
20,500
玄關
工房
三和土地板（洗石子）譯注
置物空間
16,780
甕
石道、踏腳石（小松石、木曾石等）
集中落葉用的圍欄
菜園
創意長凳
3,010
水管出水口間
石板
柴薪堆放處
8,980
車庫
植草磚
6,460
石板（混凝土）
6,236
26,308
路燈
500
信箱
8,376
聚光燈
門牌、對講機、大門燈
訪客用的停車空間
N
6,100
1,240
S=1/300

**所在地** 埼玉縣飯能市——**設計者** 藤原昭夫／結設計

譯注：三和土地板是一種以土、石灰、鹽鹵鋪設而成的灰泥地板。

# 狹小

## 建地條件[2]——設計既非內部也非外部的空間

### 以「畫」的概念設計室外空間

由於面積小的建地往往建蔽率有多少就建多大的建築物，因此容易產生建蔽率剩下的空間再做外觀設計這種消極結果。然而，即使建地狹小，也有能創造出豐富外觀的方法。關於這點本節想從兩個方向來思考。

第一個方向是即使狹小也能確保室外空間包含在「畫」裡頭。這是從「畫」與「地」的觀點來思考如何規劃建築物的位置，在建地上建造四方形的建築物時，建築物就是「畫」的部分，其餘零散部分則是「地」。可是，如果建築物建造成L形或ㄈ形，就能看到包含「地」在內的一幅「畫」了。因此就算建地小，只要巧妙規劃這個「畫」的部分，不只具有良好採光通風，甚至能為內外關係增加許多可能性，開創出一個活潑朝氣的外觀空間。

那麼，該如何規劃這個室外空間的「畫」部分呢？最好從室內的用處和周邊環境這兩方面著手。舉例來說，在二樓、三樓設置露台的話，只要保持與客廳或廚房之間的連續性，就能當做生活的一部分加以利用。此外，營造一個能夠確保日照、視野與隱私，可舒適使用的場所必須充分考慮與周邊環境的協調性。

### 乾淨俐落地將機能整合在一起

另一個思考方向則是果斷行事，也就是說狹小建地上那些怎麼樣都會產生的「空隙」空間，必須秉持「能用輒用、不能用輒不用」的原則做出果決判斷。很多狹小建地都會將建築物覆滿整個建蔽率，縮短外牆和鄰地界線間的距離至極致。但是只要考慮到外牆完成面的工法或配管埋設空間、外牆補修等維修作業所需的空間時，就會發現空間相當侷促。像是空調室外機、熱水器等維修空間都屬於必要設置，最好盡量集中配置在一個地方。因此，從初期擬定配置計畫就必須掌握哪些是必要機能，盡量集中規劃在適當地方，並且明確區分哪些是外觀外露和外觀隱藏，假使決定外露，就要在設計上下點工夫讓器具覆蓋上一層美麗的外殼。

### 效法市區的巷道空間

魅力十足的市區巷弄，在居民們照顧的小盆景等點綴之下充滿生氣。那裡的建築物屋簷、開口部、陽台等都是麻雀雖小五臟俱全，而且距離道路相當近。這些都是生活其中的居民，經年累月共同形塑出的住宅外觀，布滿著重重疊疊精心布置的痕跡。巷道空間可說是集結都市居住的智慧寶庫，當思考「小面積建地」的外觀設計時，從這裡可獲得許多靈感。

例如，即使建築物與道路界線之間的空隙十分狹小，只要仿效巷弄種植植栽，就能使建築物的四周變得豐富。雖然範圍小，但取自大自然的綠景果然還是深具魅力的外觀不可或缺的要件。

（安井正）

# 「狹小」

- 即使建地狹小也要確保室外空間。
- 集中設備或機能，絲毫不浪費地善加利用空間。
- 善用有限空間，營造「小空間」的舒適感。
- 面積小也要注重自然氛圍。
- 建地愈小愈要謹慎考量內外關係。

正因為是「狹小」的外觀，所以更要重視室外空間或植栽空間，以維持生活與自然之間的關聯性。至於是沿著界線蓋滿整塊建地、抑或空出一塊室外空間，這當中的拿捏十分重要。

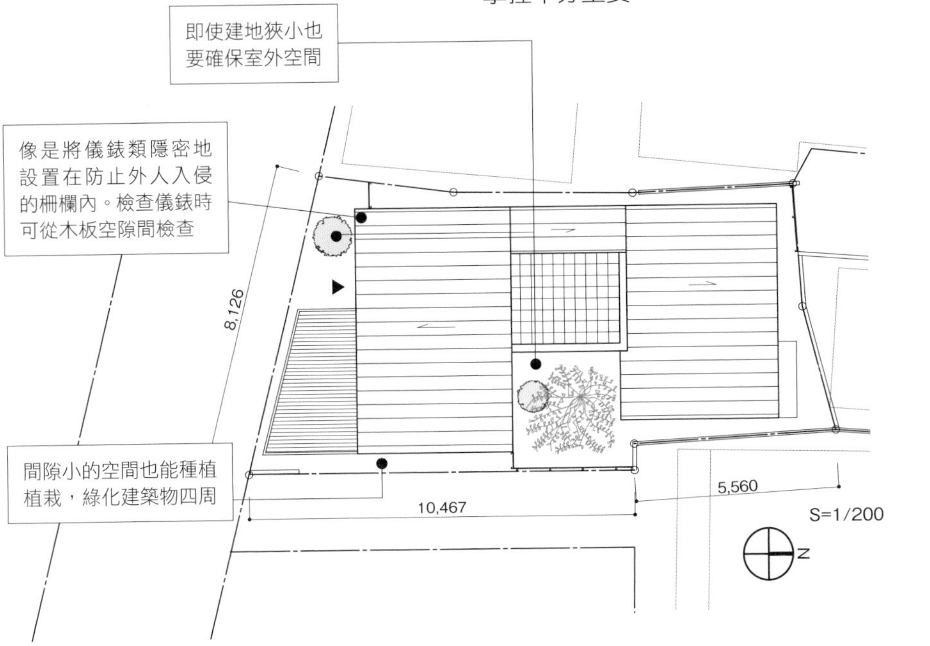
即使建地狹小也要確保室外空間
像是將儀錶類隱密地設置在防止外人入侵的柵欄內。檢查儀錶時可從木板空隙間檢查
8,126
間隙小的空間也能種植植栽，綠化建築物四周
10,467
5,560
S=1/200
N

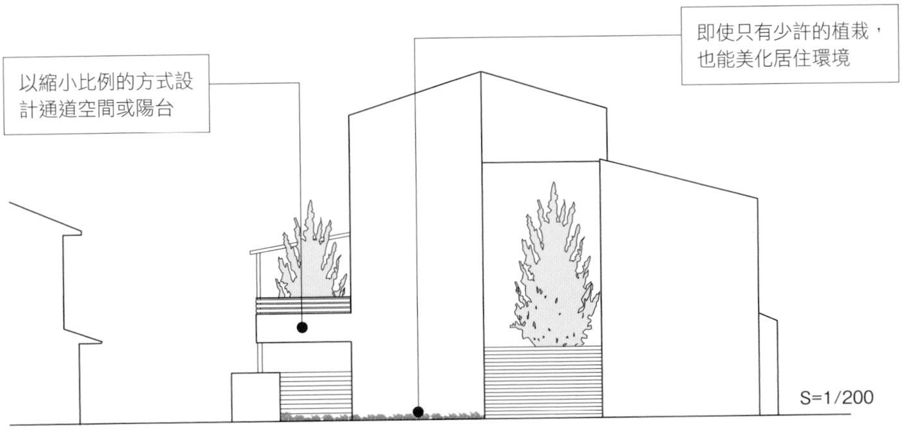
即使只有少許的植栽，也能美化居住環境
以縮小比例的方式設計通道空間或陽台
S=1/200

# 合理且俐落收整多機能設備

縱格子的車庫門是
意圖展現混凝土與
木頭的協調感
門廊前的礫石鋪
裝能改變步行感

這是東南側的外觀。毛玻璃落地窗的開口部前有多株梣樹。因顧及鐵件的耐久性，這裡特別施加自行車用的塗裝。

## 充分善用牆壁外圍

這是建地面積15坪、建蔽率80％（依據日本建築基準法住宅用途類型規範）的都市住宅外觀。一般路角地都不得不在建築物周圍，僅有的空地上設置植栽、玄關門廊或姓氏門牌、信箱等等機能。其他還有電力、電話、有線電視（CATV）的電線桿與垃圾放置處、自行車停放處等。這些該如何設置無疑是一大課題，更別說是為了採光而將玻璃窗設計得大些。

為了解決上述難題，本案例將最難收納的梯子放置在建築物西側一個外凸50cm的牆簷上。北側的外牆則裝設室內車庫的排氣管，以便氣體排放到東側道路。然後考慮到配管類維護時的便利性，同樣也採取外露式設計。電線桿則是立在東側面向前面道路的翼牆內。這樣的住宅外觀不但善盡利用外圍區域，而且也不會妨礙到行人的視野。

除此之外，面向道路東南部分是一塊種有梣樹的斜角內縮空間。不只住戶，甚至於用路人都能夠享受到這個空間帶來的舒適感。而且，梣樹的位置可讓葉子或樹形同時映照在一樓事務所與二樓客廳的毛玻璃上。由此可體察到外觀帶給內部的影響也相當大。

照片 小林浩志／SPIRAL

**可全敞開的車庫門（採阿拉斯加扁柏）**
車庫門設計成縱向格子狀，可敞開到底。左邊設有一扇可自由進出的門。透過內嵌式聚碳酸酯板（PC板）引入光線至室內。

**遮蔽電線桿的翼牆**
混凝土打造的翼牆內側藏有電線桿（電力、電話、CATV）。

所在地 **東京都**——設計者 **川口通正／川口通正建築研究所**

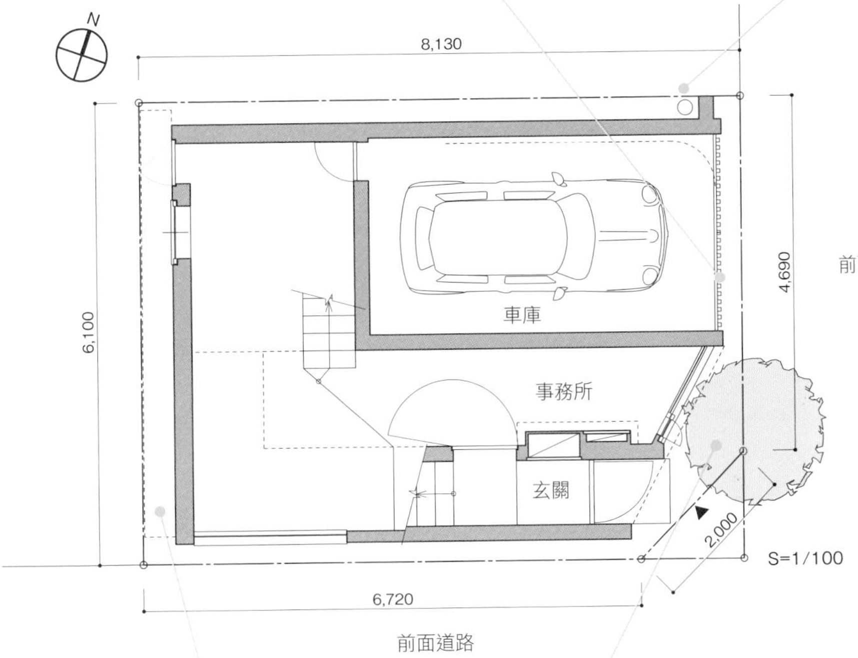
N
8,130
6,100
4,690
前面道路
車庫
事務所
玄關
2,000
S=1/100
6,720
前面道路

**充分活用西側空間**
牆簷下方裏側設有後門，門的前方規劃成垃圾放置處與自行車停放空間。牆簷上方是梯子置放處。至於連接道路鋪有砂礫的部分也能加以利用，像是設置固定自行車鏈條鎖的不鏽鋼環等。

**斜角內縮騰出植栽空間**
梣樹樹幹下方栽植小株植物並在周圍鋪設砂礫。

# 再活化市區的後巷空間

廚房專用的小陽台，兼用做空調室外機放置處，設置欄杆可避免過度醒目
將屋簷設置得低些，能夠促進後巷的親密感
在小凹地上種植地被植栽滋潤巷道

只要讓「狹窄空間」也創造出保有周圍環境的性格，就能翻轉價值。

## 創造巷道空間的風景

散步在令人雀躍的小巷道內就像是迷路誤闖般處處充滿驚喜，然而日本都會區的這類巷道正逐漸消失中。本案例這棟住宅外觀是將一般只會做為「通道」的後巷，以再現「充滿朝氣的地方」為目的設計而成。

這塊建地三面都面向道路。南側與西側這兩面是人潮較多的商店街，還有一面的北側則主要提供附近鄰居通行的狹小後巷。面向商店街的建築物南側是一整排沿著道路界線橫長連續的窗戶立面。這裡的牆壁下方種有一排沿著人車往來路線生長的綠景。另一方面，巷道則比照市區的住宅規模，將建築物分區設計，營造成凹凸有致的外觀。並且在地面下凹部分配置植栽，為這條巷道空間營造舒適氛圍。

窗戶的位置與高度以居民和來到後巷的行人能夠輕鬆交談為原則而設置。

二樓凸出的地方是廚房專用的小陽台。這裡兼做空調室外機的放置地方，然後設置木板欄杆擋住機器，如此一來從外部看就不會過於明顯。

所在地 **東京都葛飾區**——設計者 **安井正／CraftScience建築事務所**

**揉合後巷環境**
建築物以及其外觀都與後巷氣氛十分相襯。

**助於調和後巷氣氛的外觀**
配合巷道長年累月演變而成的通道環境，在平坦的土地上設計少許凹凸處。

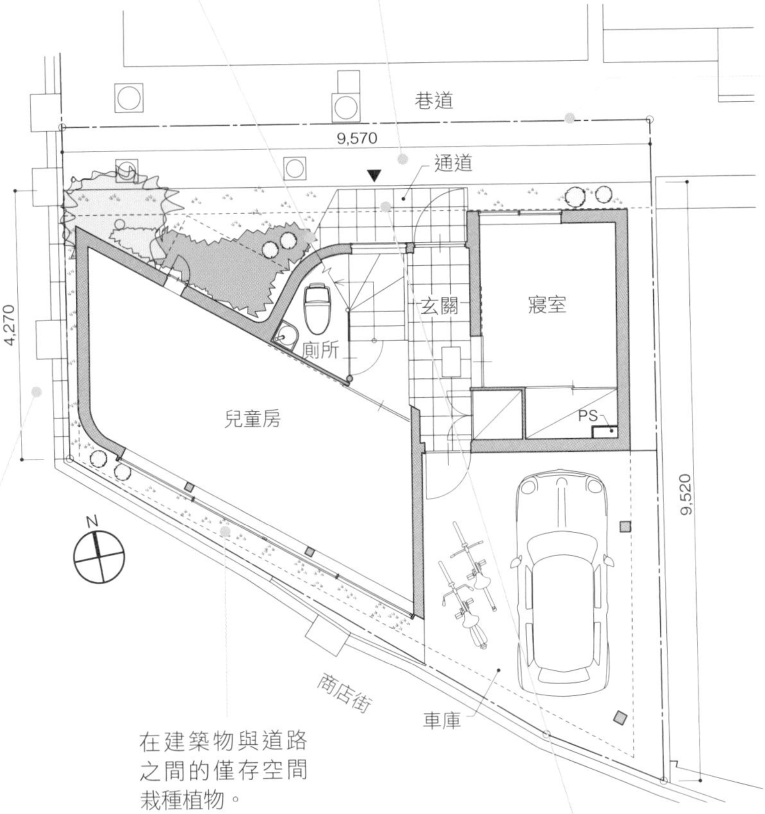


雖然土地所有權的權利範圍到這條線為止，但為了便於周圍住戶通行，提供做為巷道空間使用。

在建築物與道路之間的僅存空間栽種植物。

**親近巷道的窗際**
位於二樓客廳的住戶可察覺是否有人抬頭仰望門上方的窗戶。

**三面三種外觀**
設計時外觀與建築物會一併思考，因此商店街側與巷道側營造出截然不同的樣貌。

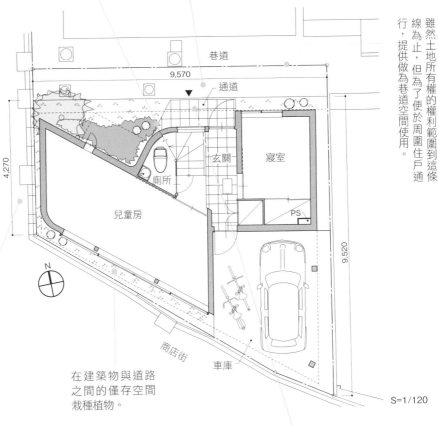

# 高與低

## 建地條件[3]——高低差的魅力

### 活用高低差的方法

從建地的角度來看，「平坦」地基算是非常優良的條件，但是蓋住宅的建地最好地勢偏高些，能免於大雨時淹水。實際上，分割出售的土地除了溼地填海造陸以外，大部分都是以挖土、填土這種稍微有高低差的居多。活用這些高低差、還是閒置或納入設計，已經有幾種手法可做為參考，但一般都以「建築物」與「外觀」的搭配組合來思考這項問題。

### 建地高的土地

在斜坡很多的街道上，常可看到支撐建地用的梯形角錐石頭或鋼筋混凝土所砌成的擋土牆。高低差大的建地多數都設有地下車庫，將通往建築物的通道設計成階梯。從近年的無障礙空間設計觀點來看，這或許會是一大障礙，不過只要透過建築手法上的衡量或外觀上的處理，不利的條件（缺點）也有可能做出舒適、美觀的環境。

就物理面而言，設置平緩的階梯或斜坡是必要採取的方法，因此有很多可使該距離或路途上充滿樂趣的設計。另一方面，高低差小的建地代表著全部條件都相當好。例如不但排水功能佳、也易保有隱私，半地下室等工程也較容易進行。還有用於保護隱私的圍牆或景觀植栽，使用相對低的就足以遮蔽。此外，車庫高度配合道路也較容易確保高低差，更不會妨礙到景觀窗的視線。然而地勢「高」的建地只要確保居家安全、排除不便因素，也能獲得舒適的居住環境。

### 建地低的土地

對於建地低於道路這點來說，排水與日照是最大的隱憂。相較於建地高而言，建地低往往容易彰顯建地的缺點。

地勢低的建地有各種形狀，其中以南面低的傾斜地較容易處理。雖然通道的設置條件差，但對於日照或隱私方面則相對有利。只是，在外觀設計上通道會是主要的課題。由於大多會在北面設置通道，所以最簡易的解決方法是開闢一條可通往二樓的通道，讓生活中心保持在最靠近道路高度的二樓。而南面庭院就打造成中庭這種能確保隱私的空間。

此外，以北面低的「低窪」建地來說，日照面與面向道路的隱私是不得不考慮的問題，必須在建築上或外觀上多下點工夫。除了善用景觀植栽或圍牆遮蔽視線之外，有必要在南面設置景觀窗。北面庭院則有利向四周借景或從事園藝活動，還能享受正面欣賞向陽植物的樂趣。

建地當中就屬研缽狀的低窪建地最為棘手。雖然有些建築物將通往研缽形建地的通道設計成相當有趣的小路，但是對於這種不得不採開放建築物的低窪建地來說，更需要考量隱私方面。

（松澤靜男）

# 「高與低」

- 為安全起見，階梯採適當高度，並且在梯面上做規律的視覺變化。
- 緩和斜坡的坡度並施加防滑措施，可避免雨天打滑。
- 利用高低差的車庫不會阻礙室內望向戶外的視野。
- 對有高低差的建地來說外觀會攸關日照優劣。因此必須兼顧柔和阻擋視線與採光。
- 慎重檢討通風、風勢。
- 保護建地高的擋土牆不崩塌，應擬定適當排水計畫。建地低的原則上以自然排水為主。

從設計觀點來看，建地具備「高與低」是非常具有魅力的條件。該如何展現優點，除了掌握在建築設計、結構設計之外，也取決於外觀設計。

**門的設置**　大門設置在與道路同高處，或是設置在上到建築物這層的地方。同時也應一併考量門牌、信箱等的設置位置。此外由於門是一道屏障，所以會影響通道或庭院的規劃。

**通道的規劃**　走在通道階梯上坡路段時，能邊享受腳邊的景致。通道頂端的視野也是重點。

**車庫的規劃**　車庫大部分都是建造成半地下室的形式。不管是規劃在建築物下方，或是另外單獨規劃在建地下層，都需要另外設置通道，所以通道規劃也很重要。

**庭院的規劃**　設計成訪客抬頭就能欣賞綠景的庭院，同時對住戶來說這也是一個能阻擋外來視線、得以愉悅眺望綠景與天空的庭院。

**擋土牆的設置**　當幾乎沒有高低差時，可簡單以石頭或盆栽充當。當高低差大時，就要利用混凝土或梯形角錐石頭等較為安全。

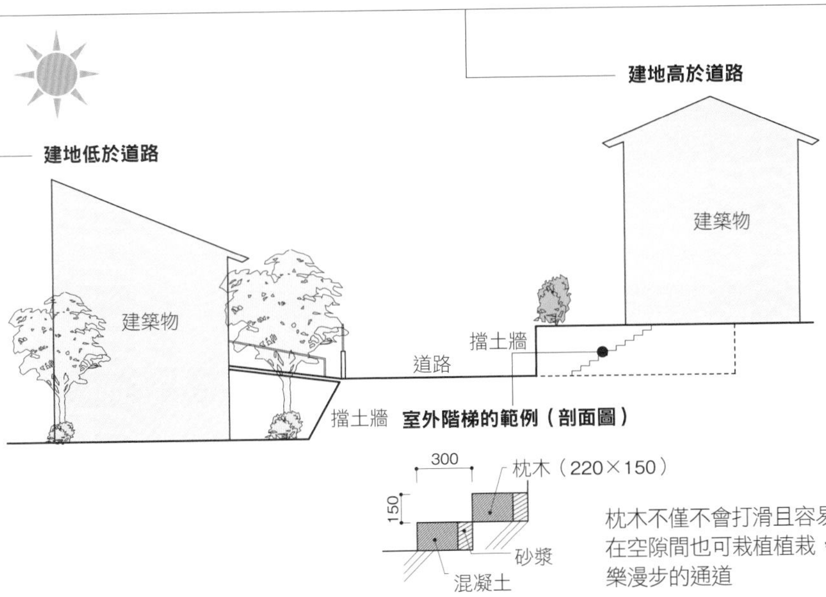
建地高於道路
建地低於道路
建築物
建築物
擋土牆
道路
擋土牆
300
150
枕木（220×150）
砂漿
混凝土

室外階梯的範例（剖面圖）

枕木不僅不會打滑且容易購買。在空隙間也可栽植植栽，營造快樂漫步的通道

**門的設置**　大門設置在與道路同高的圍牆處，或設置在階梯或斜坡最低的位置。設置時應重視防盜方面。

**通道的規劃**　因為訪客經過通道時也會俯看庭院，所以應重視整體上的規劃（全景規劃）。

**車庫的規劃**　可利用人工地盤或下坡等條件來設置。

**庭院的規劃**　斜坡上的植栽是一大重點，必須針對能否阻擋鄰居視線和不阻礙日照加以檢討樹木的配置。特別是通風與日照。

**擋土牆的設置**　若建地夠寬敞，可讓植物生長在自然形成的斜坡上。RC 擋土牆上可種植常春藤屬植物，讓藤蔓攀爬整個牆面。

# 通往玄關的格柵坡道

北側車庫和通道採開放式、外露木頭骨架。屋頂上也設有天窗是期待這裡做為多功能空間加以活用。由於木格子屬於和室風格，所以沒有停放車輛時不只能發揮通風，也富有借景效果，化身為可欣賞外部風景的窗戶
這條玄關通道不僅輕快，且設有通道下方空間。從車庫走到通道斜坡也很近

車庫是一個多功能的空間，也能在此進行無農藥蔬菜的銷售等活動。這裡既是家與外部的接觸點，也是與行人的接觸點。

## 活用高低差

這棟住宅外觀建在高於北側道路1m左右的建地上，前面是面東的下坡。

雖然只要設置階梯就能解決高低差的問題，但是原本地盤就比較高的南側庭院裡有祖母相當珍惜的藤棚，而藤棚代表家人間的羈絆，因此本案例決定積極活用高低差。

首先，在建地與下坡道路之間設置一個平坦的車庫，然後由於有藤棚的庭院地勢高低不一，所以住宅地板高度設定在稍微低於庭院的位置。這樣的規劃能使北側道路低於住宅地板高度，和室的窗景也會變遼闊。通往玄關的通道位在比道路高的位置，這是用格柵鋪成的坡道。夜晚時從格柵下方投射出來的燈光，能瞬間使通道變成一條無距離感的唯美通道。

站在一樓客廳能眺望庭院，從二樓則能俯視藤棚等腳下綠景。南面庭院盡可能不做改變，留意住宅間高低差（住宅低）的排水和坡面處理，並設置戶外木平台連接客廳與庭院。另外，考慮到西南角的浴室窗景，所以讓植物覆滿整個庭院坡面。

所在地 埼玉縣埼玉市——設計者 松澤靜男／松澤設計

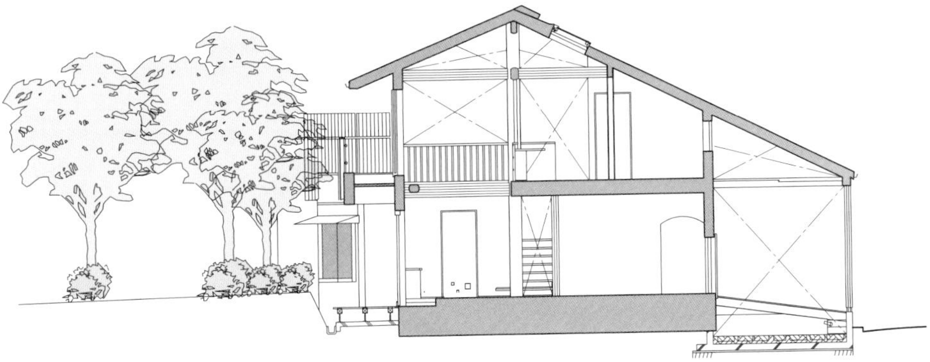

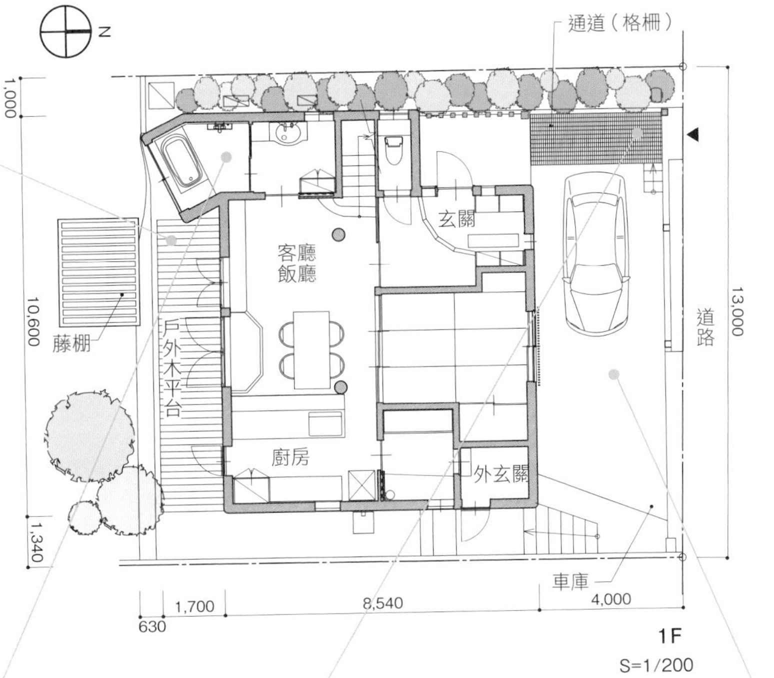
N
通道（格柵）
1,000
10,600
1,340
13,000
藤棚
戶外木平台
客廳
飯廳
玄關
道路
廚房
外玄關
車庫
1,700
630
8,540
4,000
1F
S=1/200

**戶外木平台與地勢較高的南面庭院**

客廳前的戶外木平台。欣賞前方庭院裡的藤棚向陽處與背陰處的風光。

**可仰望藤棚的浴室**

一邊泡澡一邊從低於地面的地方仰視庭院。藤棚與坡面的地被植物帶來平穩氣息。

**以格柵鋪設坡道**

以玻璃纖維格柵（FRP 製的格柵）鋪設成和緩的斜坡。地板下設置間接照明。營造輕快的通道環境。

**利用木片（剩材）鋪設車庫**

利用建築用剩的樑柱木材，鋪設車庫地板完成面。雖然施加藥品處理可防範白蟻入侵，但基於安全性與價格面考量，本案例不採用。

# 長通道營造山路氛圍

利用具有穿透性的圍牆，創造一個既開放又沉穩的「空間」。一部分張貼扁柏板，不但能阻擋鄰居家二樓看進室內的視線，也能當做裝飾牆
清水混凝土牆的出入口。高度為1.9m
吊式格子門在面寬範圍內可左右移動，能夠享受不同變化下的風景

這棟三層樓住宅建在有高低差的建地上。從道路踏上一階的地方即是玄關。

## 山路與鋼筋混凝土牆帶來的變化

這塊是經過山地開發並宅地化後具有起伏的住宅地，開發至今40年，現在已是一條綠意盎然而沉靜的街道。本案例是建在這其中一角的住宅，由於發揮了2m高的落差特性，所以能夠打造被綠意覆蓋的外觀。

建地是面寬8m、深度20m的細長形土地。玄關位置接近建地中央，入口通道前往玄關的小徑，彷彿像雜木林般別有一番風情。再加上，步道彎曲設計使行走時因蛇行而產生距離感，營造出步行於山路的樂趣。

面向道路的地下室是鋼筋混凝土造的工作室，外觀採用一體化設計。出入口設有大型吊式格子門，是做為一道柔和的屏障。格子門可推到工作室的位置，藉由移動到喜歡的位置，就能變換不同氣氛。

通過山道後抵達玄關門廊與中庭平台，這裡設置鋼筋混凝土造的牆壁做為第二道屏障，與建築物形成45度角。這道牆壁一直延續到內部，在遮蔽訪客視線的同時，也發揮指引訪客入內的作用。由於產生被中庭包圍的錯覺，所以可當做客廳的延伸空間放鬆身心。

**仿照山路的通道**
築波石鋪成的階梯。陽光從葉縫間灑下，漫步在其中可邊欣賞周邊的花草樹木。

**鋼筋混凝土造的出入口與地下室同層**
道路前是地下室這層。左邊是經過山道通往一樓玄關的通道出入口；右邊是工作室。

所在地 東京都多摩市——設計者 長谷部綠／長谷部綠建築設計研究所

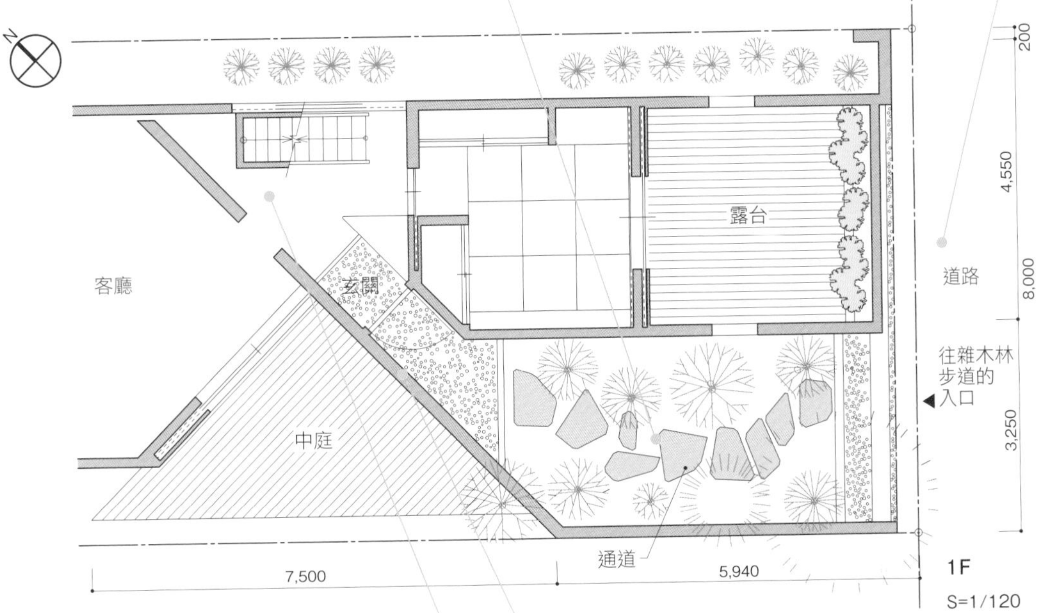
客廳
玄關
露台
中庭
道路
往雜木林步道的入口
通道
7,500
5,940
200
4,550
8,000
3,250
1F
S=1/120

**玄關到通道形成明暗對比**
無論是從外到內、還是從內到外，打開玄關門就能在和煦陽光下迎接訪客。當關上門時，站在微暗的玄關往明亮的木平台望去的景象，頗有戲劇情境。

**鋼筋混凝土造的牆壁是第二道屏障**
入口部分設計得像茶室客用入口，高度控制在1.2m左右，將這裡當成友人才能進入的特別場所。即使玄關門廊與中庭相鄰，但利用屏障隔開兩處就能阻斷視線，保有隱私。

# 善用斜面設置的寬敞通道

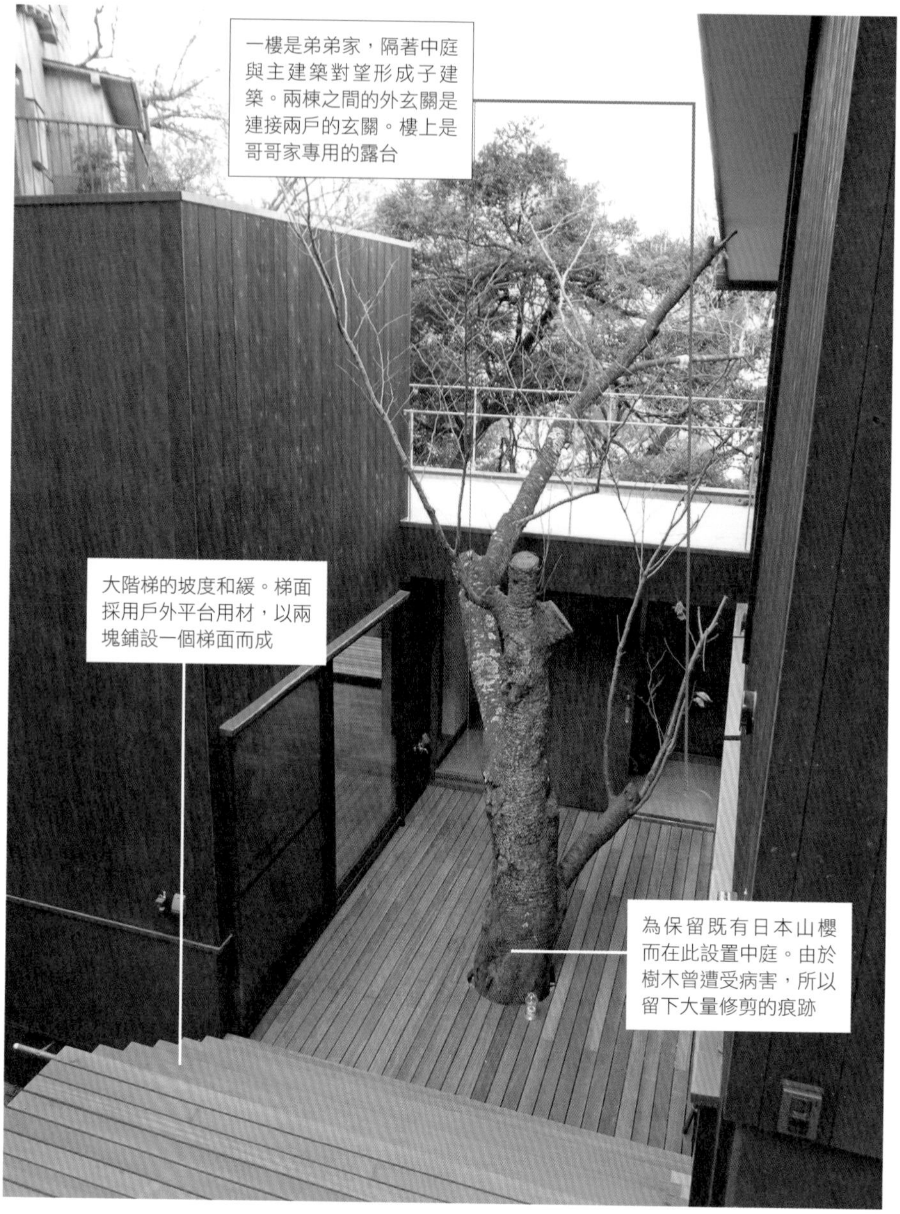
一樓是弟弟家，隔著中庭與主建築對望形成子建築。兩棟之間的外玄關是連接兩戶的玄關。樓上是哥哥家專用的露台
大階梯的坡度和緩。梯面採用戶外平台用材，以兩塊鋪設一個梯面而成
為保留既有日本山櫻而在此設置中庭。由於樹木曾遭受病害，所以留下大量修剪的痕跡

這是位於斜坡上世代同住的雙層住宅。玄關有兩個，一個設置於與道路同層，另一個則再下一層的位置。

## 做為生活空間的外觀

以斜坡地或梯田狀的開發地來說，大多案例都是建地比道路低。這種狀況有將玄關設置在與道路同層的樓中樓或二樓的做法。只是，本案例將玄關設置在比道路低的位置，在這裡施加往下的階梯與前庭，形成豐富的外觀。

這塊建地從道路端起是極陡的下坡面。由於這是父母、哥哥和弟弟各自完全獨立的世代住宅，因此需要個別設置專用的玄關。哥哥家的玄關位於與道路同層的二樓，而雙親與弟弟家的玄關則分別配置在比道路低一層的一樓。

建地的斜坡面上有一棵巨大的日本山櫻，這是屋主希望保留下來的東西。因此建築物圍繞著這棵大樹做配置，並在樹周圍鋪設木板。這個戶外露台不但連接道路與弟弟家的玄關通道，也是弟弟家專屬的前庭。

階梯通道設計成與戶外露台同寬，坡度也較為和緩。因此即便露台（前庭）位於道路下方也不會有壓迫感，相反地會產生適度被包覆的安穩感。而且，大階梯也能當做椅子使用。這個外觀創造出一個兩代三個家庭之間交流的「生活」空間。

**從道路端看外觀**
道路位於幾乎是二樓高度的位置。哥哥家的玄關設置在二樓。

**建設前的建地勘察**
活用研缽狀地形，擬定大階梯的外觀計畫。屋主希望保留照片右邊那棵日本山櫻。

所在地 **神奈川縣鎌倉市**——設計者 **水口裕之／水口建築設計室**

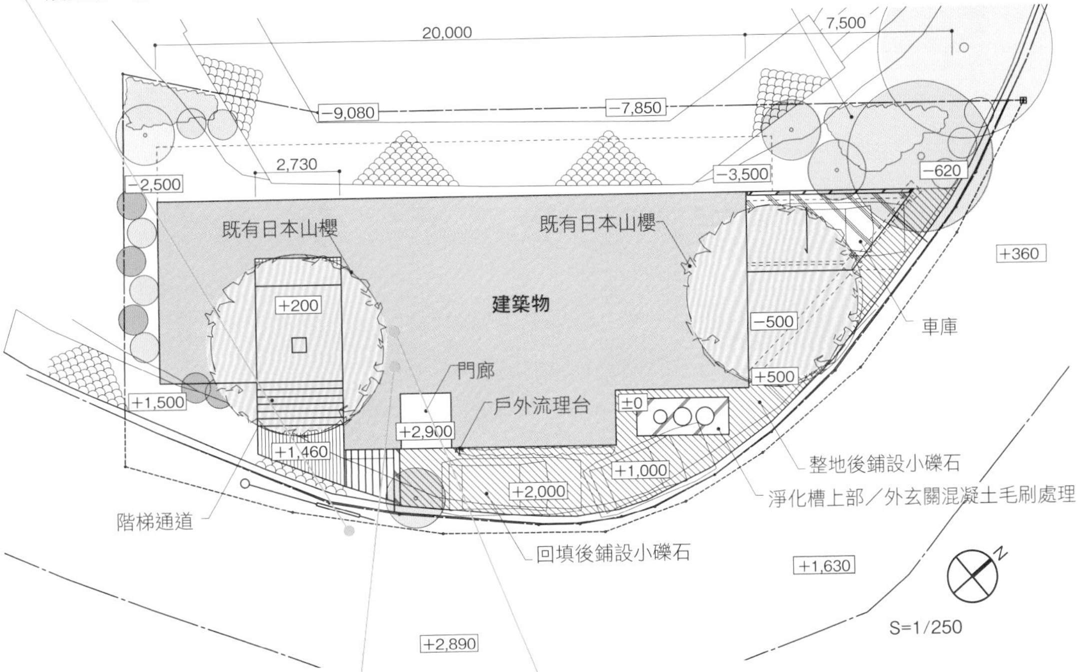
20,000
7,500
−9,080
−7,850
2,730
−3,500
−620
−2,500
既有日本山櫻
既有日本山櫻
+360
+200
建築物
−500
車庫
+500
門廊
+1,500
戶外流理台
±0
+2,900
+1,460
整地後鋪設小礫石
+1,000
+2,000
淨化槽上部／外玄關混凝土毛刷處理
階梯通道
回填後鋪設小礫石
+1,630
S=1/250
+2,890

**共有的露台兼前庭**
種有日本山櫻的木質露台兩側是起居室。由於室內外地板高度同高，能形成內外一體化，所以兩側室內空間看起來更加寬敞。

**木地板將外觀與室內融為一體**
木地板從客廳一直鋪設到室外空間。木質露台與階梯通道就像是室內空間。這裡也是二個家庭的交流場所。

# 採取分段設計消除高低差

交替設置清水混凝土牆和
剁斧面（龍眼面）加工的
牆面，在原本有壓迫感的
擋土牆上施加節奏感
階梯數有五階。
配合坡道設計成
易於行走的坡度
鋪設空心植草磚
並在縫隙間種植
玉龍草，讓通道
散發出自然氣息

擋土牆右側二分之一以上約1m是混凝土牆，這個部分的高低差因設置坡度而降低1m左右。

## 分段趨緩通道高低差

這是道路與建地有2.7m高低差的住宅外觀。一般來說都會以設置外部階梯連接道路與玄關的方法處理高低差問題，但本案例是採用階段性升高的手法。

首先，從道路高度（負2.7m）上到坡道式的車庫（負2.7m～負1.8m）。接著踏上外部階梯（負1.8m～負1m）來到玄關、客廳的高度位置（負0.7m），再往廚房、飯廳（正0.3m）則更上一層，如此一來「上坡通道」形成外部和內部兩個動線。由於每段高低差都控制在1m以內，不會造成身體負擔，因此能夠邊感受心境變化邊走進各個空間。

建築物內部採用躍廊式設計，庭院也規劃成一個高低差有1m的坡道式庭院，整體外觀變化相當豐富。面對道路的混凝土牆和擋土牆，與從庭院探出的綠意形成美麗的對照。還有玄關區域比建地高度稍微低1m，這麼做能縮小與東側鄰家的高低差2m～1m左右，擋土牆的施工費用也能大幅降低。

**控制各段的段差在1m以內**

分段設計使風景產生變化，漫步其中頗有樂趣。

**沿室內的躍廊式設計設置庭院空間**

躍廊式設計將客廳與飯廳空間巧妙地區隔開來。庭院也配合這個段差規劃成平緩的坡道式庭院。

所在地 **東京都町田市——設計者 諸角敬／studio A**

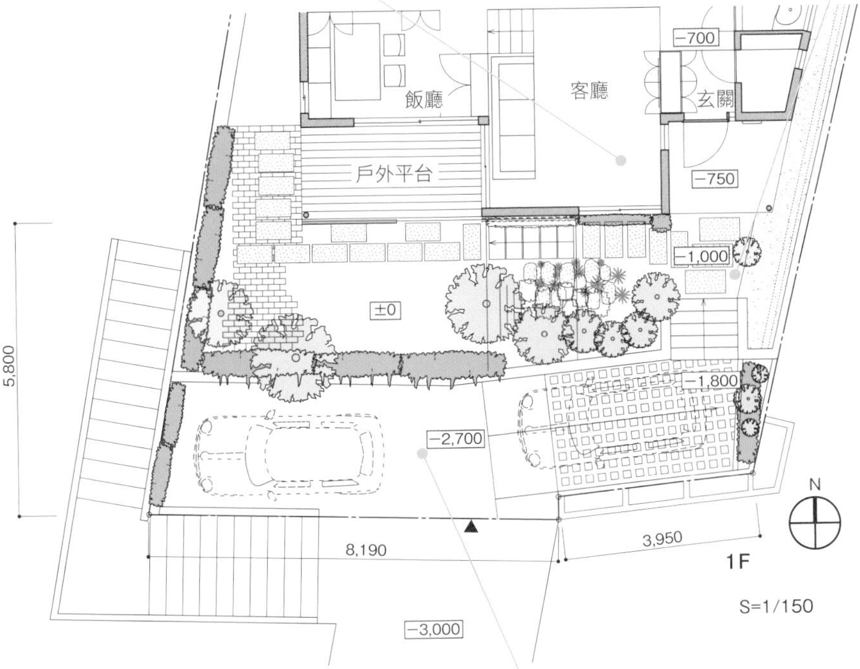
飯廳
客廳
玄關
−700
戶外平台
−750
−1,000
±0
−1,800
−2,700
5,800
8,190
3,950
1F
N
S=1/150
−3,000

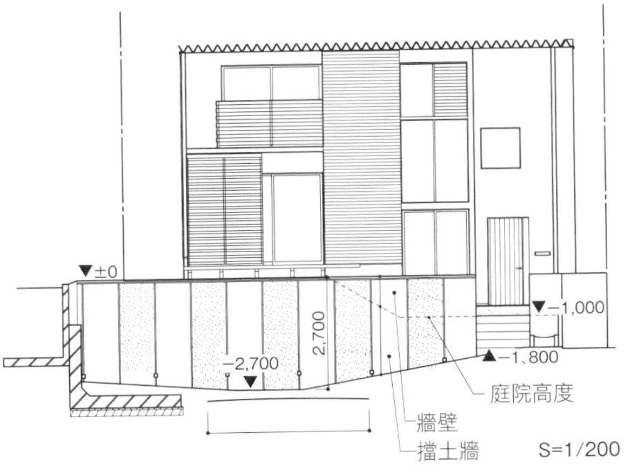
▼±0
▼−1,000
2,700
−2,700
▲−1,800
庭院高度
牆壁
擋土牆
S=1/200

從正面看各部分的高低差，每個階段的高度變化一目了然

**融合擋土牆與圍牆的設計**

圍牆蓋在擋土牆上方。為講求一體感，圍牆頂端呈水平線，不隨建地段差而變化。擋土牆上方以綠籬代替柵欄，使綠意融合化為表情柔和的一景。

# 以綠景營造庭院深深

圍牆內側是植栽與木質露台所構成的主庭院。樹木滋潤了街景
樹木具有遮蔽玄關門廊的作用
道路前的停車空間。一個具有深邃景深通往玄關的空間

從圍牆探出頭的綠景，以及為了遮蔽玄關門廊所種植的常綠樹，使行人感受被浸潤的感覺。

## 共享花草樹木的綠意

這是一塊南北狹長、南臨道路的建地。以住宅地來說這是普遍可見的形狀，但屋主希望將南側道路那一面，規劃成包含訪客車輛在內三台車的停車空間。只是一旦變成能夠停三台車的空間，或許會失去大門的設置目的。

因此，本案例將停車空間延伸至玄關，打造成一段具有深邃景深的空間，並且在與庭院間的界線上設置一道圍牆，也具有引導訪客到玄關的功能。圍牆內側是栽植花草與木質露台的主庭院，這裡的枝葉越過了圍牆使樹梢探出路邊。雖然這麼做會使面向道路的空地變成一片光禿禿的停車空間，不過還是透過其他規劃為街道帶來潤澤的外觀。

這塊建地比前方道路高 60cm左右。連接這個高低差的外部階梯在行進方向設置一處呈90度角的轉彎通道。這麼做能使通往玄關的通道更加幽深。階梯一上來即是玄關門廊，二樓露台同時做為屋頂使用。由於利用植栽阻隔停車空間的視線，所以玄關區域能夠實現被綠意包圍的安定感。

**利用綠景阻隔視線**

打開玄關門，眼前便是常綠樹。種植在玄關門廊前面的常綠樹正好可溫和阻隔外來視線。

**利用木質露台連結空間**

主庭院被停車空間與圍牆圍繞住。為了就近親近大自然，大大地擴張客廳到木質露台的範圍並利用植栽串連起來。木質露台也與玄關門廊相通。

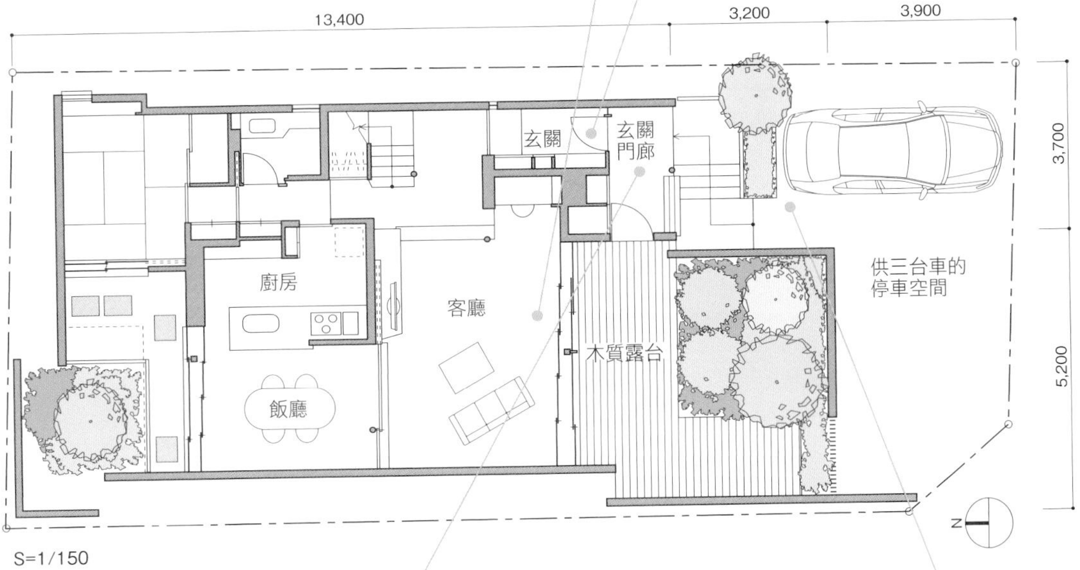
13,400
3,200
3,900
3,700
5,200
玄關
玄關
門廊
廚房
客廳
飯廳
木質露台
供三台車的
停車空間
N

S=1/150

所在地 **東京都世田谷區**——設計者 **本間至／Bleistift住宅設計**

**玄關門廊與主庭院互通**

玄關門廊與庭院的木質露台間有一道鐵製格柵門，打開門能互通兩處。周圍綠意帶來沉穩氣氛，空間具有開放感。

**植栽圍繞的安定感**

階梯與玄關門廊被綠意和二樓露台環繞，形成具有安穩感的空間。照片這面以胡桃木打造的牆壁是玄關門面也是外部收納用的門。

# 不規則

## 建地條件[4]——將不規則形狀化為優點

### 將旗竿型建地的旗竿部分規劃成巷道空間

以都市地區來看，很難看到獨棟樓房這種較有餘裕的建地，因為大多的土地終究會被切割、再造成數棟住宅建地。因此，這些分割成小土地當中，就產生了人為造成的變形建地。其他大部分也受到道路或地形等影響，變成不規則形狀的建地。變形建地的形成原因很多，這邊討論其中的一種，也就是旗竿型建地。

一般來說，當建地呈旗竿型時，連接道路的那一面只有3m寬左右，因此從道路看向建築物只有自小客車最為顯眼，這樣的住宅根本無法融入街景。然而，轉念一想只要缺點能夠活用出這種建地形狀的特徵，或許能使缺點變成優點。

例如，不設置門板，而將建地的旗竿部分設計成向街道開放的通道，成為具有景深魅力的巷道空間。雖然巷道狹窄，但是能夠在地面完成面和鄰地界線上做出別出心裁的設計。若是做為停車空間使用時，有停車空間專用的植草磚或在地磚空隙裡種植小草等做法。鄰地界線則利用較低的木板圍牆或泥作牆壁等劃分區域，營造充滿情趣的巷道空間。或者採用網格狀柵欄這種現成品，讓綠色植物攀附整個柵欄，也是一種能夠全面綠化的方法。

### 活用建地周圍不規則形狀的空間

在不規則形狀的建地內配置四方形建築物時，建築物周圍會留有細長水槽形或小梯形、三角形的空間。積極活用這些容易被放置不管的空間，其關鍵在於如何製造景深感和距離感。即使不到一坪大小的空間，仔細一看都有可能變成可眺望藍天、享受徐風吹拂的外觀。

例如，栽植綠草與鄰家的綠景相呼應，加乘效果之下就會產生意想不到的視覺效果。

總之，最終成品是呈現無意義的「多餘空間」，還是生氣蓬勃「融入自然的空間」，就看外觀計畫如何設計而定。

### 適度「開放」是重點

即使是條件嚴苛的不規則形狀建地，其外觀的考量重點還是「開放」感。舉例來說，像旗竿型建地這種向街道開放的開口部十分有限，所以應該重視與「外部」的連結，全面開放這個有限的部分。大膽開放空間是明確主張與道路間的曖昧界線。此外，與道路的交接處也能夠表現出屋主的品味。特別是通道空間，正因為設置在狹窄且不規則形的土地上，更應該重視「開放」感。廣納街道或近鄰的綠景，只在通道盡頭設置門來「阻隔」外界，適度開放內部與外部做連結，這點可說是將「不規則」的土地變成優點的重要關鍵。

（高野保光）

# 「不規則」

- 非直線的變形土地能夠自然營造有節奏感的外觀。
- 善用變形建地與建築物之間形成的距離感、幽深感。
- 旗竿型建地上的幽深通道，在植栽或圍牆的巧思設計之下更顯得生氣蓬勃。
- 做出對外部「開放」部分，能使變形建地起死回生。

「不規則」的優點在於藉由土地周圍與節奏感，製造關係層次豐富的外觀。積極做出對外「開放」部分，更加具有土地活化的特徵。

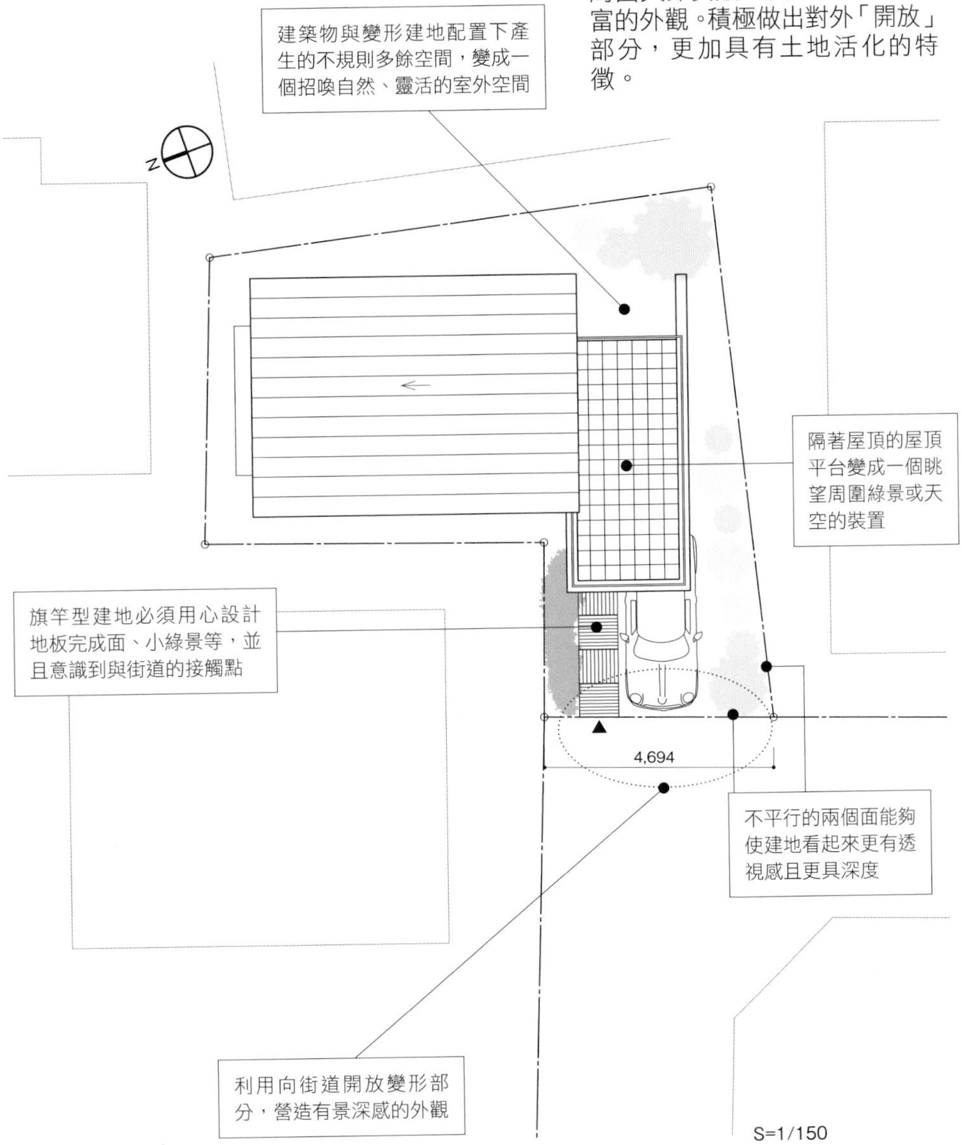
建築物與變形建地配置下產生的不規則多餘空間，變成一個招喚自然、靈活的室外空間
N
隔著屋頂的屋頂平台變成一個眺望周圍綠景或天空的裝置
旗竿型建地必須用心設計地板完成面、小綠景等，並且意識到與街道的接觸點
4,694
不平行的兩個面能夠使建地看起來更有透視感且更具深度
利用向街道開放變形部分，營造有景深感的外觀
S=1/150

# 在旗竿部分的地板營造有表情的完成面

## 旗竿部分營造視覺上的開放感

大多旗竿型建地上的住宅都蓋在寧靜深處的位置，只能隱約看到建築物的一小部分。然而，這類居住環境不必隱藏建築物，也不受兩側住宅的壓迫，小而巧的正門也能和街景揉合在一起。

前面道路是寬幅4m的窄巷。因此本案例採營造建地的景深感，並且玄關通道旁不設圍牆或門而採開放空間，使空間上、視覺上都獲得開放感。

旗竿型建地的設計重點在於地板完成面。由於旗竿部位（巷道部分）也做為停車空間，所以無法在這裡種植大量植物。但是地面的構成自由，運用混凝土掃紋加工或豆礫石洗石子加工、大谷石鋪等各種材料和手法，創造豐富的表情，然後在上面配置帶狀的伊勢五郎太石譯注、倭竹、玉龍草或黑竹等強調景深感。晚上則點亮上照燈展現地板柔和表情。如此一來旗竿型建地也能夠融入街景，為行人帶來樂趣。

配合旗竿型建地比例，在玄關旁栽種迎賓用的小綠景
利用洗石子地板、小石頭、以及玉龍草植物等鋪設完成面
這是正門。右邊內側是中庭。

照片 平井廣行

譯注：伊勢五郎太石是將紅棕色的花崗石粉碎後，加工製成「伊勢五郎太石」的尺寸（可加工成2吋、3～4吋、5～6吋）。

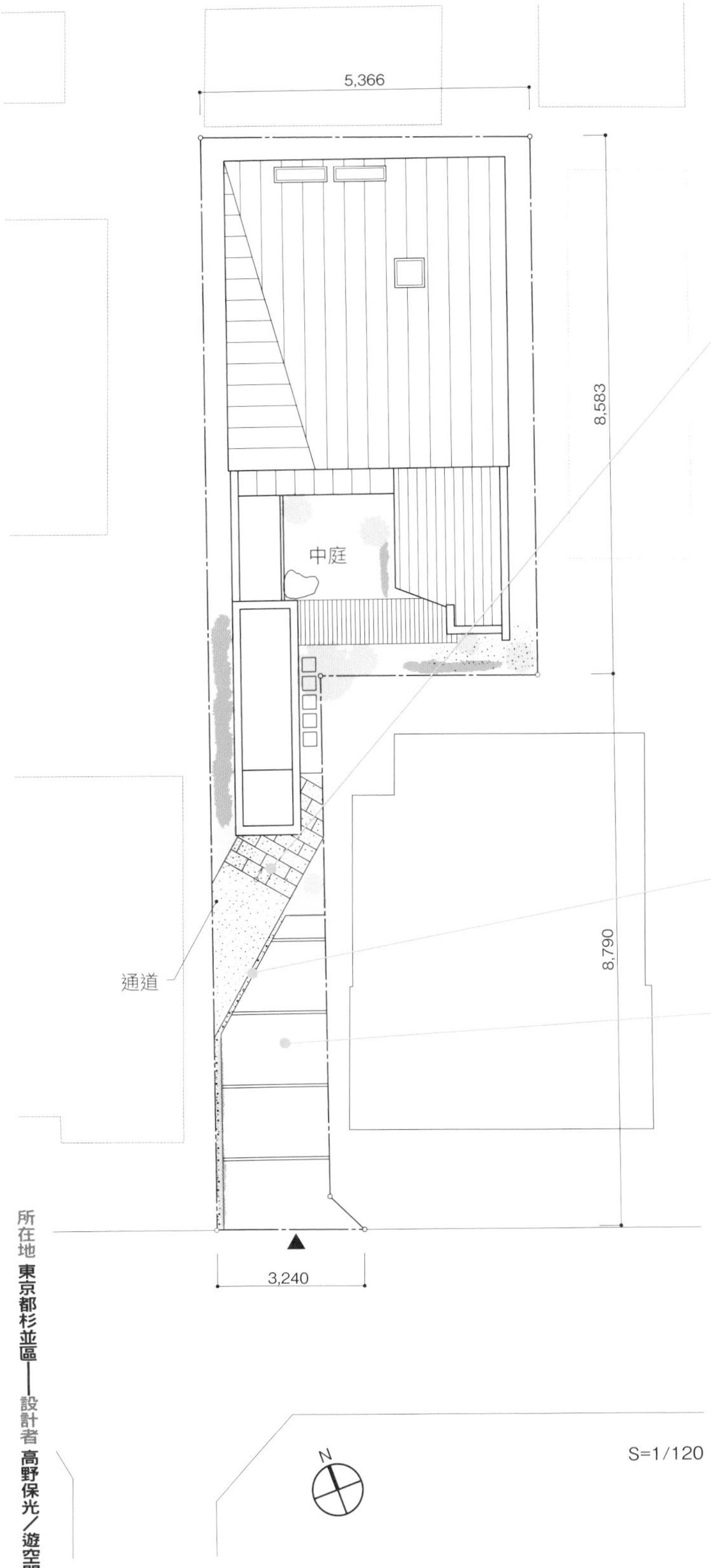


所在地 東京都杉並區——設計者 高野保光／遊空間設計室

**點亮門廊**
適度打亮玄關門廊。注重照明位置，演繹間接式的燈光秀。

**強調通道的景深感**
即使寬幅狹窄，經設計過的通道地面能營造極富風情的深度感。

**小卻有存在感的正門**
面寬 1.25m、高度 5.2m 的正門口與通道整個融入街景之中。

# 利用車庫與植栽的配置向外開放

與右側車庫有1.2m的落差。為避免外人闖入而密集種植十大功勞和加拿利常春藤
這裡做了阻斷道路端看進來的視線，所以從客廳能自在地走到戶外平台。鋪有枕木的區塊可放置自行車，也可做為訪客的停車空間

東側道路是平緩的彎道，然後向北（照片正前方）是下降的坡道。車庫的設置是活用建地形狀與段差。

## 自然風的通道

這是建在毽子板形狀的變形建地上的住宅外觀。相當於毽子板握柄部位的北側三角形區塊設有車庫，建地寬幅廣的南側則採取開放，然後在客廳前面規劃一個向外延伸出去的戶外平台。只要順著變形建地有效活用形狀，反而能創造四角形無法做出的空間魅力。

雖然面積小，但是以四人家庭的住宅來說，減少一樓的隔間並將LDK設計成像流動般連續的空間，就足以舒適過生活。活用變形建地將建築物配置成三角形或扇形，其邊線因為善用邊的長邊與透視法原理，所以具有使室內看起來比實際寬廣的效果。

對於成長期的孩童來說，盡快熟悉當地生活是分外重要的事情。本案例也考量到這點，因此玄關通道不設置圍牆而利用枕木與花草營造自然風情。並且，打造能夠輕鬆進出庭院的戶外平台，這裡不設置庭院門，採取開放設計。

然後，利用木板圍牆與鄰家界線做出區隔。道路側則沿著外牆建造翼牆，並種植地錦攀爬整個牆面或吊掛以蘆葦編織而成的簾子，自然地遮蔽外來視線。如此一來，便形成兼顧隱私與開放感的外觀。

**自然風的通道**

枕木與植栽的綠意經長年累月逐漸融為一體，增添了自家獨特的風格。

**綠景柔美點綴車庫**

車庫地板是沿用當初建造時灌注的水泥地板，所以沒有費用產生，只做了布置植栽（十大功勞或加拿利常春藤）營造柔和氣氛。

所在地 **東京都多摩市——設計者 長谷部綠／長谷部綠建築設計事務所**

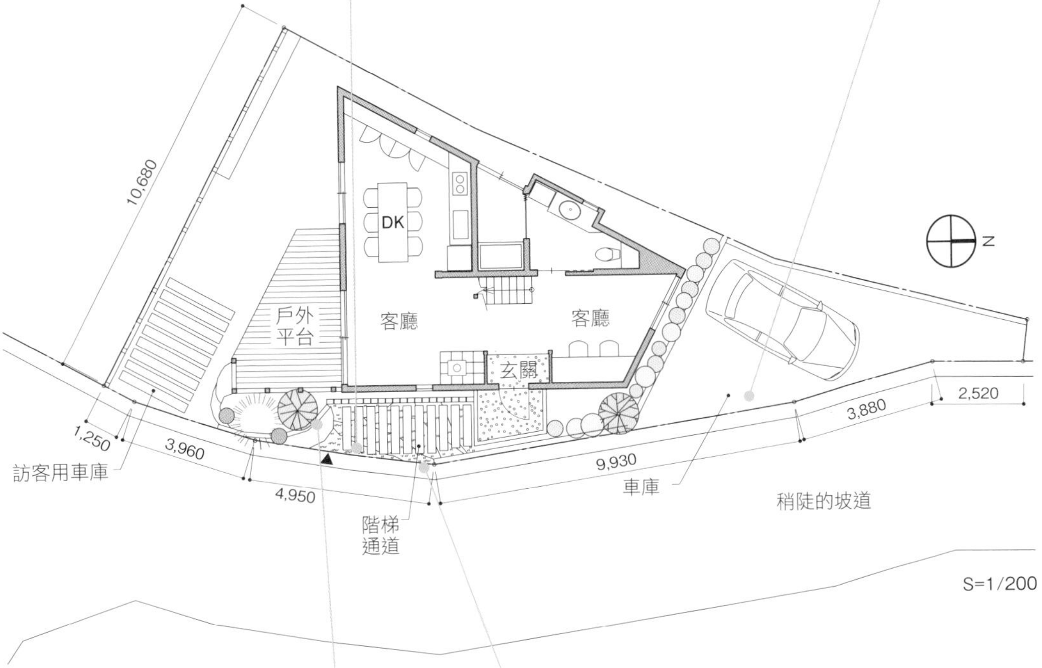
10,680
DK
戶外
平台
客廳
客廳
玄關
N
1,250
3,960
4,950
訪客用車庫
階梯
通道
9,930
車庫
3,880
2,520
稍陡的坡道
S=1/200

**種在通道上的紀念樹**

紀念樹是四照花。為了營造居住環境的安定感，通道刻意營造成自然風格。

**向街道開放的外觀**

由於建築物的道路側是一面牆壁，所以通道能夠規劃成開放式設計。

KEYWORD 07

不規則

# 通道從道路端起轉由斜向入內

考慮到車輛進出而內縮
柱子並以通樑工法建造
通道與車庫之
間的小空間也
種上小草

這是東側外觀。即便建地狹小，但能做出只有變形建地才有的靈活外觀。

## 具寬裕的外部空間

這棟住宅的建地有27坪，不但符合建蔽率40%、容積率80%等條件（依據日本建築基準法住宅用途類型規範），就連最嚴苛的高度限制也全在規範之內。

西側休閒步道的盡頭是有河川的豐富自然環境，由於屋主曾經遭遇水災，所以既要提高建築高度又要符合新住宅環境的嚴格高度限制規定，因此將一樓的地板高度盡可能提高到比洪水水位高的位置。在考量建築物南側要設置庭院，以及車輛如何進出彎曲道路抵達車庫的簡易做法之下，本案例決定沿著建地偏北側設置梯形狀通道。

通道採取從道路端起斜向進出的計畫，製造道路到玄關的距離感。門廊與車庫間的植栽區域形狀，是考量車輛內輪差的行經空間。如此一來，就能打造只有變形建地才有的「寬裕」而流動的空間。像本案例這種變形建地，其外觀重點在於如何善用大小不規則的外部空間。

車庫上部的格子，在道路側這邊的間隙密度設置得較窄，能阻隔外來視線，西南側則設置成間隙較大的縱向格子欄杆，採用櫻花樹製成的木板。

**賞花用的戶外木平台**
位於車庫上方的戶外木平台可觀賞到鄰地的櫻花樹。木質縱格子欄杆是外觀設計的重點。

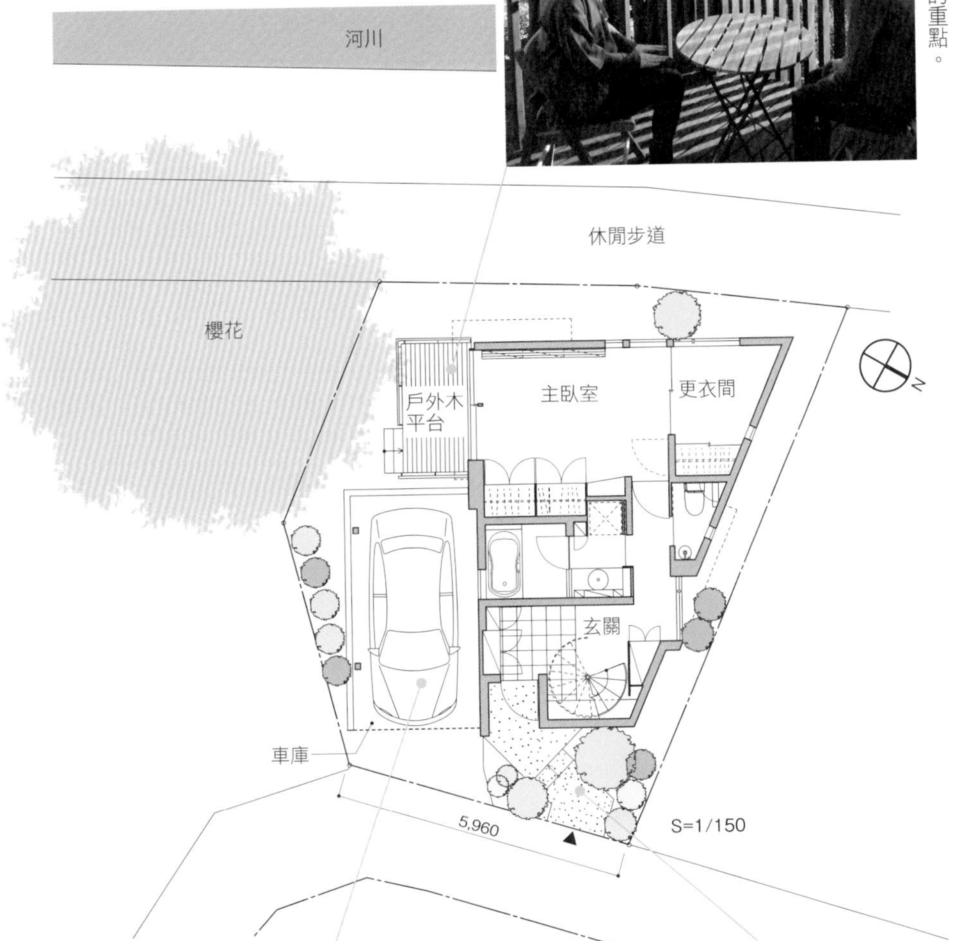
河川
休閒步道
櫻花
戶外木平台
主臥室
更衣間
玄關
車庫
5,960
S=1/150

所在地 **東京都杉並區**——設計者 **高野保光／遊空間設計室**

**內縮車庫**
由於車庫內縮後可加深與道路間的距離，所以一體化設計的戶外木平台也能保有隱私。

**圍繞階梯通道的植栽**
這是利用建地形狀與建築物配置形成有流動感的通道。兩側是植栽空間。

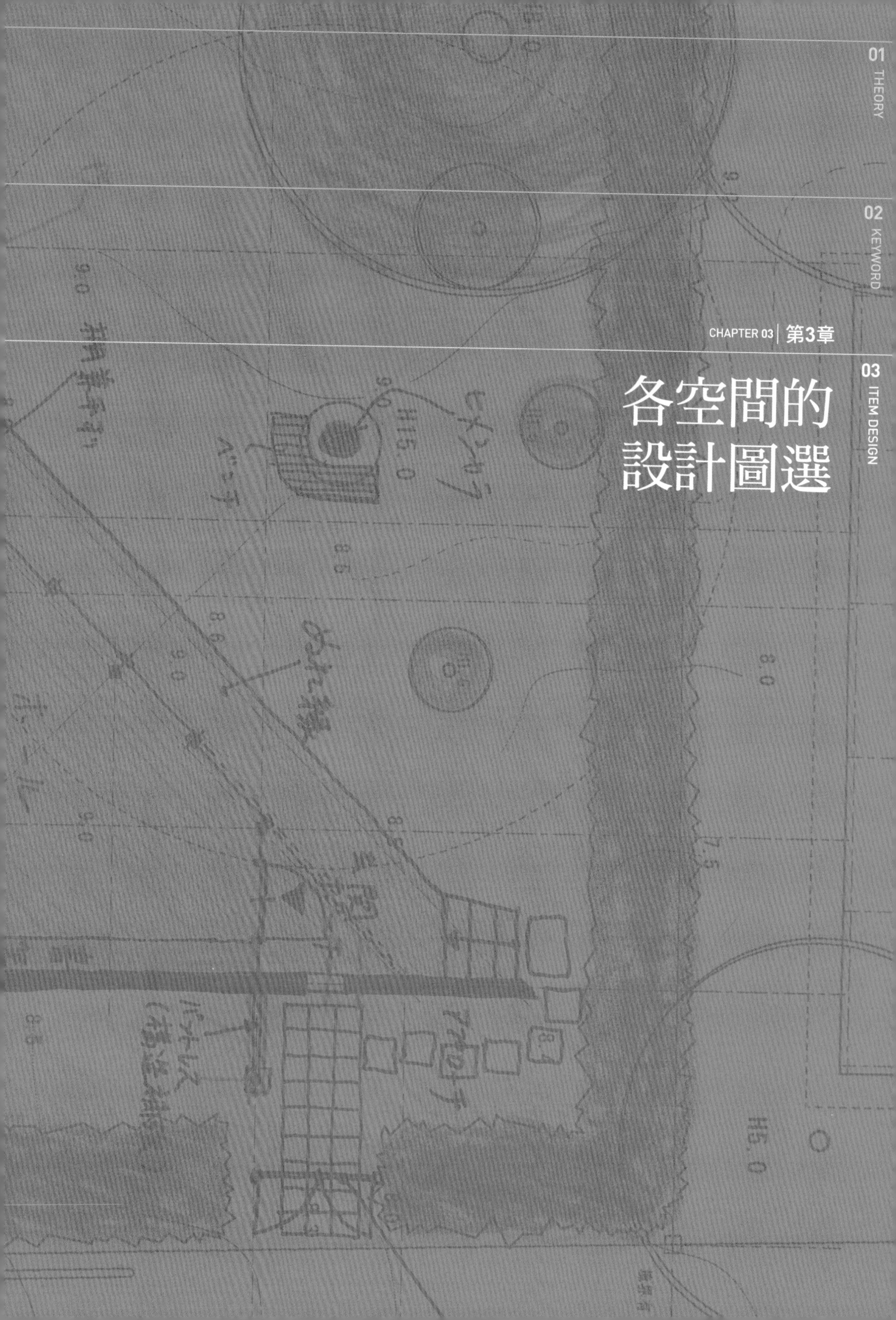



CHAPTER 03 | 第3章

# 各空間的設計圖選

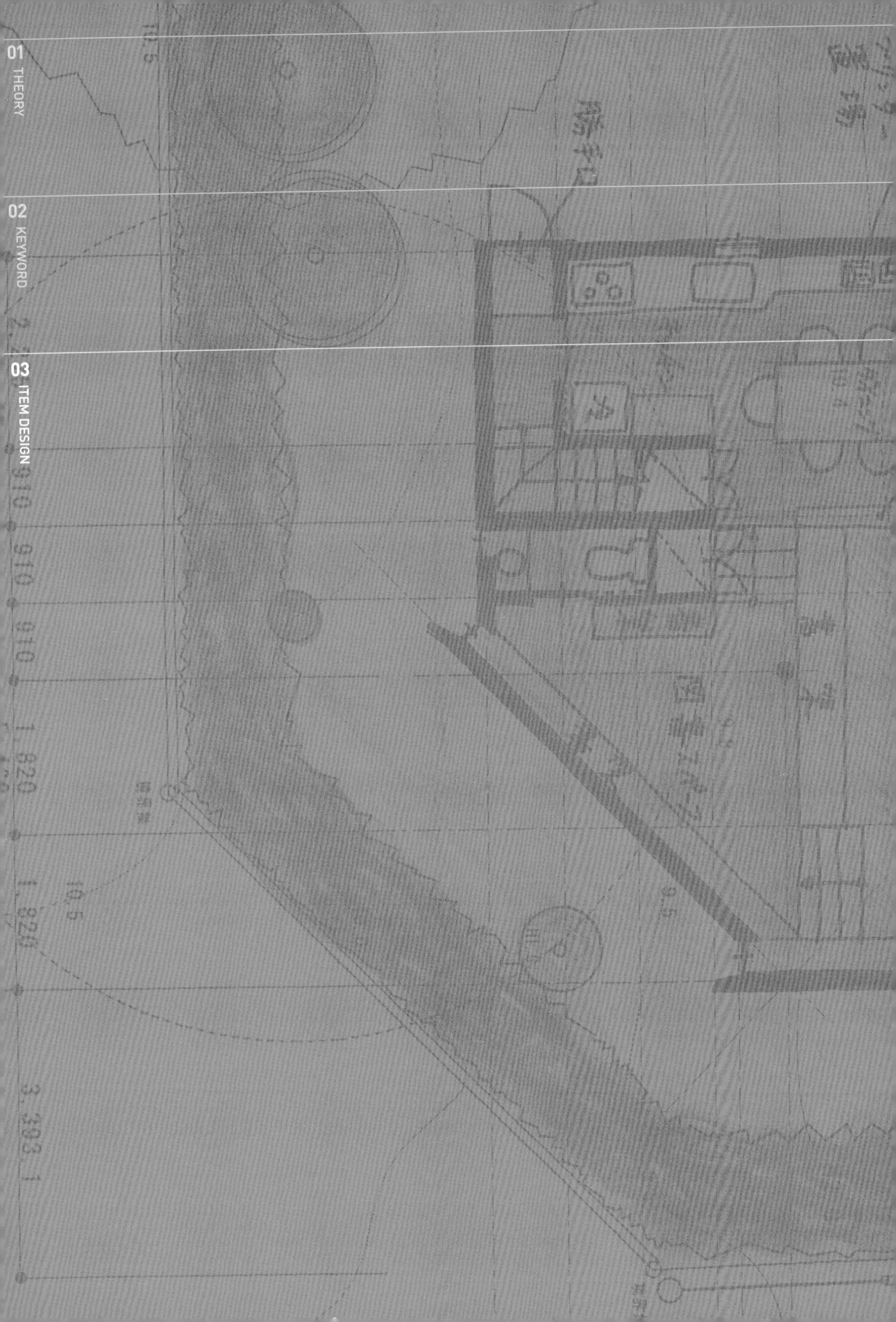

# 通道與玄關區域

**門板、門柱、信箱、對講機、姓氏門牌、通道完成面等，兼具機能性和娛樂、美感的設計**

## 1 門板 入口設計

### CASE 1-1 木板與鐵支架的組合

活用小空間將推拉門門板、門柱、信箱、照明、姓氏門牌做一體化設計。

這是一塊位於私設道路（居民為了通行而私設的道路）盡頭的建地，面寬僅有1.5m寬。因此採外開式會超出建地範圍，採內開式則又難以停放自行車等。於是，本案例設計成推拉式大門。木板嵌入鐵製角材（型材）熔接而成的支架上，上頭裝設門鎖與信箱。門擋與固定鐵件等細節也經過一番設計。不鏽鋼角材的滑軌是以砂漿固定在地面上。門柱則採清水混凝土塗裝，就連姓氏門牌也是以混凝土澆置而成。（安井正）

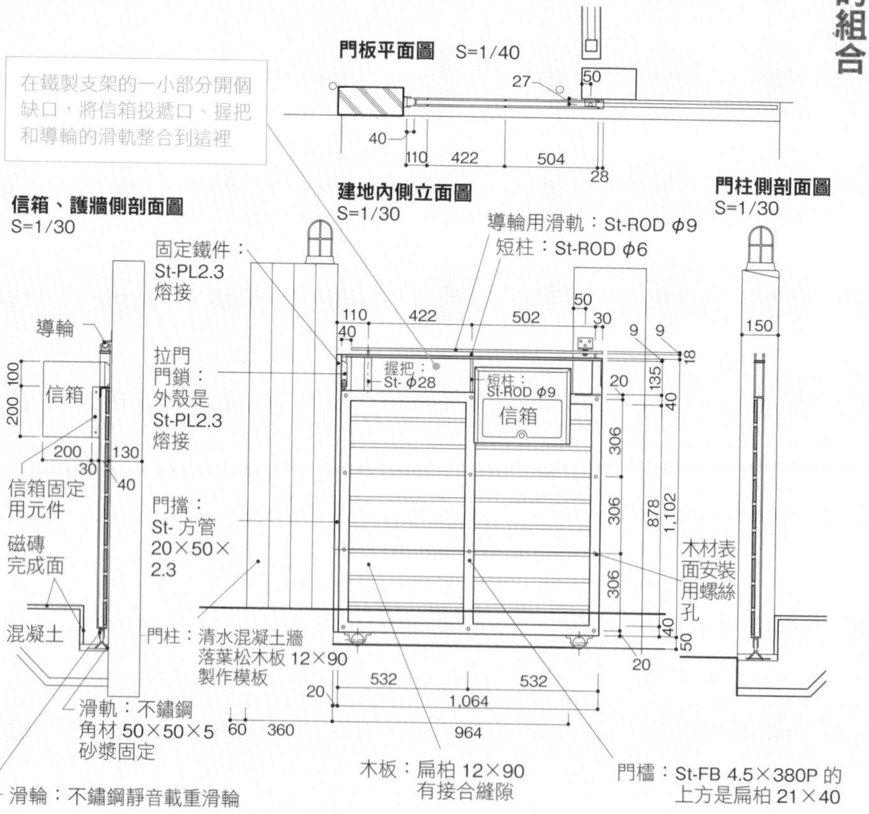
門板平面圖 S=1/40
在鐵製支架的一小部分開個缺口，將信箱投遞口、握把和導輪的滑軌整合到這裡
27
50
40
110
422
504
28
信箱、護牆側剖面圖
S=1/30
建地內側立面圖
S=1/30
門柱側剖面圖
S=1/30
導輪用滑軌：St-ROD φ9
短柱：St-ROD φ6
固定鐵件：St-PL2.3 熔接
導輪
100
200
信箱
200
130
30
40
信箱固定用元件
磁磚完成面
混凝土
拉門門鎖：外殼是St-PL2.3熔接
門擋：St-方管20×50×2.3
門柱：清水混凝土牆 落葉松木板 12×90 製作模板
滑軌：不鏽鋼角材 50×50×5 砂漿固定
滑輪：不鏽鋼靜音載重滑輪
110
422
502
50
30
40
9
9
18
握把：St-φ28
短柱：St-ROD φ9
信箱
20
135
40
306
306
306
878
1,102
40
50
20
木材表面安裝用螺絲孔
532
532
20
1,064
60
360
964
木板：扁柏 12×90 有接合縫隙
門檻：St-FB 4.5×380P 的上方是扁柏 21×40
150

CASE 1-2

# 推拉門上加設側門

設置一扇兼為車庫門與住戶出入口的大門（推拉門）。這不是吊門而是在建築物的牆壁上設置導桿，當沿著牆壁的下滑軌滑動時就能敞開推拉門。由於建築物與道路之間沒有餘裕空間，所以門板必須當做建築物的一部分，與上方陽台的欄杆做整體感設計。側門則為了方便住戶進出而加設。（長濱信幸）

**門板立面圖** S=1/50

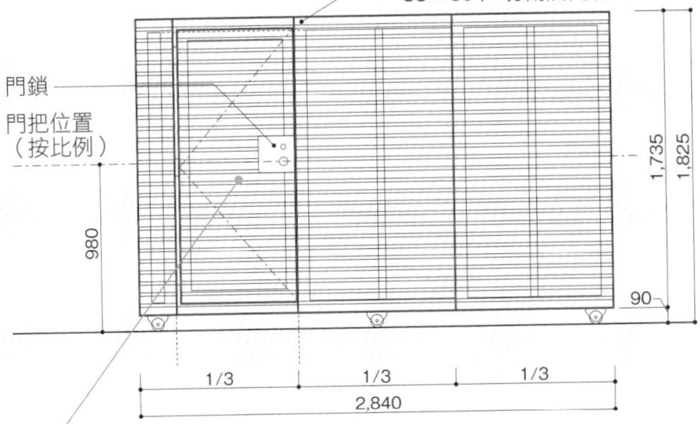
遮板：香柏木材保護塗料塗裝
38×89／切割成兩塊
門鎖
門把位置
（按比例）
980
1,735
1,825
90
1/3
1/3
1/3
2,840

為了使側門看起來與其他門板一致，將門鎖平整地嵌入百葉門板裡

**門板剖面圖** S=1/30

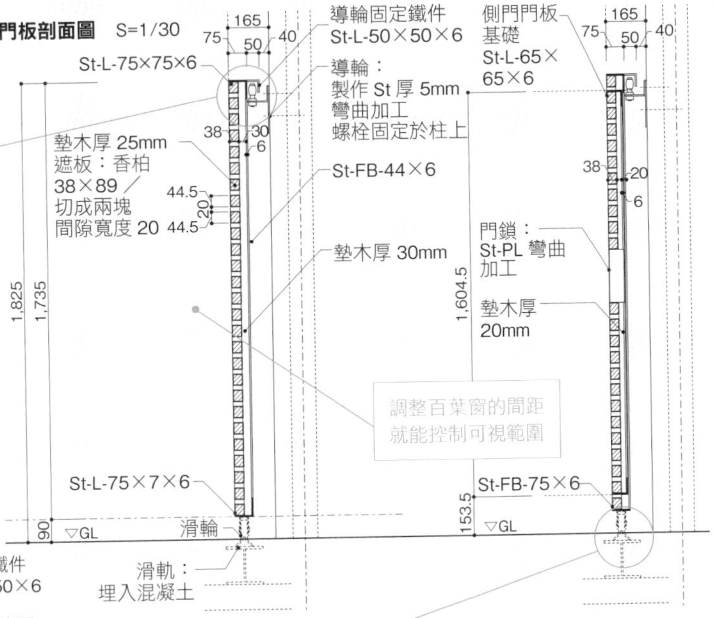
165
75
50
40
St-L-75×75×6
導輪固定鐵件
St-L-50×50×6
導輪：
製作 St 厚 5mm
彎曲加工
螺栓固定於柱上
38
30
6
墊木厚 25mm
遮板：香柏
38×89
切成兩塊
間隙寬度 20
44.5
20
44.5
St-FB-44×6
墊木厚 30mm
1,825
1,735
St-L-75×7×6
90
▽GL
滑輪
滑軌：
埋入混凝土
側門門板
基礎
St-L-65×
65×6
165
75
50
40
38
20
6
門鎖：
St-PL 彎曲
加工
1,604.5
墊木厚
20mm
St-FB-75×6
153.5
▽GL

調整百葉窗的間距就能控制可視範圍

**導桿局部詳細圖** S=1/15

165
75
50
40
導輪固定鐵件
St-L-50×50×6
導輪凸出牆面
30
38
6
St-L-75×7×6

**滑軌局部詳細圖** S=1/15

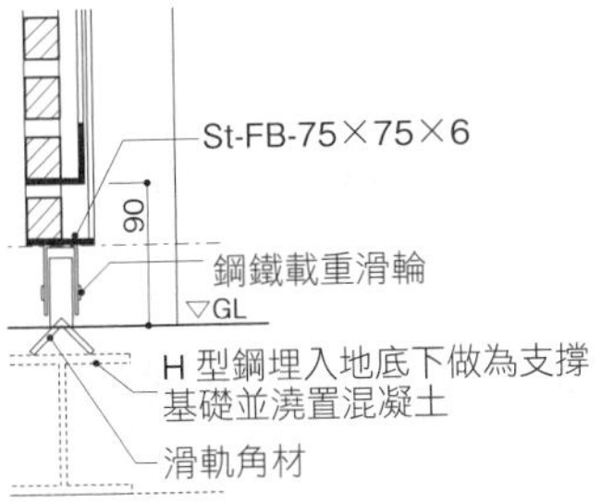
St-FB-75×75×6
90
鋼鐵載重滑輪
▽GL
H 型鋼埋入地底下做為支撐
基礎並澆置混凝土
滑軌角材

門板可貼著建築物敞開到底。

上方的陽台欄杆與門板採取整體設計，強調建築物的一體感。

# 設置在通道與中庭之間

門板位在通道與車庫裡側。以扁柏板橫向張貼而成。

在通道與中庭之間設置木門。打開門就能一窺中庭空間。同時將通道門與車庫門敞開時，就變成中庭的延續空間。（松澤靜男）

門板寬度等於通道加上車庫的寬度。

施加洗石子或砂漿斬石子等可賦予地板表面不同的變化。利用在各處栽植常春藤屬或玉龍草，能中和混凝土的冰冷感

鋪設木製坡道解決玄關與庭院間的段差，形成一條無障礙通道

**通道區域平面圖** S=1/200

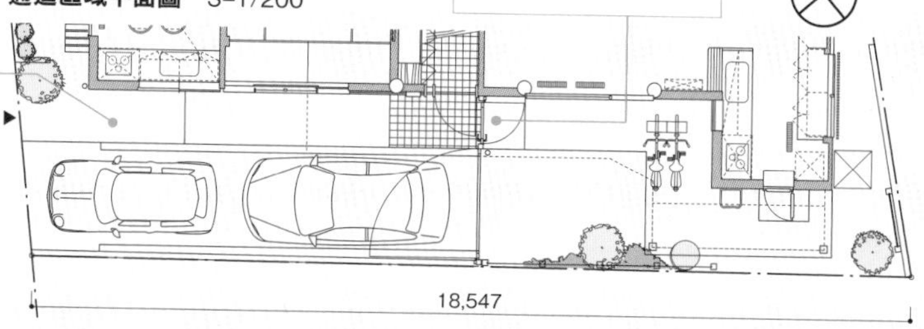
N
18,547

**門板立面圖** S=1/50

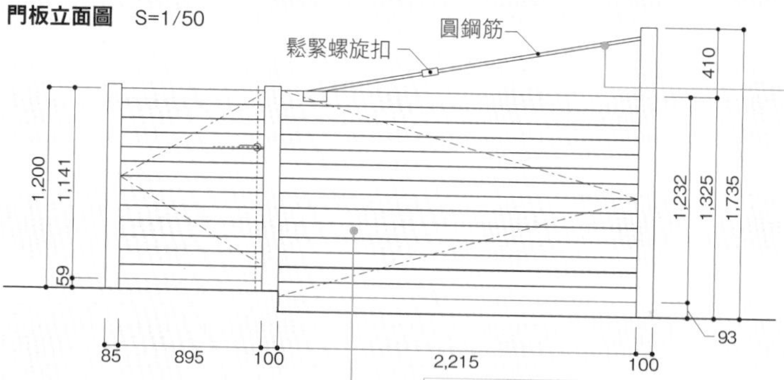
鬆緊螺旋扣
圓鋼筋
410
1,200
1,141
59
1,232
1,325
1,735
93
85
895
100
2,215
100

在大塊門板裡裝設斜撐狀的建材能抑制木板變形，並且利用圓鋼筋懸吊支撐以避免下滑。這種做法能夠讓鐵件與木材間的接合更趨確實簡單

由於設有屋頂不太會淋到雨，所以只要在扁柏板上塗上透明保護塗料即可。石墨塗裝能夠確保鐵件的耐久性。這裡以能夠縱向停放三台車輛為考量重點

**縱向剖面圖** S=1/10

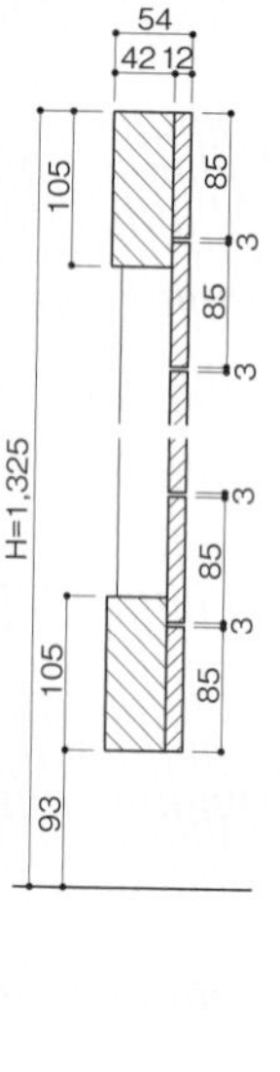
54
42
12
105
85
3
85
3
H=1,325
3
85
3
105
85
93

**橫向剖面圖** S=1/10

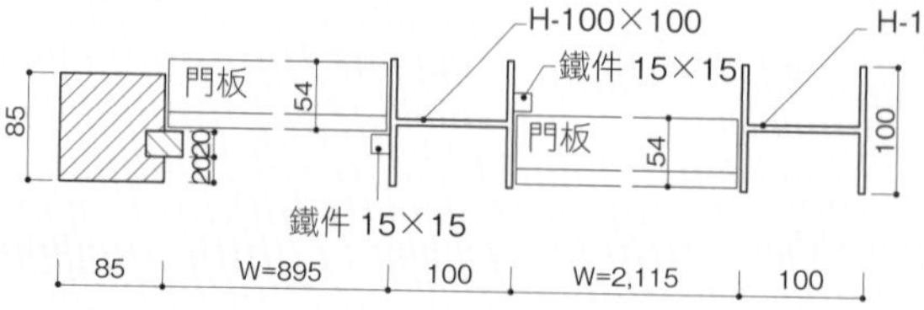
H-100×100
H-100×100
門板
鐵件 15×15
85
54
20
20
門板
54
100
鐵件 15×15
85
W=895
100
W=2,115
100

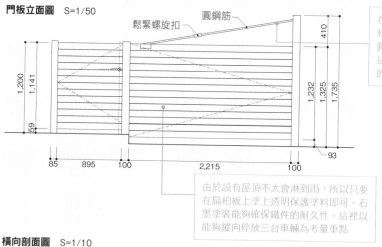

CASE 1-4

## 在鐵支架上安裝木格子

在混凝土牆上開設一道門。並且在鐵支架內裝上木格子。堅固的混凝土牆配上木頭的巧思能為住宅帶來柔和的印象。百葉門板則方便從門內辨識人影。
（長濱信幸）

**門板立面圖**
S=1/60

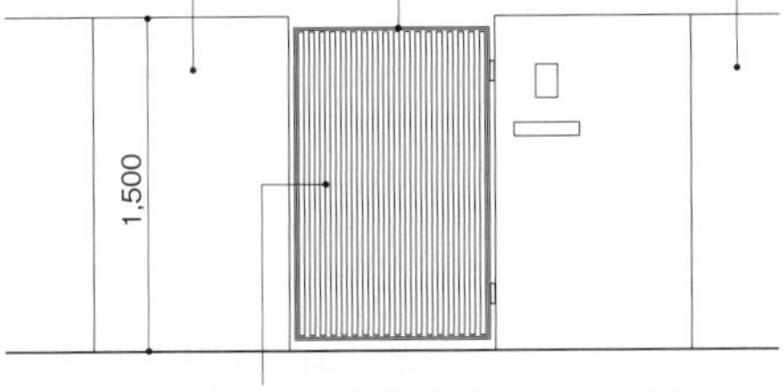
清水混凝土牆
角材
清水混凝土牆
1,500
刨皮處理過的木材 30×40 間隔 60mm
木材保護塗料塗裝

百葉門板保有視野穿透感。

**鐵支架詳細圖**
S=1/15

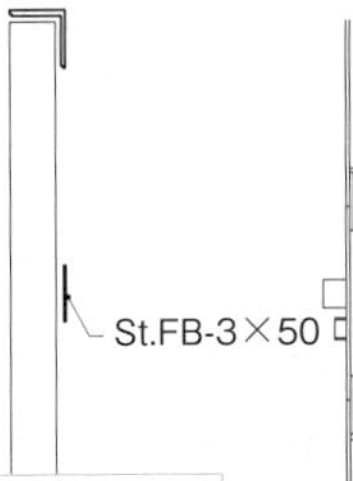
St.FB-3×50

**水平式門把詳細圖**
S=1/15

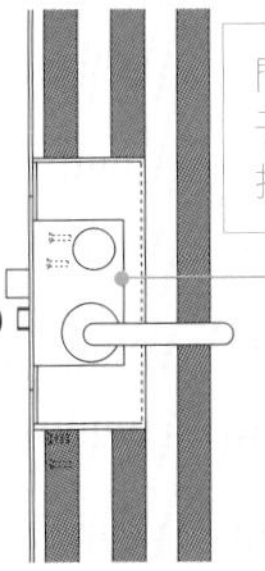
門鎖的盒子嵌入格子內並與格子同高打造門的一體感

以規律的間隔設置木格子讓視線能夠穿透

**木格子詳細圖**
S=1/15

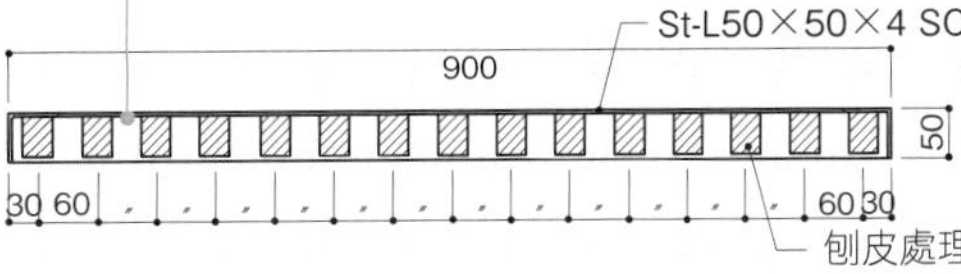
St-L50×50×4 SOP
900
50
30 60
60 30
刨皮處理過的木材 30×40
間隔 60mm
木材保護塗料塗裝

CASE 1-5

## 在混凝土牆裝設一道側門

這棟建築物位於寧靜的住宅區。鋼筋混凝土牆上的開口部發揮了側門的作用。雖然乍看之下有與世隔絕的印象，但是打開木門後，就會發現一個從外部連接到內部的緩衝空間（前庭），能夠豐富空間的體驗。
（濱田昭夫）

混凝土牆的完成面是清水模柳杉板。門板採花旗松板縱向貼合而成。

柳杉板施加清水模的混凝土牆。為了凸顯牆壁質感，活動拉門必備的滑軌與框架不可過於顯眼，也盡量選用極小的部材與固定位置

**推拉門立面圖** S=1/60

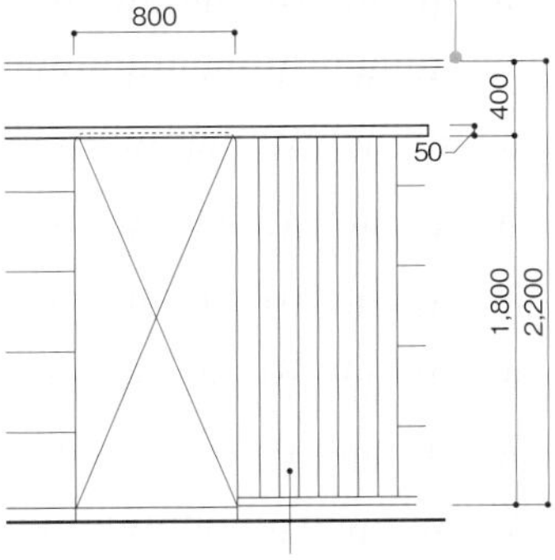
800
400
50
1,800
2,200
推拉門：花旗松板
縱向張貼
木材保護塗料塗裝

推拉門的上門框滑軌是以100×50mm的溝型鋼裁切加工製成，隱藏設置在混凝土牆內側的內凹部位。由於下門框滑軌埋入到與外玄關幾乎同高的位置，因此從外面看不到門框，這些都是為了凸顯混凝土牆堅若磐石般的質感

**推拉門剖面圖** S=1/30

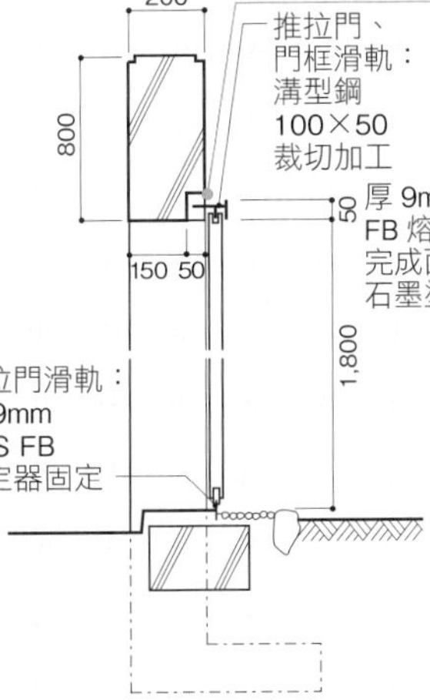
200
800
推拉門、
門框滑軌：
溝型鋼
100×50
裁切加工
50
厚 9mm
FB 熔接
完成面
石墨塗裝
150 50
1,800
推拉門滑軌：
厚 9mm
SUS FB
固定器固定

打開木製推拉門就能看到前庭另一端的玄關。

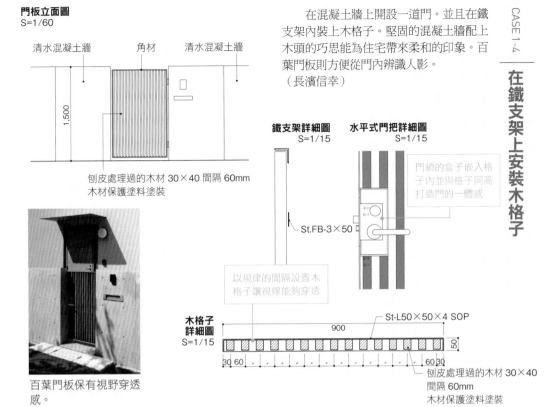

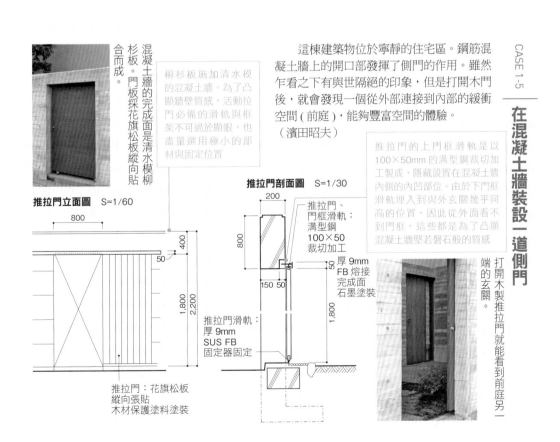

## CASE 1-6 堅固的單扇推拉門構造

這是具有耐久性與防盜效果的不鏽鋼門板。為了做出如同和室糊紙門窗骨架一樣的牢固感，本案例選擇較粗的方管。然後考慮到騎乘自行車時操作開關的方便性，將一半設計成固定推拉門，另一半則利用不鏽鋼導輪與滑輪自由開閉，形成一個不會傾倒的單扇推拉門構造。（野口泰司）

安裝在左半邊固定門板右上角的導輪，可輔助右半邊的推拉門開閉。

**門板立面圖** S=1/50

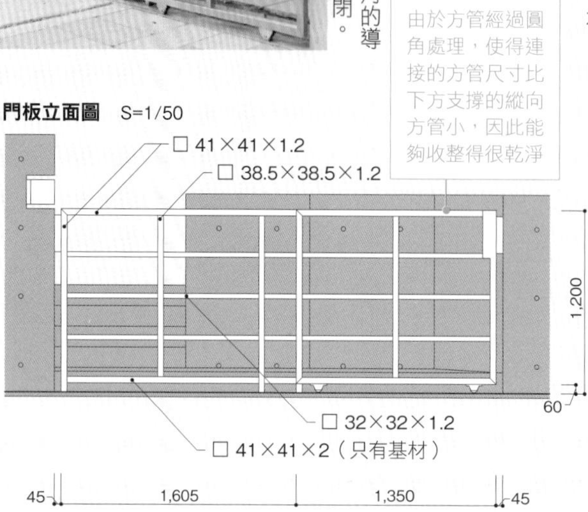

由於方管經過圓角處理，使得連接的方管尺寸比下方支撐的縱向方管小，因此能夠收整得很乾淨
□ 41×41×1.2
□ 38.5×38.5×1.2
1,200
60
□ 32×32×1.2
□ 41×41×2（只有基材）
45
1,605
1,350
45


**門板剖面詳細圖**
S=1/8

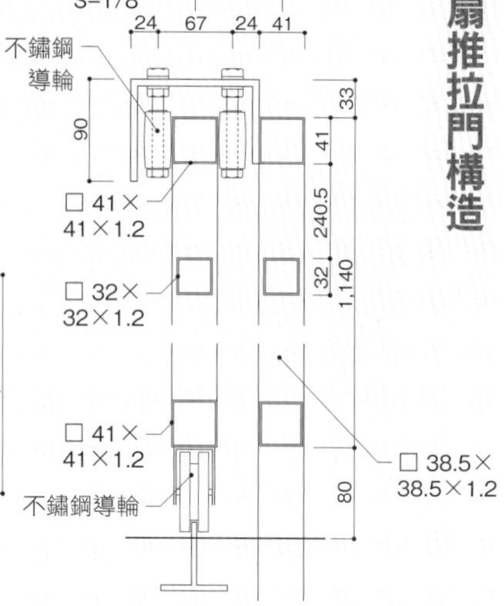

78
24
67
24
41
不鏽鋼導輪
90
33
41
240.5
32
1,140
□ 41×41×1.2
□ 32×32×1.2
□ 41×41×1.2
不鏽鋼導輪
80
□ 38.5×38.5×1.2


## CASE 1-7 扁鋼彎曲加工

由於大門距離建築物很近，所以大門設計不只要整合圍牆，也要連同建築物一併思考。門框採方管，門板則做了扁鋼彎曲加工。另外，大門完成面的鐵鏽處理能夠調和建築物厚重的形象。（吉原健一）

**門板立面圖**
S=1/30

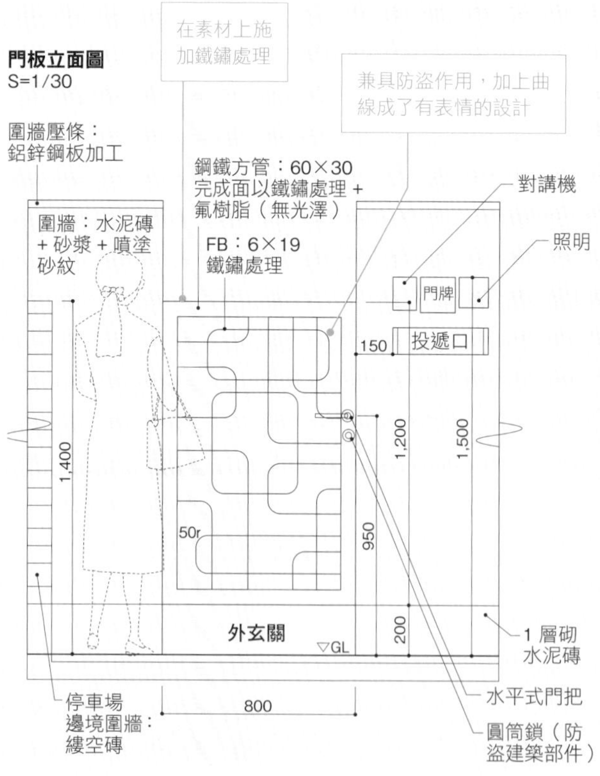

在素材上施加鐵鏽處理
兼具防盜作用，加上曲線成了有表情的設計
圍牆壓條：鋁鋅鋼板加工
鋼鐵方管：60×30
完成面以鐵鏽處理＋氟樹脂（無光澤）
FB：6×19
鐵鏽處理
對講機
照明
圍牆：水泥磚＋砂漿＋噴塗砂紋
門牌
投遞口
150
1,400
1,200
1,500
950
50r
200
外玄關
▽GL
1 層砌水泥磚
800
停車場邊境圍牆：縷空磚
水平式門把
圓筒鎖（防盜建築部件）

這扇門後是通往玄關的通道。門板做了扁鋼彎曲加工形成自然風格的設計。

譯注：□代表正方形，後面不再贅述。

# 2 門柱

## 向街道主張

### CASE 2-1 混凝土牆替代大門

雖然不比門能夠清楚劃分區域，但卻能婉轉傳達，從這面牆再往裡頭便是私人領域的主張。

這道高度 1.2m 的混凝土牆是建在旗竿型建地、旗竿部位前面最狹窄的地方。道路側以圍牆代替大門，並裝設信箱與對講機。混凝土牆牆角栽植些許綠意，能為硬梆梆的牆面增添柔和感。圍牆內側則藏有瓦斯錶與室外水龍頭。（長濱信幸）

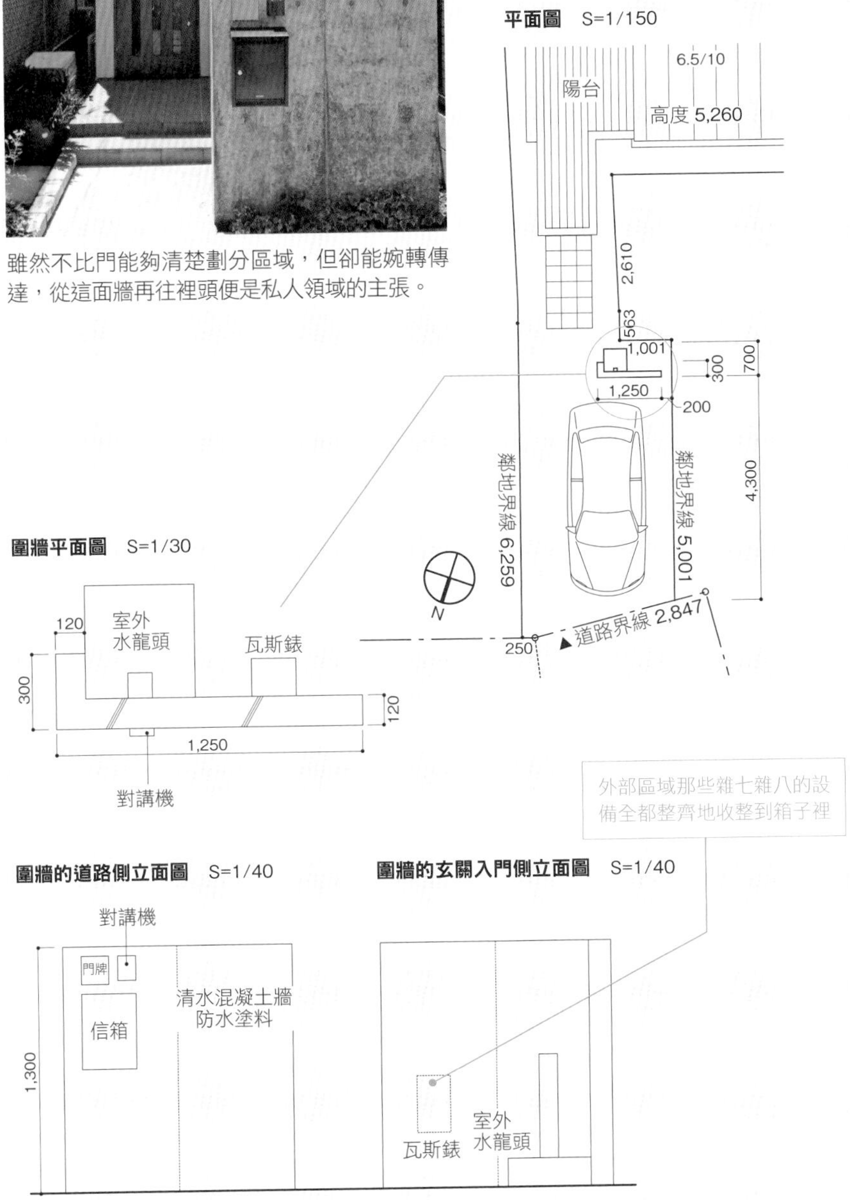
平面圖 S=1/150
6.5/10
陽台
高度 5,260
2,610
563
1,001
300
700
1,250
200
4,300
鄰地界線 6,259
鄰地界線 5,001
N
道路界線 2,847
250
圍牆平面圖 S=1/30
120
室外
水龍頭
瓦斯錶
300
120
1,250
對講機
外部區域那些雜七雜八的設備全都整齊地收整到箱子裡
圍牆的道路側立面圖 S=1/40
對講機
門牌
信箱
清水混凝土牆
防水塗料
1,300
圍牆的玄關入門側立面圖 S=1/40
瓦斯錶
室外
水龍頭

## CASE 2-2 具有門柱機能的枕木

這個疑似為枕木的門柱是屋主從家用建材銷售中心買到的一對現成品，由於只是將它豎立起來所以成本低。在枕木上裝設對講機、照明與姓氏門牌，電線則配置在內側看不見的位置。（松原正明）

**門柱剖面圖** S=1/25

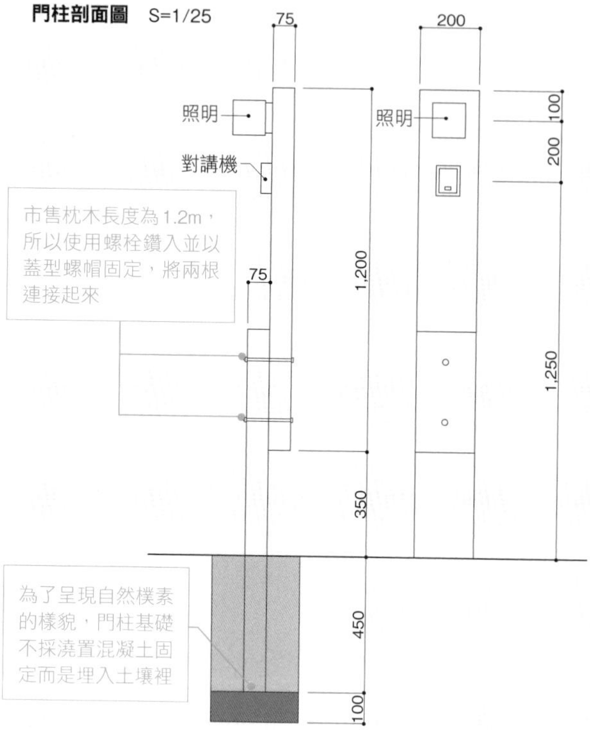
75
200
照明
照明
對講機
100
200
市售枕木長度為1.2m，所以使用螺栓鑽入並以蓋型螺帽固定，將兩根連接起來
75
1,200
1,250
350
為了呈現自然樸素的樣貌，門柱基礎不採澆置混凝土固定而是埋入土壤裡
450
100

沒有刻意設計，光是組合現成品就能創造出這裡才有的自然風門柱。

## CASE 2-3 善用圓木的廢材

這是利用短圓木柱所製成的門柱。上頭裝設姓氏門牌、對講機，然後腳邊種上地被植物。埋設在地底下的部分則施加防蟻防腐塗料。依照木頭的粗細，或許也可以在柱子頂端施加板金加工。（松澤靜男）

**木頭門柱立面圖** S=1/50

做為門柱的木頭必須選用耐久性較佳的樹種，必要時對埋入土中的部位施加防蟻防腐處理。只是，前提為木頭一旦受損就必須更換。

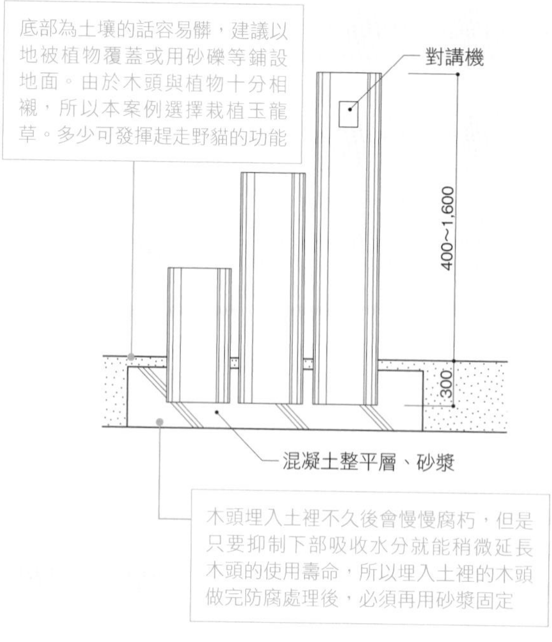
底部為土壤的話容易髒，建議以地被植物覆蓋或用砂礫等鋪設地面。由於木頭與植物十分相襯，所以本案例選擇栽植玉龍草。多少可發揮趕走野貓的功能
對講機
400~1,600
300
混凝土整平層、砂漿
木頭埋入土裡不久後會慢慢腐朽，但是只要抑制下部吸收水分就能稍微延長木頭的使用壽命，所以埋入土裡的木頭做完防腐處理後，必須再用砂漿固定

善用鋸木廠棄置的短圓木柱廢材。

CASE 2-4

# 不設置門時會以多機能門柱替代

當決定不在與道路間的界線上設置圍牆，而改以植栽自然劃分區域時，就有必要設想一個陌生人不易闖入建地範圍內的做法。門柱即是用於主張私領域界線的手法之一。設有對講機與照明的門柱具有嚇阻陌生人入侵的作用。（落合雄二）

**門柱正面圖** S=1/20

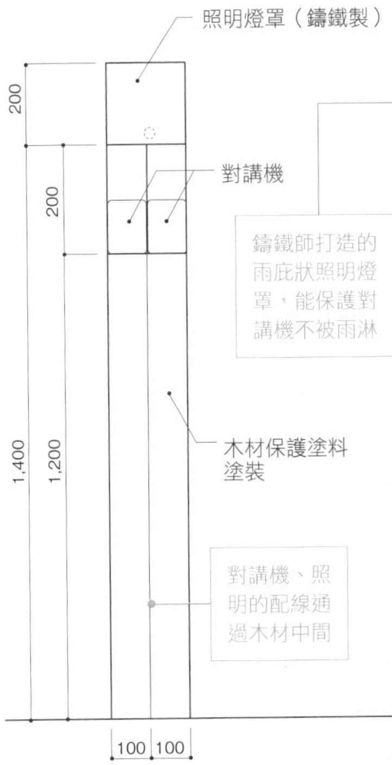
照明燈罩（鑄鐵製）
對講機
木材保護塗料塗裝
對講機、照明的配線通過木材中間
200
200
1,400
1,200
100
100

**門柱側面圖** S=1/20

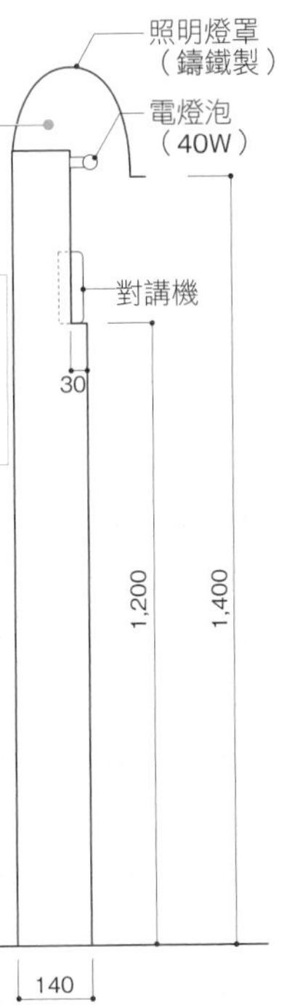
照明燈罩（鑄鐵製）
電燈泡（40W）
鑄鐵師打造的雨庇狀照明燈罩，能保護對講機不被雨淋
對講機
30
1,200
1,400
140

由於裡頭住了兩個家庭（二代住宅），所以裝設兩組對講機。

**平面圖** S=1/200

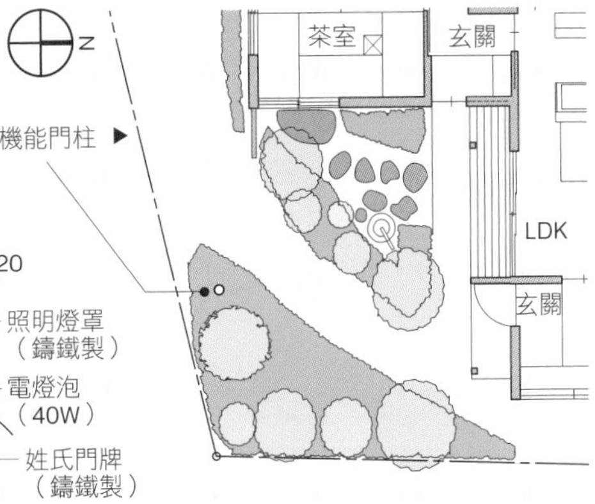
N
茶室
玄關
多機能門柱 ▶
LDK
玄關

**門柱正面圖** S=1/20

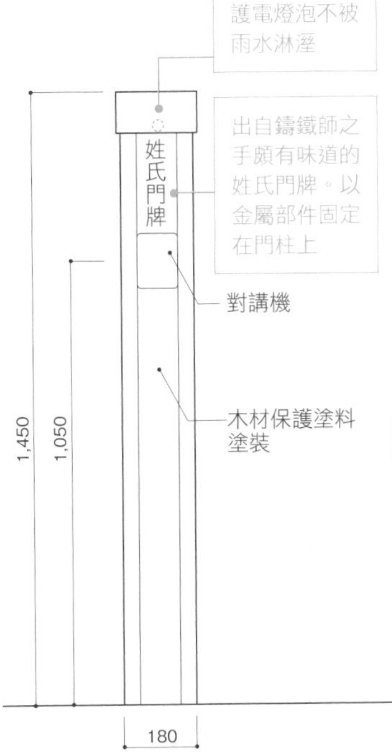
用照明燈罩保護電燈泡不被雨水淋溼
出自鑄鐵師之手頗有味道的姓氏門牌。以金屬部件固定在門柱上
姓氏門牌
對講機
木材保護塗料塗裝
1,450
1,050
180

**門柱側面圖** S=1/20

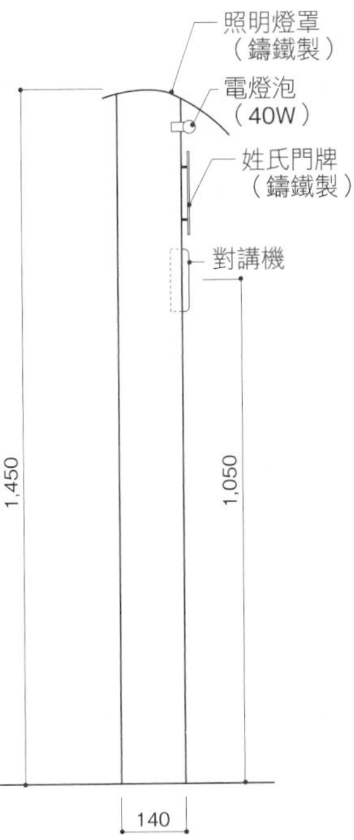
照明燈罩（鑄鐵製）
電燈泡（40W）
姓氏門牌（鑄鐵製）
對講機
1,450
1,050
140

簡便型的照明燈罩。這是經由鐵板加工製成的照明器具。

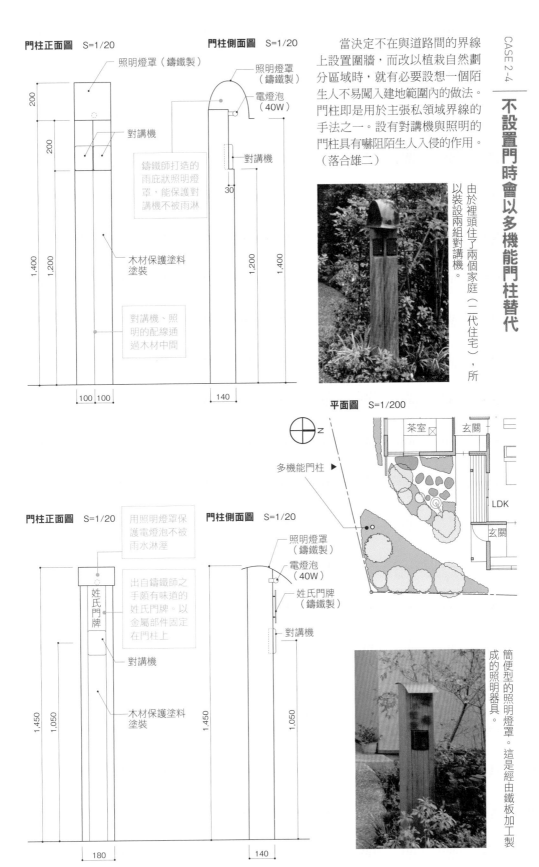

CASE 3-1

## 兼具和風照明功能

在市售信箱投遞口裝上獨創的接收箱。這裡同時是玄關的照明。框架採木頭設計並於外側貼上和紙。從內部點燈時，從和紙透出的微弱光源能營造沉穩的玄關。照明下方是取郵件的地方，附有上掀式小門。（吉原健一）

從室內側看裝置，這是兼具玄關照明功能的信箱。

郵件從下方的收信箱取出。

信箱、對講機和照明埋設在牆壁內。

**信箱剖面圖** S=1/20

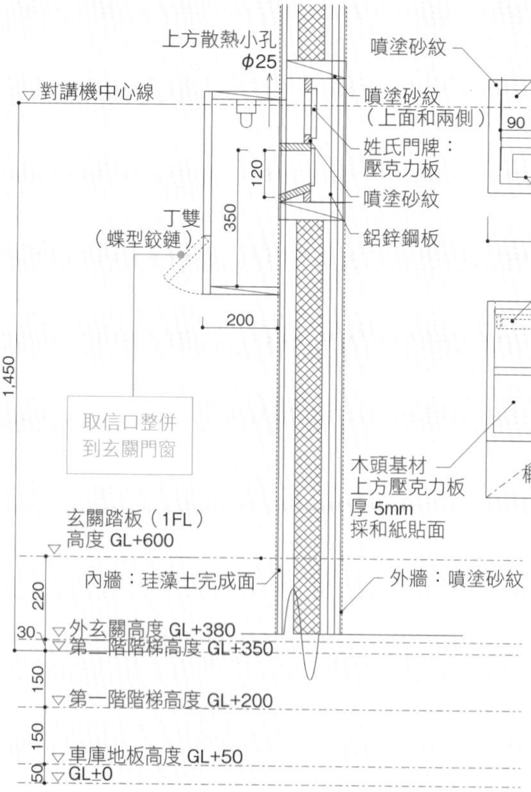
上方散熱小孔
φ25
對講機中心線
噴塗砂紋
噴塗砂紋
（上面和兩側）
姓氏門牌：
壓克力板
噴塗砂紋
鋁鋅鋼板
丁雙
（蝶型鉸鏈）
120
350
200
1,450
取信口整併
到玄關門窗
木頭基材
上方壓克力板
厚 5mm
採和紙貼面
玄關踏板（1FL）
高度 GL+600
內牆：珪藻土完成面
外牆：噴塗砂紋
220
30
外玄關高度 GL+380
第二階階梯高度 GL+350
150
第一階階梯高度 GL+200
150
車庫地板高度 GL+50
50
GL±0

**信箱詳細圖** S=1/20

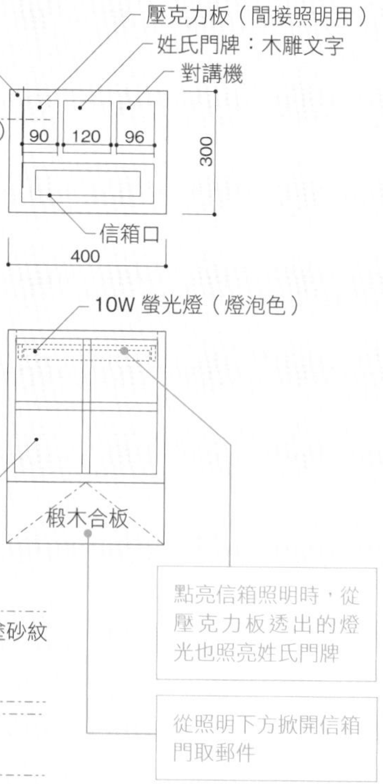
壓克力板（間接照明用）
姓氏門牌：木雕文字
對講機
90
120
96
300
信箱口
400
10W 螢光燈（燈泡色）
椴木合板
點亮信箱照明時，從壓克力板透出的燈光也照亮姓氏門牌
從照明下方掀開信箱門取郵件

# CASE 3-2 門面採格子牆的設計

不設置門或圍牆的「開放」式外觀，必須詳細檢討信箱、電錶、水錶的設置地方。本案例考量到方便郵件投遞、以及不必進到建地深處就能就近檢查儀錶，特地將信箱口整合到門面的格子牆上，儀錶則設置在格子牆內側。信箱口上下方的窗戶是利用格子牆將外部阻隔開來，不但兼具防盜與通風採光的功能，也能增添外觀的情趣。（倉島和彌）

從外部無法清楚看見儀錶類和窗戶，只會看到信箱口。格子能夠確保防盜，和走廊、衛浴間的通風採光。

信箱口設置在比牆面稍微內凹的地方，可防止雨水流入。不鏽鋼材質的信箱能避免外部的火源蔓延至內部。

南北向的風可藉由上下方的通風窗流通。下方設有不怕被窺視的壓花玻璃。

**平面圖** S=1/100

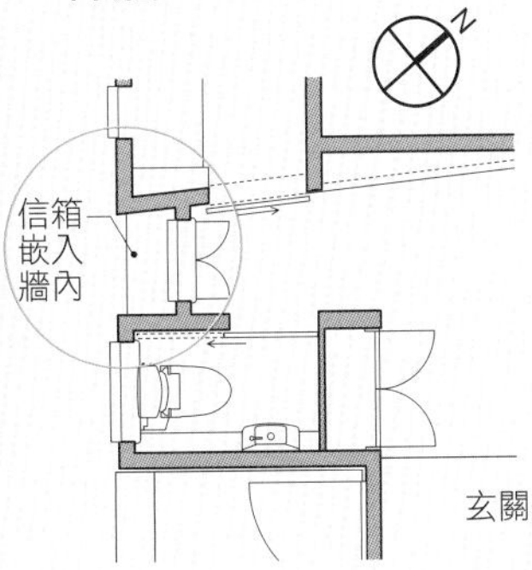
N
信箱
嵌入
牆內
玄關

**信箱立面圖** S=1/30

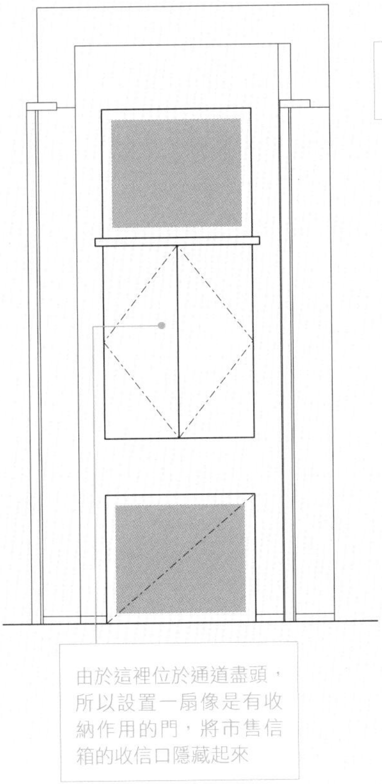
由於這裡位於通道盡頭，
所以設置一扇像是有收
納作用的門，將市售信
箱的收信口隱藏起來

**信箱剖面圖** S=1/30

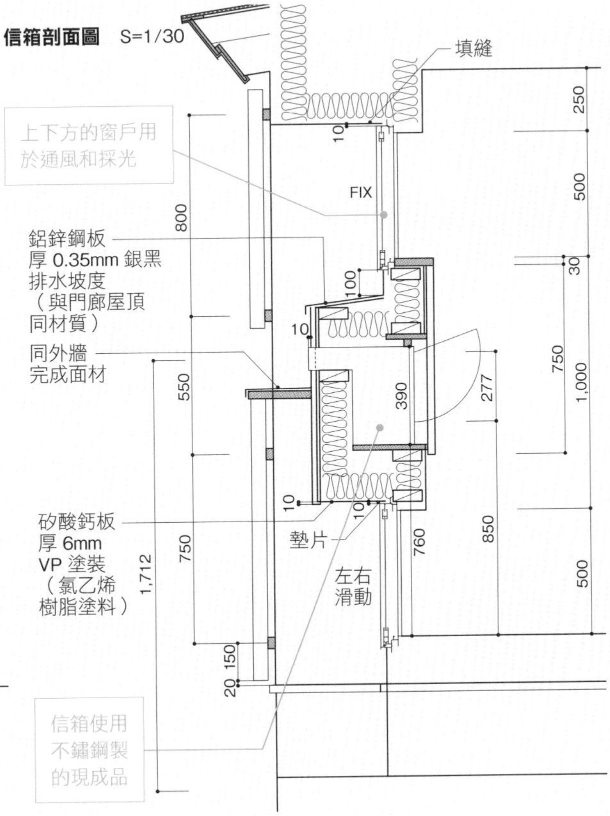
填縫
上下方的窗戶用
於通風和採光
FIX
鋁鋅鋼板
厚 0.35mm 銀黑
排水坡度
（與門廊屋頂
同材質）
同外牆
完成面材
矽酸鈣板
厚 6mm
VP 塗裝
（氯乙烯
樹脂塗料）
墊片
左右
滑動
信箱使用
不鏽鋼製
的現成品
250
500
30
750
1,000
277
390
850
500
760
800
550
750
1,712
150
20
10
100
10
10
10

CASE 3-3

## 活用柑仔店的糖果盒

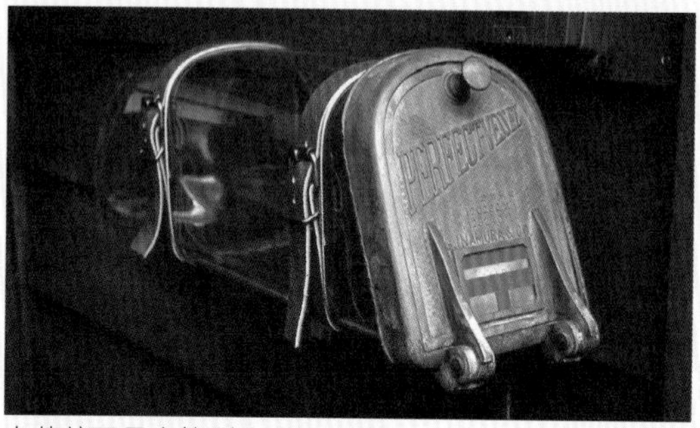

在傳統玩具店找到的玻璃糖果盒上，安裝自製的皮帶並固定在建築物上。

這個信箱是活用以前柑仔店用來裝糖果的玻璃糖果盒所製成。因為金屬製的復古盒蓋深具魅力，再加上玻璃盒的材質厚且堅固所以決定採用。既不想破壞玻璃糖果盒本體，又想充分展現玻璃的透明感。因此，利用市售的金屬製支架支撐信箱重量，然後使用固定螺絲將皮製皮帶固定在牆面上。皮製皮帶則是自製。（安井正）

**信箱剖面圖** S=1/10

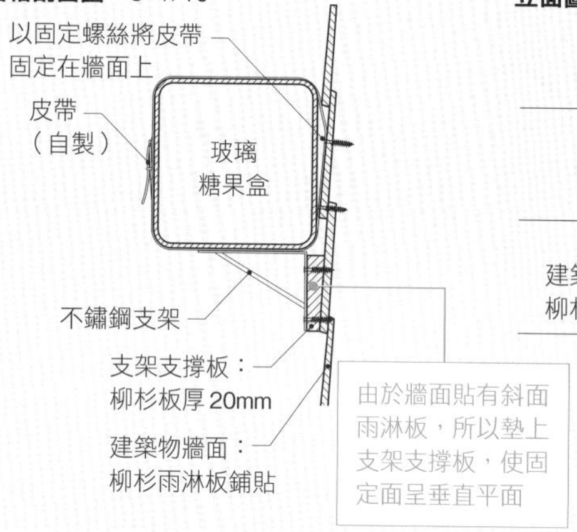
以固定螺絲將皮帶
固定在牆面上
皮帶
（自製）
玻璃
糖果盒
不鏽鋼支架
支架支撐板：
柳杉板厚20mm
建築物牆面：
柳杉雨淋板鋪貼
由於牆面貼有斜面
雨淋板，所以墊上
支架支撐板，使固
定面呈垂直平面

**立面圖** S=1/10

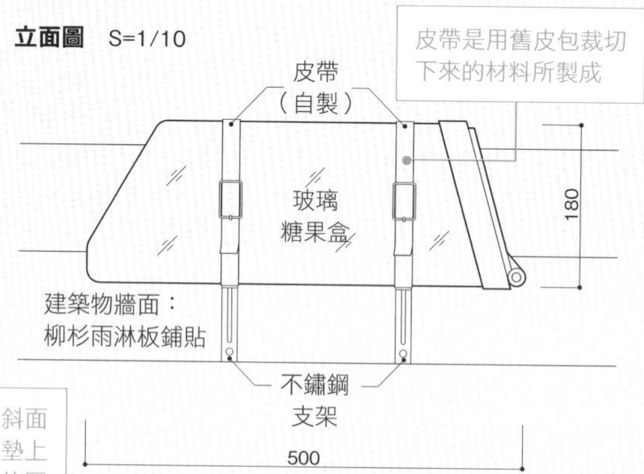
皮帶是用舊皮包裁切
下來的材料所製成
皮帶
（自製）
玻璃
糖果盒
180
建築物牆面：
柳杉雨淋板鋪貼
不鏽鋼
支架
500

CASE 3-4

## 上下設置二世代住宅的專用信箱

鋼板製門柱上設有信箱。

上方設有姓氏門牌和對講機，下方則裝設市售信箱。

**信箱剖面圖** S=1/30

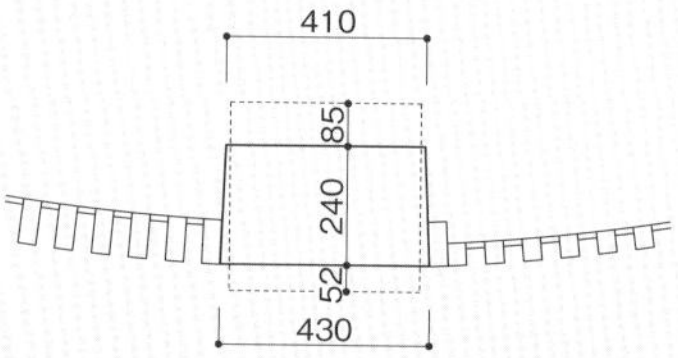
410
85
240
52
430

**信箱立面圖** S=1/30

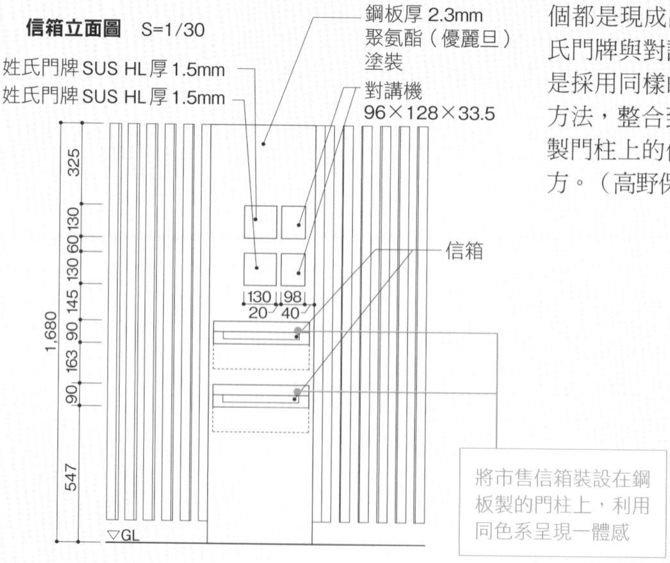
姓氏門牌SUS HL厚1.5mm
姓氏門牌SUS HL厚1.5mm
鋼板厚2.3mm
聚氨酯（優麗旦）
塗裝
對講機
96×128×33.5
信箱
325
130
60
130
145
90
163
90
547
1,680
130
98
20
40
▽GL
將市售信箱裝設在鋼
板製的門柱上，利用
同色系呈現一體感

彎曲的木格子圍牆上設有二世代的專用信箱。信箱的配置比照二世代實際居住的樓層，下方是親世代，上方則是子世代，兩個都是現成品。姓氏門牌與對講機也是採用同樣的配置方法，整合到鋼板製門柱上的信箱上方。（高野保光）

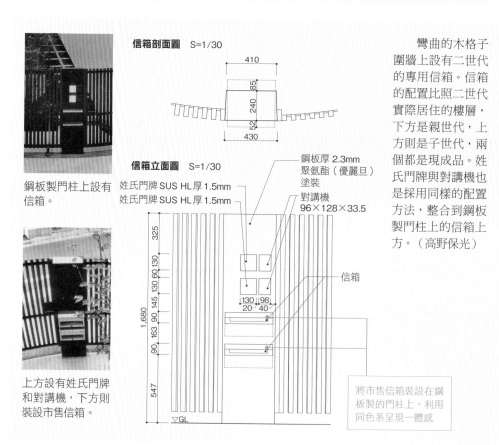

CASE 3-5

## 設置美觀的宅配專用信箱

由於玄關門廊是集結各式機能的場所，所以配置上必須呈現出不雜亂而美觀的居住環境。本案例在玄關門廊（往內庭的入口）的格子門旁，並排設置宅配信箱與郵件信箱。宅配信箱的門扉是木製，把手採用安東尼．高第（Antoni Gaudi）的設計。這是以整體性思考配置、材料和形狀的設計。（川口通正）

從左手邊依序為郵件信箱、宅配信箱，與格子門並排成一線。宅配信箱上方設有遮蔽對講機的金屬板（銅板）。

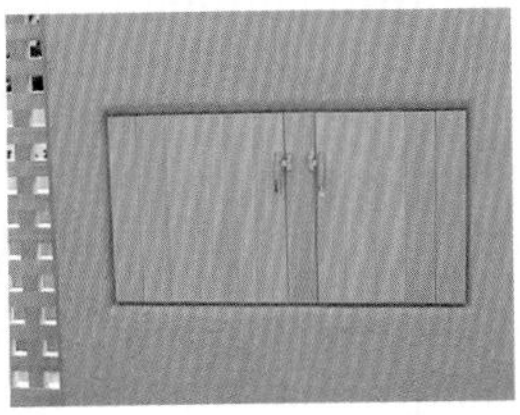

從內庭側看信箱裝置。郵件或包裹可從內庭側取出相當便利。宅配信箱設有推射窗把手（Cam Latch Handle）

**平面圖**
S=1/40

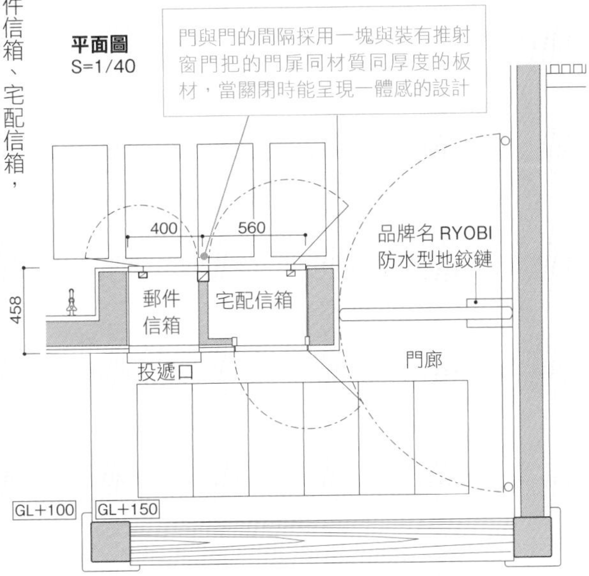
門與門的間隔採用一塊與裝有推射窗門把的門扉同材質同厚度的板材，當關閉時能呈現一體感的設計
400
560
品牌名 RYOBI
防水型地鉸鏈
458
郵件
信箱
宅配信箱
投遞口
門廊
GL+100
GL+150

CASE 3-6

## 縱向型多機能信箱

下雨時從玄關經由室內通道通往信箱設置處，可不必擔心被雨淋溼。這個多機能信箱是在市售信箱口上方精巧地縱向整合對講機、姓氏門牌，然後上面覆蓋開孔加工後的不鏽鋼面板。（高野保光）

配置在大門右下方的信箱口。

**信箱平面圖**
S=1/10

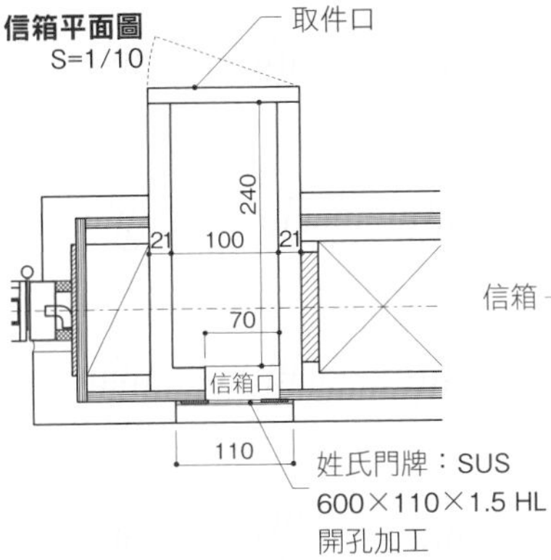
取件口
240
21
100
21
70
信箱口
110
姓氏門牌：SUS
600×110×1.5 HL
開孔加工

**信箱剖面圖** S=1/15

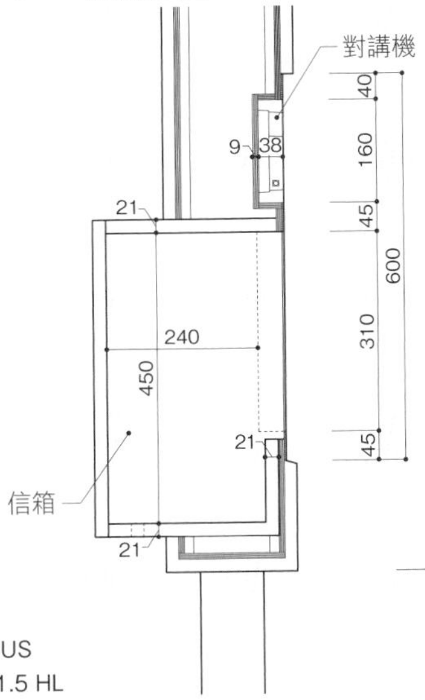
對講機
40
9
38
160
21
45
600
240
450
310
21
45
信箱
21

**信箱立面圖** S=1/15

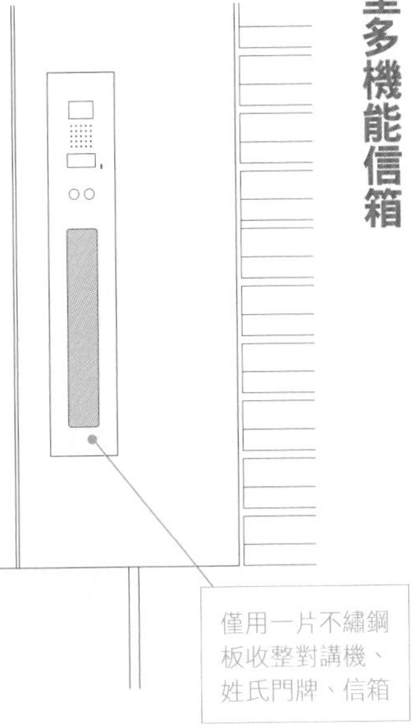
僅用一片不鏽鋼板收整對講機、姓氏門牌、信箱

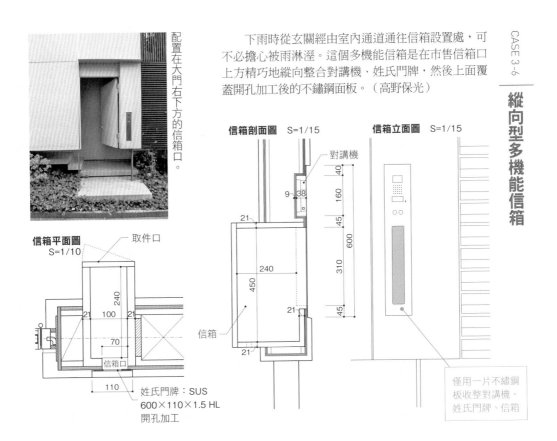

CASE 4-1

## 斜向設置對講機的外殼

對於將車庫規劃在建築物內部且玄關位在深處的住宅來說，對講機的安裝位置是常見的難題。若安裝在車庫入口必然受到日晒雨淋，或者若是玄關旁反而會使訪客頻繁進出建地深處。

因此，本案例將這兩項機能安裝在車庫內側的牆壁上。並且將鏡頭的角度調整成面向通道，以便辨認用路人的身影。對講機上方的姓氏門牌是用雷射雕刻刻上文字，頂部鋸齒狀部分則是仿這棟住宅的屋頂輪廓。（安井正）

小池

對講機斜向安裝在牆壁上是為了使鏡頭正對通道的行人。

立面圖

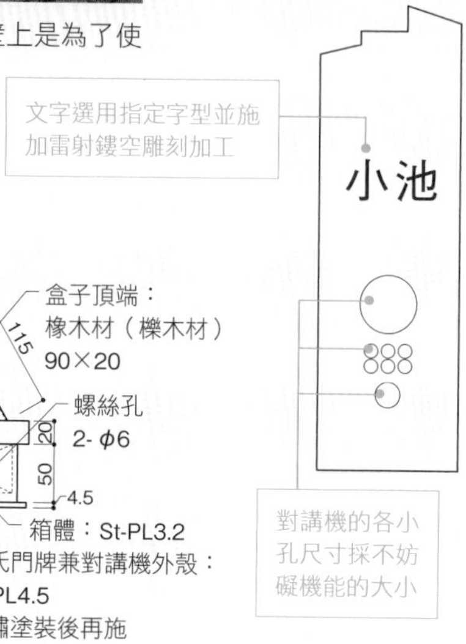

文字選用指定字型並施加雷射鏤空雕刻加工
小池
對講機的各小孔尺寸採不妨礙機能的大小

小池

橡木材的對講機盒身從牆壁向外凸出，盒蓋則選用鋼製。

平面圖 S=1/8

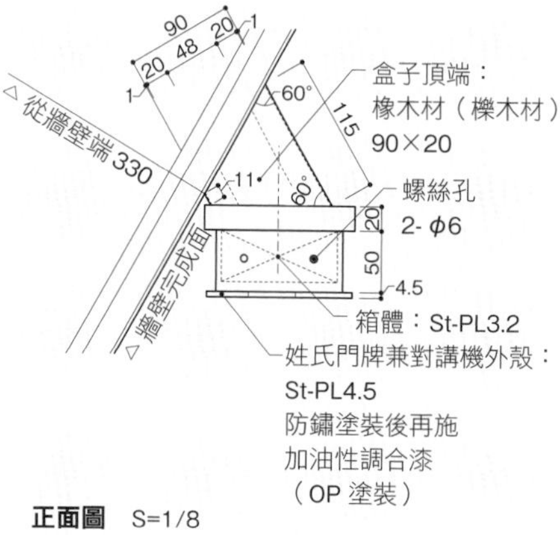

90
20 48 20
1
1
60°
115
11
60°
20
50
4.5
△從牆壁端 330
△牆壁完成面
盒子頂端：橡木材（櫟木材）90×20
螺絲孔 2- φ6
箱體：St-PL3.2
姓氏門牌兼對講機外殼：St-PL4.5 防鏽塗裝後再施加油性調合漆（OP 塗裝）


正面圖 S=1/8

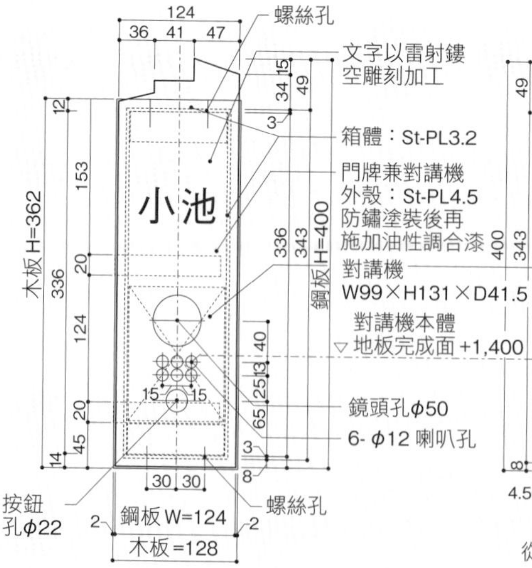

124
36 41 47
螺絲孔
文字以雷射鏤空雕刻加工
15
34
49
3
箱體：St-PL3.2
12
153
小池
門牌兼對講機外殼：St-PL4.5 防鏽塗裝後再施加油性調合漆
木板 H=362
336
20
124
336
343
鋼板 H=400
對講機 W99×H131×D41.5
對講機本體 ▽地板完成面 +1,400
40
13
25
65
15
15
鏡頭孔φ50
6- φ12 喇叭孔
20
45
14
3
8
30 30
按鈕孔φ22
2
鋼板 W=124
2
木板=128
螺絲孔


側面圖 S=1/8

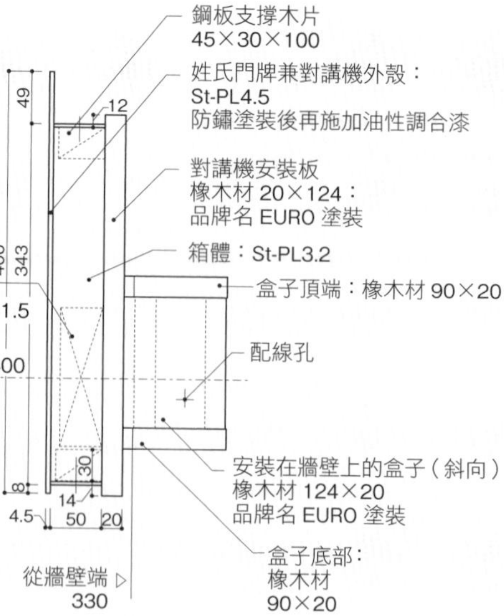

鋼板支撐木片 45×30×100
姓氏門牌兼對講機外殼：St-PL4.5 防鏽塗裝後再施加油性調合漆
對講機安裝板 橡木材 20×124：品牌名 EURO 塗裝
箱體：St-PL3.2
盒子頂端：橡木材 90×20
配線孔
安裝在牆壁上的盒子（斜向）橡木材 124×20 品牌名 EURO 塗裝
盒子底部：橡木材 90×20
49
12
400
343
30
8
14
4.5
50
20
從牆壁端▷ 330

CASE 4-2

# 模仿黑膠唱片的圓盤形狀

由於屋主是名音樂家，所以對講機外殼特地設計成LP黑膠唱片大小的圓盤。木製圓盤同時也是姓氏門牌 。此外考慮到收音孔與喇叭孔的位置關係有可能引起嘯叫聲，所以安裝時必須在現場調整孔的大小、以及外殼與對講機的間隔等。（安井正）

混凝土磚砌造而成的門柱，完成面施加灰泥塗裝，看起來就像從背後的牆壁蹦出的牆面。

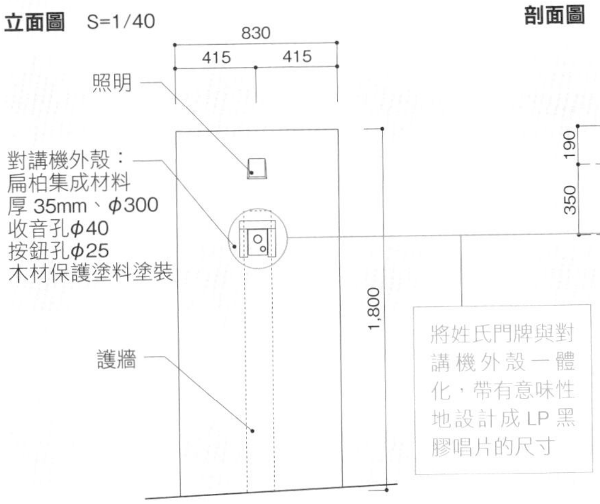
立面圖 S=1/40
830
415
415
照明
對講機外殼：
扁柏集成材料
厚35mm、φ300
收音孔φ40
按鈕孔φ25
木材保護塗料塗裝
護牆
1,800
將姓氏門牌與對講機外殼一體化，帶有意味性地設計成LP黑膠唱片的尺寸

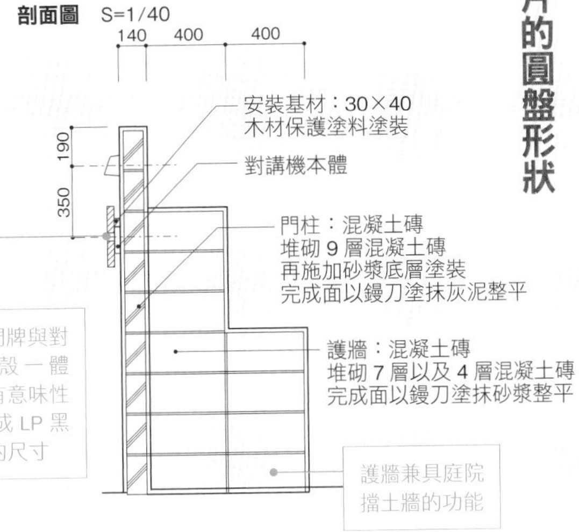
剖面圖 S=1/40
140
400
400
190
350
安裝基材：30×40
木材保護塗料塗裝
對講機本體
門柱：混凝土磚
堆砌9層混凝土磚
再施加砂漿底層塗裝
完成面以鏝刀塗抹灰泥整平
護牆：混凝土磚
堆砌7層以及4層混凝土磚
完成面以鏝刀塗抹砂漿整平
護牆兼具庭院擋土牆的功能

CASE 4-3

# 打造手感文字的姓氏門牌

姓氏門牌上的文字取自屋主小孩的手寫字設計而成。可愛的字體不僅為出門時和回到家時帶來愉悅氣氛，也刻劃下當時的回憶。採用蠟筆或奇異筆等手寫粗體字設計版面。製作方法是利用便宜的卡典西德貼紙（又稱壓克力貼紙）將原圖裁切後轉印下來，或採用蝕刻畫加工製成母版。這個區塊除了有饒富趣味的門牌以外，還有經配置或尺寸設計的對講機和信箱。

在姓氏門牌的不鏽鋼板內側設置支架，能使姓氏門牌向外凸出與對講機呈齊整的平面。（田中NAOMI）

姓氏門牌鋼板與對講機形成齊整的平面。

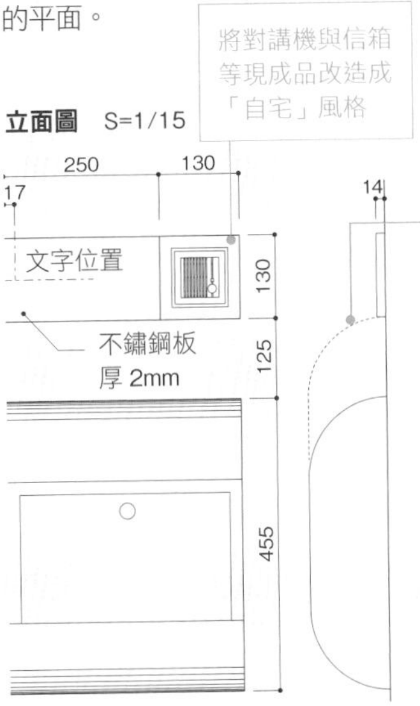
將對講機與信箱等現成品改造成「自宅」風格
立面圖 S=1/15
250
130
17
14
文字位置
不鏽鋼板
厚2mm
130
125
455
配合市售信箱的開關位置決定高度

姓氏門牌的位置與信箱、對講機構成協調的畫面。

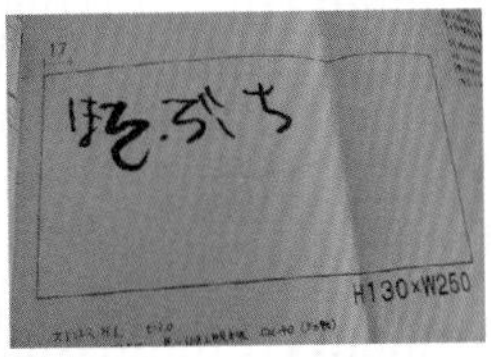
H130×W250

以孩子的手寫字做為版面設計要素。

姓氏門牌背面設置板架，浮掛在牆壁上。

# CASE 4-4 埋入木板圍牆牆面

這是在木板圍牆上裝設對講機、照明與信箱等現成品的例子。為了不使照明與信箱凸出道路，採取貼合木板圍牆面設置的做法。信箱使用平價直立型款式，正面為投遞口，背面則是取出口。這款是不需要特別加工，可直接裝設到牆上的現成品，因此能夠以低成本完成設置的設計。（松原正明）

信箱是家用建材銷售中心就能買到的一般商品，只要留意嵌入木板圍牆時不凸出牆面即可。圍牆支柱採用 75mm 方形柱子再配上埋入基礎的鋁製角材。即使木材腐朽也能局部更換。

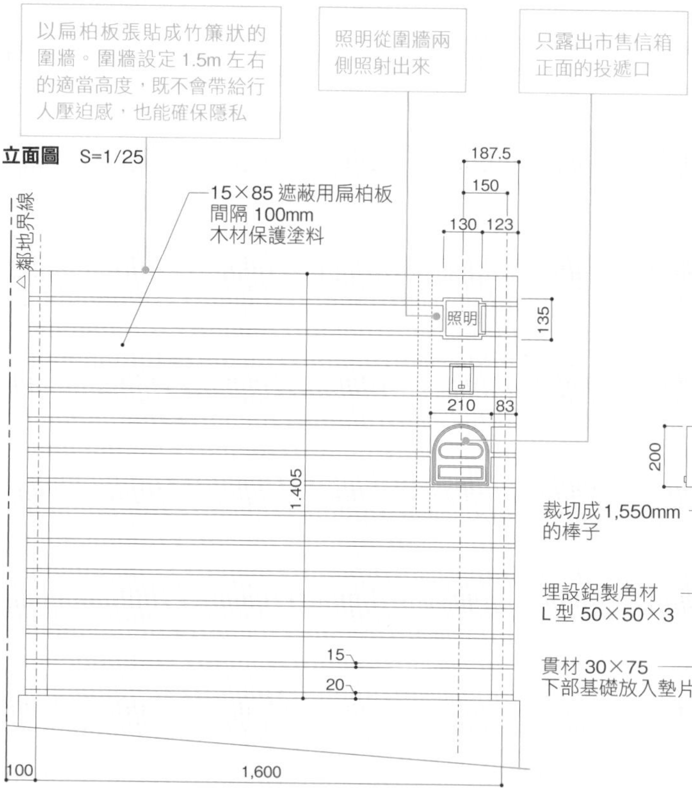

以扁柏板張貼成竹簾狀的圍牆。圍牆設定 1.5m 左右的適當高度，既不會帶給行人壓迫感，也能確保隱私
照明從圍牆兩側照射出來
只露出市售信箱正面的投遞口
立面圖 S=1/25
鄰地界線
15×85 遮蔽用扁柏板
間隔 100mm
木材保護塗料
187.5
150
130
123
照明
135
210
83
1,405
15
20
100
1,600


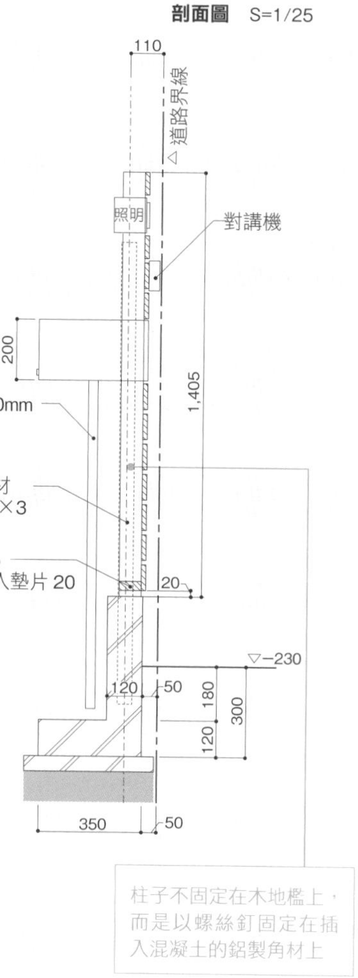

剖面圖 S=1/25
110
道路界線
照明
對講機
200
1,405
裁切成 1,550mm 的棒子
埋設鋁製角材 L型 50×50×3
貫材 30×75 下部基礎放入墊片 20
20
▽−230
120
50
180
300
120
350
50
柱子不固定在木地檻上，而是以螺絲釘固定在插入混凝土的鋁製角材上


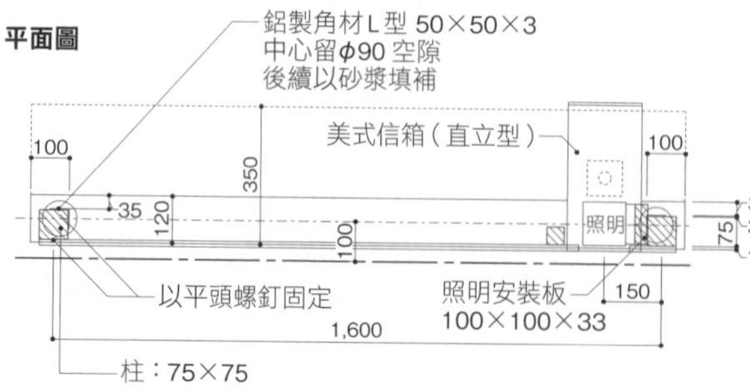

平面圖
鋁製角材L型 50×50×3
中心留ϕ90 空隙
後續以砂漿填補
美式信箱（直立型）
100
100
350
35
120
100
照明
35
75
3
7
以平頭螺釘固定
照明安裝板
100×100×33
150
1,600
柱：75×75

CASE 4-5

## 將換氣扇的外罩改造成姓氏門牌

通常都會為如何遮蔽換氣扇的外罩而費盡心思，然而本案例採用逆向操作的方式，將換氣扇的外罩改造成姓氏門牌。做法是拆掉原本四角形的薄鋁板，換上2mm厚的鋁板做為姓氏門牌的面板。然後在鋁板上施加髮線處理，並利用卡典西德貼紙後製上姓氏，再噴透明噴漆。最後，用不鏽鋼內六角螺栓固定四個角，呈現外露設計的巧思。（諸角敬）

MOROZUMI

MOROZUMI

這是利用換氣扇的外罩改造的姓氏門牌。設計的重點不只是鋁板主體，還有營造物質的存在感，也就是賦予固定螺栓設計質感。

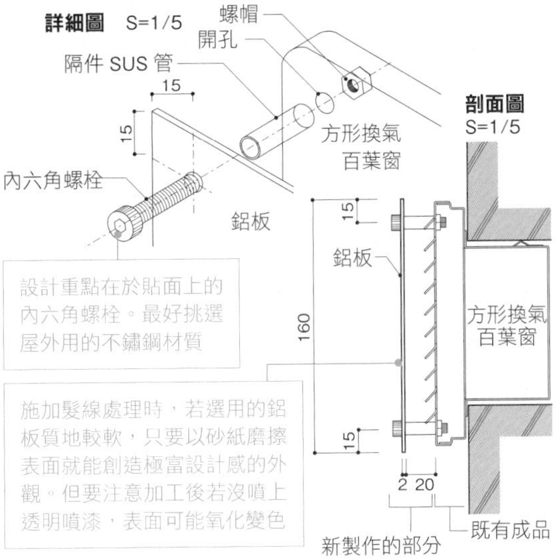
詳細圖 S=1/5
螺帽
開孔
隔件 SUS 管
15
15
方形換氣
百葉窗
內六角螺栓
鋁板
設計重點在於貼面上的內六角螺栓。最好挑選屋外用的不鏽鋼材質
施加髮線處理時，若選用的鋁板質地較軟，只要以砂紙磨擦表面就能創造極富設計感的外觀。但要注意加工後若沒噴上透明噴漆，表面可能氧化變色
剖面圖
S=1/5
15
鋁板
160
方形換氣
百葉窗
15
2 20
新製作的部分
既有成品

CASE 4-6

## 平均設置三項機能的位置

在外玄關的木板門旁平均設置照明、對講機與信箱。這三項機能的配置對整體設計有著極大的影響。當然，配置考量也必須顧及機能性。內側是小巷道般的通道以及和室前的中庭。信箱下方設有照亮地板的照明。（濱田沼夫）

從道路端看外玄關。

從建地端看外玄關。

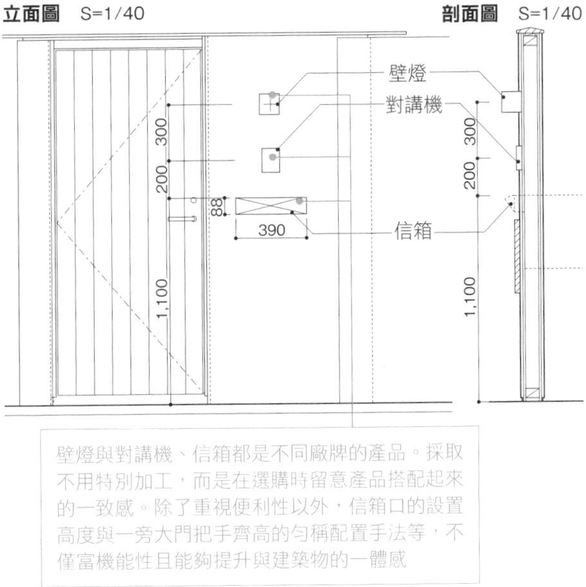
立面圖 S=1/40
剖面圖 S=1/40
壁燈
對講機
300
200
88
390
信箱
1,100
300
200
1,100
壁燈與對講機、信箱都是不同廠牌的產品。採取不用特別加工，而是在選購時留意產品搭配起來的一致感。除了重視便利性以外，信箱口的設置高度與一旁大門把手齊高的勻稱配置手法等，不僅富機能性且能夠提升與建築物的一體感

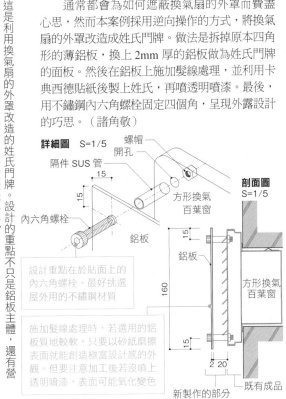

CASE 4-7

# 設置面板化的外牆

為了妥善利用建築面積，本案例將壁燈、對講機、信箱設置在外牆的同一塊面板上，使住宅外觀整齊劃一。信箱內側連接玄關收納櫃，所以可從室內取郵件。信箱旁的縱向木格子採用三扇式推拉門，可實現門扉具備的功能。（濱田昭夫）

**平面圖** S=1/120

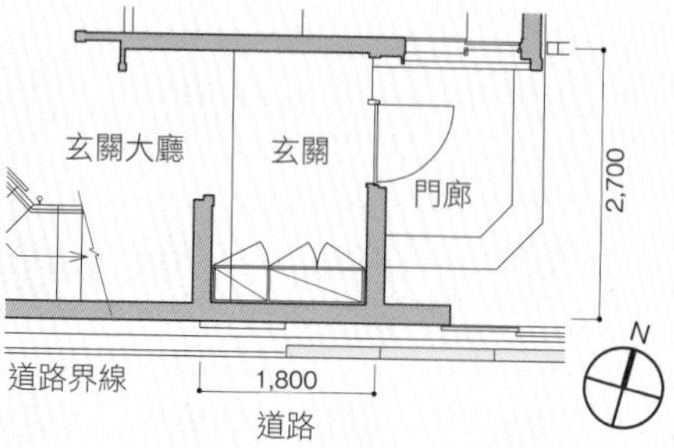

玄關大廳
玄關
門廊
2,700
N
道路界線
1,800
道路


將市售壁燈與對講機、信箱裝設在一塊縱向75cm、橫向50cm不鏽鋼HL處理（髮線處理）過的板材上。然後，再安裝到柳杉板的清水混凝土外牆上，藉以提高建築物的一體感

**立面圖** S=1/30

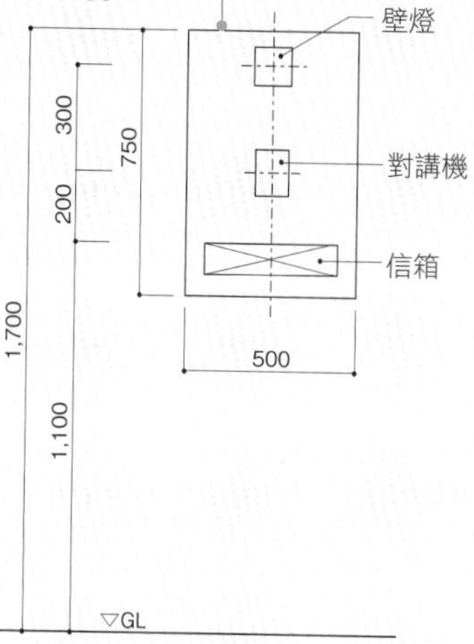

壁燈
對講機
信箱
300
200
750
1,700
1,100
500
▽GL


**剖面圖** S=1/30

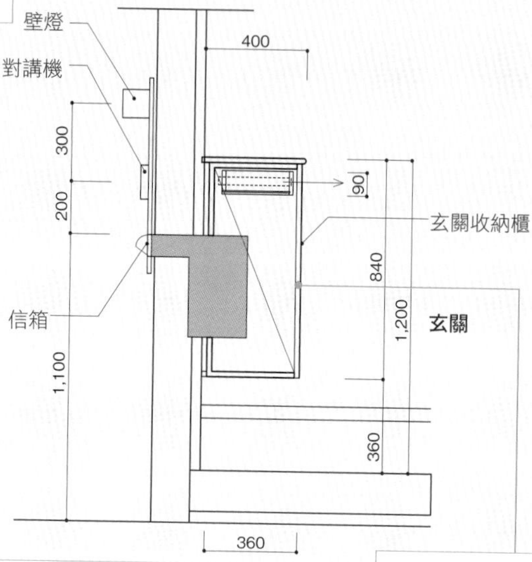

壁燈
對講機
400
300
200
90
玄關收納櫃
840
1,200
玄關
信箱
1,100
360
360


信箱背面即是室內玄關。打開設置在玄關的收納櫃就能看到信箱背面，不用出到外面就能拿取郵件

這是從道路端望向玄關通道。面板上的裝置由上而下分別是照明、對講機、信箱口。

玄關收納櫃右側採單扇門，內部可見信箱的背面，上方設有小抽屜放置收取包裹用的簽收圖章

**內側立面圖** S=1/30

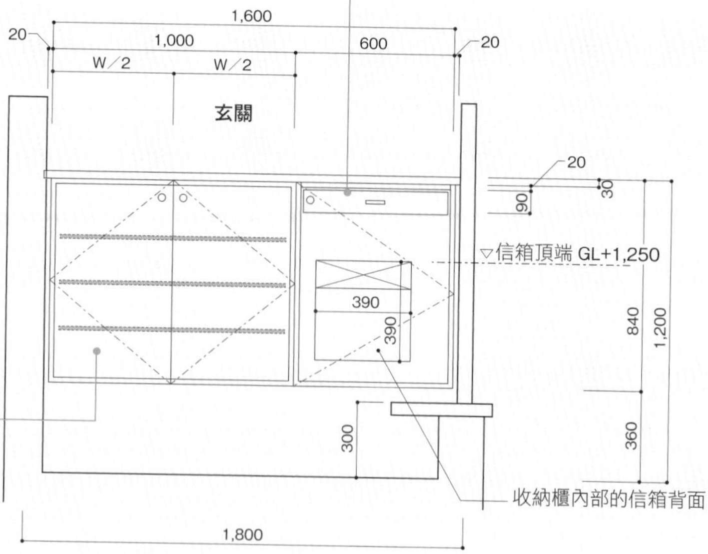

1,600
20
1,000
600
20
W／2
W／2
玄關
20
90
30
▽信箱頂端 GL+1,250
390
390
840
1,200
300
360
收納櫃內部的信箱背面
1,800


玄關收納櫃左側採雙扇門，用於放置鞋子的空間。玄關收納的上方牆壁（壁燈、對講機、信箱頂端）設有窗戶，能夠獲得採光與通風，此外當訪客來時可查看外部狀況，兼具家居防護功能

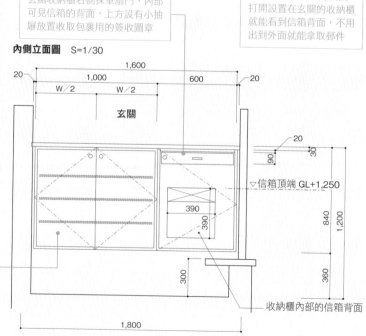

column

# 旅行途中發現的玄關造景

走在旅途的街道上，總是有令人不經意看到出神的玄關設計。左邊這些照片是筆者在某次旅行時，停下腳步欣賞玄關風景的同時，在觀察細節與構造後，從正面拍下的畫面。如今再次回味當時的照片才驚覺，原來這些外觀設計在設計時是如此費盡心思。

上——希臘・斯派賽斯島
中——捷克・布拉格
下——英國・科姆堡

## 1 斯派賽斯島（Spetses）

上照是在希臘南端薩龍灣的斯派賽斯島上，一間民宅前所拍下的玄關景致。潔白的牆壁搭配具有沉穩氣氛的淡藍色大門。

門板裝飾框的黃金比例是自然不在話下，但就屬鑲嵌在門板上的鐵格子最吸引我的目光。這是多麼講究的設計！令我深信這裡以前一定有位優秀的工匠……

玄關門廊的地板也經過精心設計，埋入一顆顆豎起的小石子。想必是用於清理鞋底的泥土、或者具有防滑作用吧。由於經過長年累月踩踏，地面形成光滑而自然的高低起伏。

## 2 布拉格（Prague）城內的住宅

中照是布拉格城中一間民宅玄關。門窗被石塊鋪貼成的框架圍繞，直線造型的階梯使整體顯得完美均衡。或許這只是偶然形成的造型，但牆壁或地板、大門等素材的質感，以及地板的斜度或微妙的歪曲等，都富有令人百看不厭的魅力。

## 3 科茨沃爾德（Cotswolds）

下照拍攝於英國科茨沃爾德，一座叫做科姆堡的小村莊裡某間民宅前。這個地方的傳統石砌牆壁相當古色古香，屋頂石板瓦布滿青苔。玄關門和門旁的窗戶是使用切割過的石塊形塑框架，就連石砌的磚凸縫也相當工整，由此可見當時慎重且講究的工作態度。

這扇門旁的窗戶有兩個天使雕像（下照左邊）。彷彿天使們會祝福訪客以及偶然經過這戶民宅的人們。

這些地方的每棟民宅玄關都美得令人屏息。住在那棟房子裡的人們，以及到訪的客人……等等，即使是這麼單純、理所當然的事情，在在都能感受到設計者的用心。相信不管是住戶或工匠都秉持做到最好、呈現最好一面的想法。在那裡，沒有分開設計外觀和建築物的做法。天使的存在彷彿是在告訴我們，只要從容不逞強、留心細節工作，自然就能散發出令人歎為觀止的住宅氛圍。（安井正）

## CASE 5-1 活用既有石塊

這是將囤積於建設公司建材置放區內的大理石與花崗石等，鋪設在小巷道上的例子。雖然這些石塊因風化作用，有些表面出現龜裂或脆化，但尺寸或石紋都相當豐富。完成面採用篩選過的大理石排列齊整後，在周圍澆置混凝土的做法。（安井正）

設置石塊後澆置混凝土，並以鏝刀壓平。

先將選出的石塊一字排開，然後檢討完成面處理與尺寸。

活用堆積在建材置放區內的石塊。

**平面圖** S=1/70

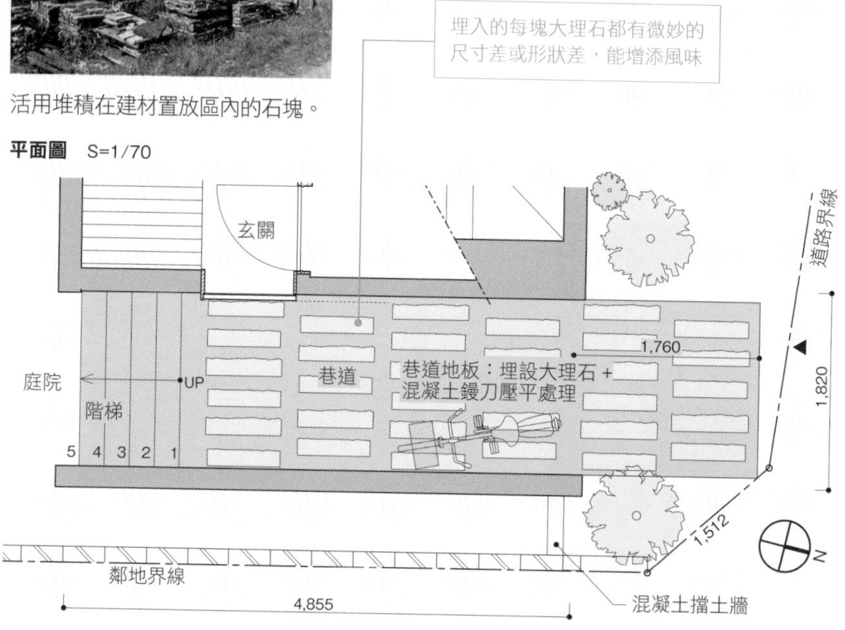
埋入的每塊大理石都有微妙的尺寸差或形狀差，能增添風味
玄關
道路界線
1,760
庭院
UP
巷道
巷道地板：埋設大理石＋混凝土鏝刀壓平處理
階梯
5 4 3 2 1
1,820
1,512
N
鄰地界線
4,855
混凝土擋土牆

**大理石埋設部位的剖面詳細圖** S=1/20

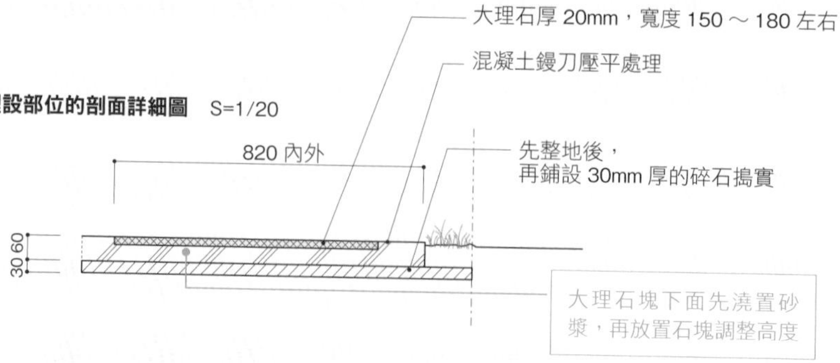
大理石厚 20mm，寬度 150 ～ 180 左右
混凝土鏝刀壓平處理
820 內外
先整地後，
再鋪設 30mm 厚的碎石搗實
30 60
大理石塊下面先澆置砂漿，再放置石塊調整高度

CASE 5-2

# 鋪設卵石

彎成弧形的通道，通往左邊深處的玄關。

這種低調簡樸的設計，不僅令訪客更在意裡頭的布置，也是一條不太需要維護的通道。這裡鋪設產自鬼怒川的卵石，從拳頭大小到白菜般大的尺寸都有。由於這些石頭從山上流向下游時受到沖刷，所以表面十分光滑。然而，本案例不採用平鋪的方式，而是立起石頭，排列成有如河流潺潺般的模樣。隨著時間一天天流逝，為即將揭開的演出，開啟一段完美前奏。（德井正樹）

鋪設鬼怒川的卵石。

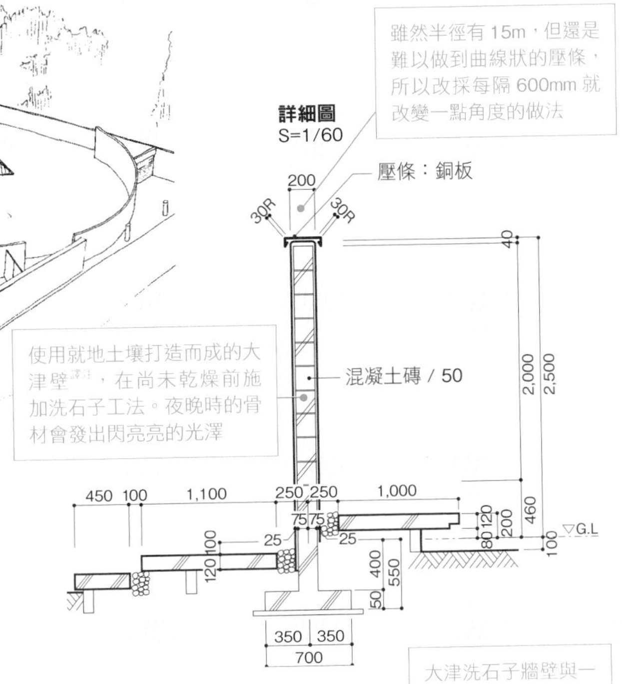
詳細圖
S=1/60
雖然半徑有 15m，但還是難以做到曲線狀的壓條，所以改採每隔 600mm 就改變一點角度的做法
壓條：銅板
200
30R
30R
40
混凝土磚 / 50
2,000
2,500
使用就地土壤打造而成的大津壁譯注，在尚未乾燥前施加洗石子工法。夜晚時的骨材會發出閃亮亮的光澤
450 100 1,100 250 250 1,000
75 75
25
25
100
120
80 120
200
460
100
▽G.L
400
550
50
350 350
700

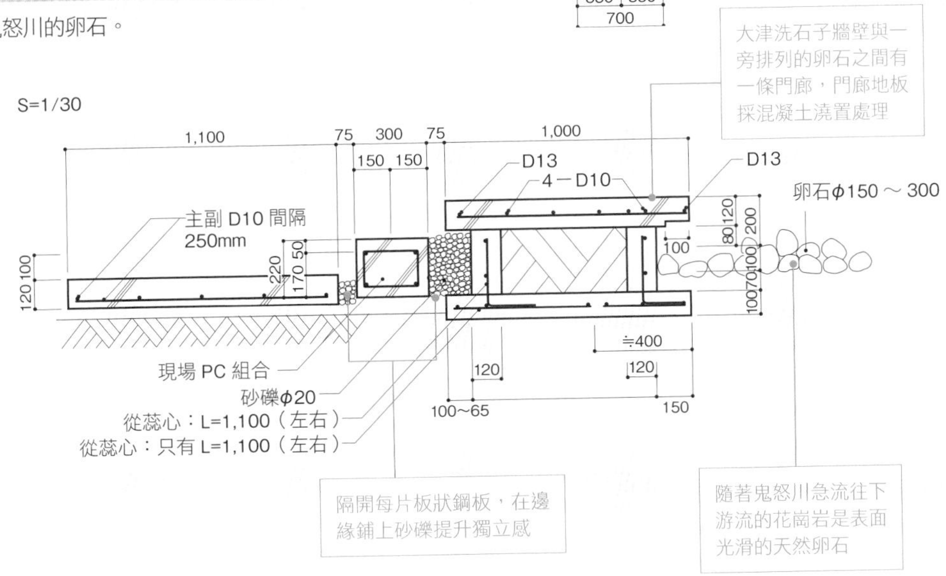
詳細圖 S=1/30
大津洗石子牆壁與一旁排列的卵石之間有一條門廊，門廊地板採混凝土澆置處理
1,100
75 300 75
150 150
1,000
D13
4－D10
D13
卵石φ150～300
主副 D10 間隔 250mm
120 100
220
170 50
80 120
200
100
100
100 70
≒400
120
120
100～65
150
現場 PC 組合
砂礫φ20
從蕊心：L=1,100（左右）
從蕊心：只有 L=1,100（左右）
隔開每片板狀鋼板，在邊緣鋪上砂礫提升獨立感
隨著鬼怒川急流往下游流的花崗岩是表面光滑的天然卵石

譯注：為了增加表面強度，在土裡摻入少許石灰與稻稈纖維，然後塗在牆上以鏝刀加壓數次。

## CASE 5-3 低成本的天然石板長道

這是將重量感十足的天然石板鋪成一長排 50m 的通道。鋪材是利用原石切割成長方體半成品時，從兩側削切下來的石板，因此又稱為屑石板，價格相對便宜。（德井正樹）

50m的通道上鋪滿各種尺寸大小的「屑石板」。

齊整地鋪設屑石板。石板邊緣的溝槽是炸藥爆破時留下的痕跡。

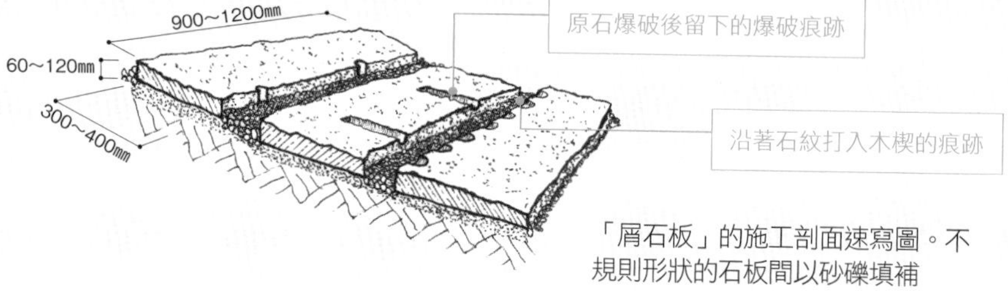

900～1200㎜
60～120㎜
300～400㎜
原石爆破後留下的爆破痕跡
沿著石紋打入木楔的痕跡


「屑石板」的施工剖面速寫圖。不規則形狀的石板間以砂礫填補

## CASE 5-4 在家中打造小巷

在建地裡頭規劃一個能夠感到胸襟開闊、豐富且富有深邃感的空間。這樣的空間不僅具有空間感，也能帶來輕鬆氛圍。本案例通道從大門進入車庫後，必須先左轉再右轉才能夠抵達玄關，這是企圖營造小徑深幽的意境。（濱田昭夫）

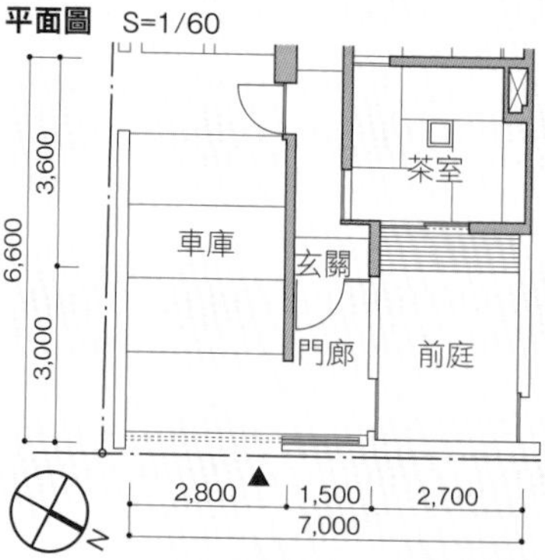

平面圖 S=1/60
茶室
車庫
玄關
門廊
前庭
3,600
6,600
3,000
2,800
1,500
2,700
7,000
N


室外門廊是混凝土洗石子地板，這裡鋪設天然石（花崗石）。從道路端右轉進入門廊可眺望到玄關旁的茶室中庭，然後轉個方向往左邊走就會被引導到通道上

室外門廊的洗石子地板延續至外玄關地板，直到玄關內部換室內拖鞋的地方。這塊換鞋用的小空地是以灌注含有煤灰的砂漿，再用鏝刀壓平而成。通道兼為玄關旁的茶室小徑

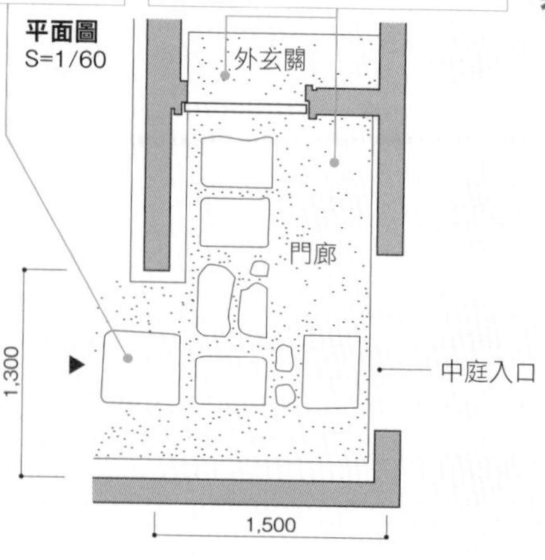

平面圖
S=1/60
外玄關
門廊
中庭入口
1,300
1,500

從道路端觀看中庭，進入右手邊便抵達玄關門廊。

從內部玄關觀看室外門廊。

CASE 5-5

## 賦予長通道變化

從道路通往玄關的通道是一個相當重要的場所，主宰著住宅給人的印象。因此，再小的建地也應該精心設計，營造空間深度感、風格與趣味感。這塊寬 8m、深 35m 的建地，就是藉由內縮和室外牆，變化直線通道的寬度，所以從道路端看不到玄關，經過通道最狹窄的地方之後才能看到玄關。玄關前方是延續到內部的圓弧形牆壁，也可區隔出室內的私人庭院。（倉島和彌）

從庭院側回頭看通道，凸出的圓弧牆壁綿延至內部。圓弧牆壁圍繞起來的地方就是一個開放的空間（門廊與玄關）。

門板詳細圖（內側） S=1/40

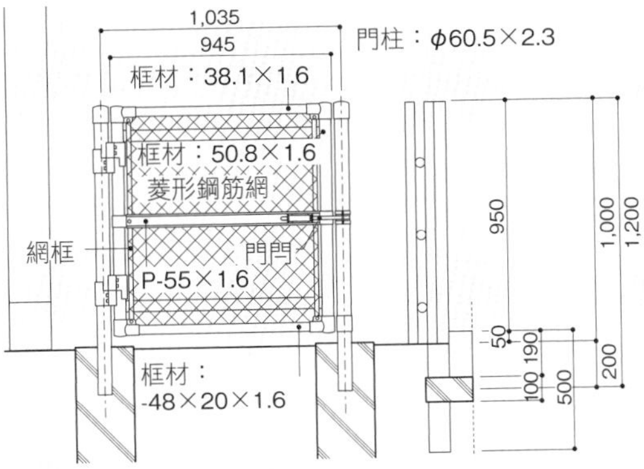
1,035
945
門柱：φ60.5×2.3
框材：38.1×1.6
框材：50.8×1.6
菱形鋼筋網
網框
門閂
P-55×1.6
框材：
-48×20×1.6
950
1,000
1,200
50
190
100
200
500

門板平面圖 S=1/40

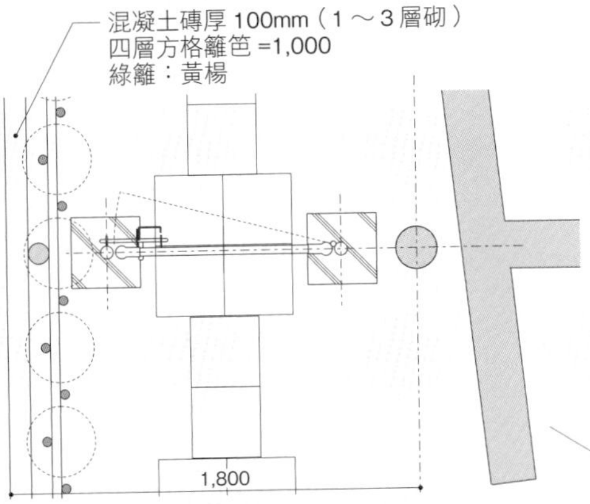
混凝土磚厚 100mm（1～3 層砌）
四層方格籬笆 =1,000
綠籬：黃楊
1,800

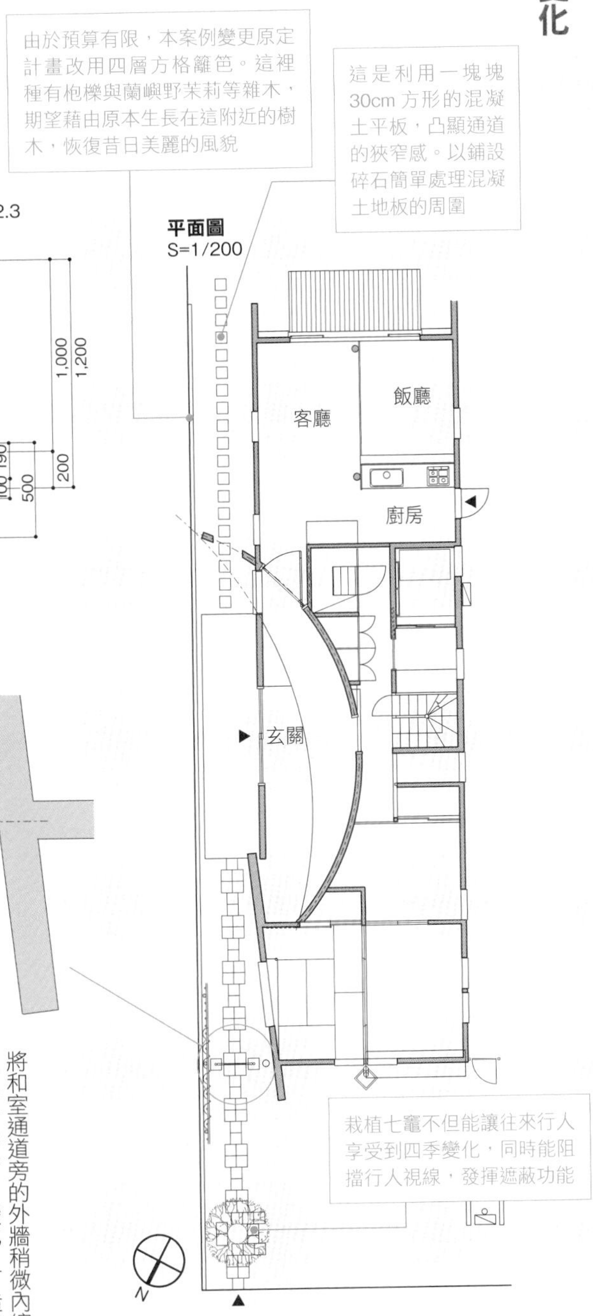
由於預算有限，本案例變更原定計畫改用四層方格籬笆。這裡種有枹櫟與蘭嶼野茉莉等雜木，期望藉由原本生長在這附近的樹木，恢復昔日美麗的風貌
這是利用一塊塊 30cm 方形的混凝土平板，凸顯通道的狹窄感。以鋪設碎石簡單處理混凝土地板的周圍
平面圖
S=1/200
客廳
飯廳
廚房
玄關
栽植七竈不但能讓往來行人享受到四季變化，同時能阻擋行人視線，發揮遮蔽功能
N

將和室通道旁的外牆稍微內縮，使通道寬度有了變化，打造出看不到玄關的深邃感。正面看得到的這面牆壁，可發揮使外人不易闖入私人庭院的作用。

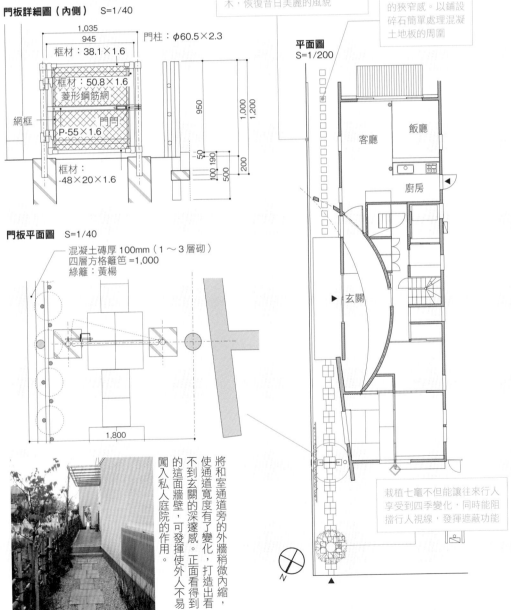

## CASE 5-6 鋪設碎瓦片的防盜對策

有些住宅會在建築物周圍鋪設砂礫，當外人入侵時就能察覺到踩踏聲響。但是本案例則採用碎瓦片，走在瓦片上會發出較大碰撞聲。這些是從拆除現場搬運過來的瓦片，屋主以榔頭敲碎後鋪設。然後在各處栽植玉龍草，外觀看起來十分美麗。（吉原健一）

行走在碎瓦片上會發出清脆的瓦片敲擊聲音，所以能做為防盜對策。

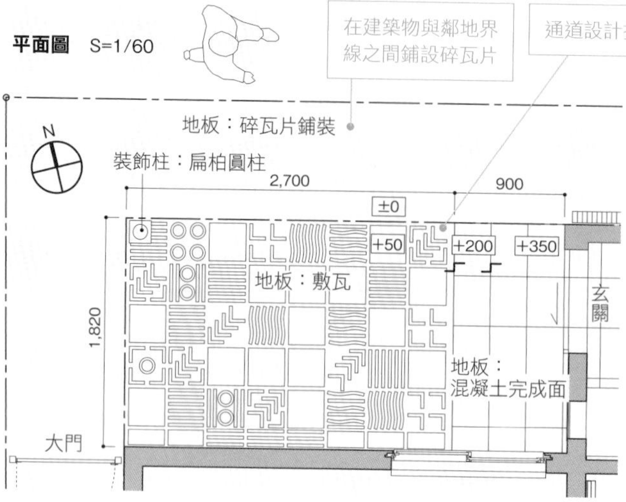

平面圖 S=1/60
在建築物與鄰地界線之間鋪設碎瓦片
通道設計採無規則埋設瓦片
地板：碎瓦片鋪裝
N
裝飾柱：扁柏圓柱
2,700
900
±0
+50
+200
+350
地板：敷瓦
玄關
1,820
地板：混凝土完成面
大門

鋪設碎瓦片並在周圍栽植玉龍草，妝點界線。

## CASE 5-7 統一地板材料營造空間深度感

這是設有長凳與信箱口的玄關前廳。雖然看起來像在室內，但這裡其實是外部空間。地板完成面是從通道延續過來的圓砂礫洗石子。由於這個空間保有隱私，所以穿著睡衣來取郵件也無妨。（田中 NAOMI）

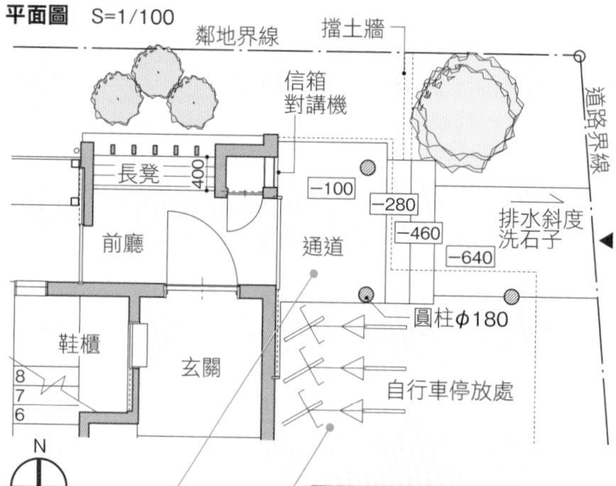

平面圖 S=1/100
鄰地界線
擋土牆
信箱
對講機
道路界線
長凳
400
-100
-280
-460
-640
排水斜度
洗石子
前廳
通道
圓柱φ180
鞋櫃
玄關
8
7
6
自行車停放處
N
通道地板使用圓砂礫洗石子，一直延續到前廳為止
自行車停放處不但具有強度與耐久性，而且是採用混凝土鏝刀壓平處理

信箱下方是吊掛溼雨傘的地方。這裡設有可用來放置行李或稍坐歇息的長凳。

玄關前面的前廳設有通風用的推拉門。裡面是後院入口的推拉門。這裡也是丟垃圾的路線。

照片 山野健治

# 在通道階梯上規劃植栽空間

循著緩坡階梯抵達高於道路 1m 的玄關。

由於道路到玄關有 1m 的高低差，所以將通道階梯設計成放射狀緩梯，並加寬梯面。然後在各處配置植栽，利用與車庫間的空間種植紀念樹並設置照明。

通道階梯的完成面鋪設具有防滑效果的小砂礫洗石子，並使用添加土色顏料的砂漿。同樣做法的完成面一直延續到外玄關。（松原正明）

**平面圖** S=1/100

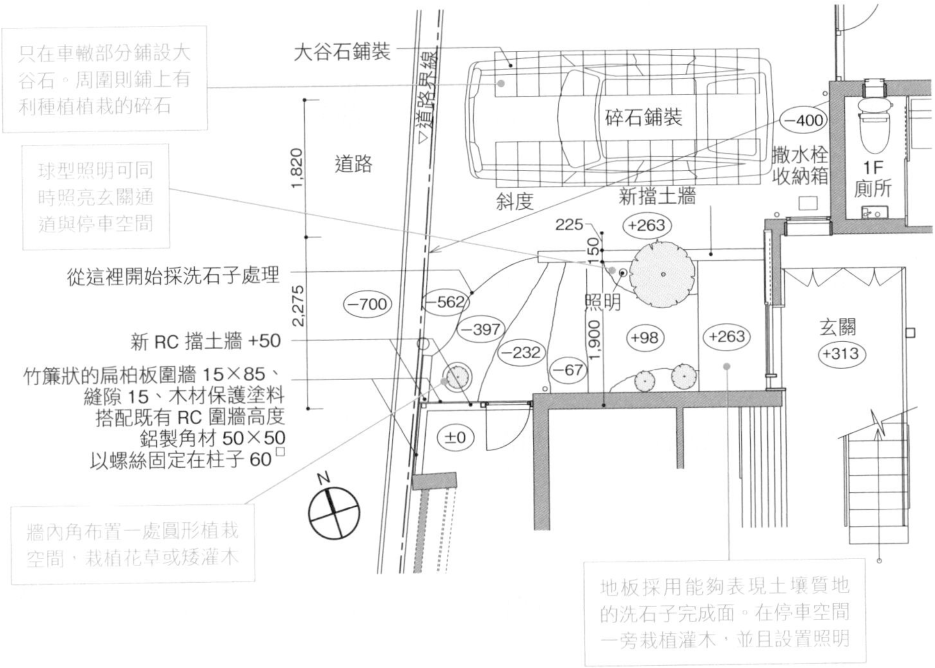
只在車輟部分鋪設大谷石。周圍則鋪上有利種植植栽的碎石
大谷石鋪裝
道路界線
碎石鋪裝
道路
1,820
2,275
球型照明可同時照亮玄關通道與停車空間
斜度
新擋土牆
−400
撒水栓收納箱
1F
廁所
225
+263
150
從這裡開始採洗石子處理
−700
−562
照明
−397
玄關
−232
+98
+263
+313
新 RC 擋土牆 +50
1,900
−67
竹簾狀的扁柏板圍牆 15×85、縫隙 15、木材保護塗料搭配既有 RC 圍牆高度
鋁製角材 50×50 以螺絲固定在柱子 60□
±0
N
牆內角布置一處圓形植栽空間，栽植花草或矮灌木
地板採用能夠表現土壤質地的洗石子完成面。在停車空間一旁栽植灌木，並且設置照明

設置一個直徑 36cm 的植栽空間，裡頭可隨著四季替換不同花卉等營造盆景風景。

從玄關望向道路的景觀，這裡有彎道階梯與植栽。地板材質可帶來柔和的氛圍。階梯鼻端埋有彎曲黃銅棒。

## CASE 5-9 鋪設拆卸下來的大谷石

這是再利用資源的一例，利用改造時從圍牆拆卸下來的大谷石鋪設通道。這些大谷石散發著復古氣息，比新切割的石材更容易融入周圍環境。只是，因為風化作用有些變得不堪使用，所以選擇鋪設地點的同時也必須檢查石板的狀態。（安井正）

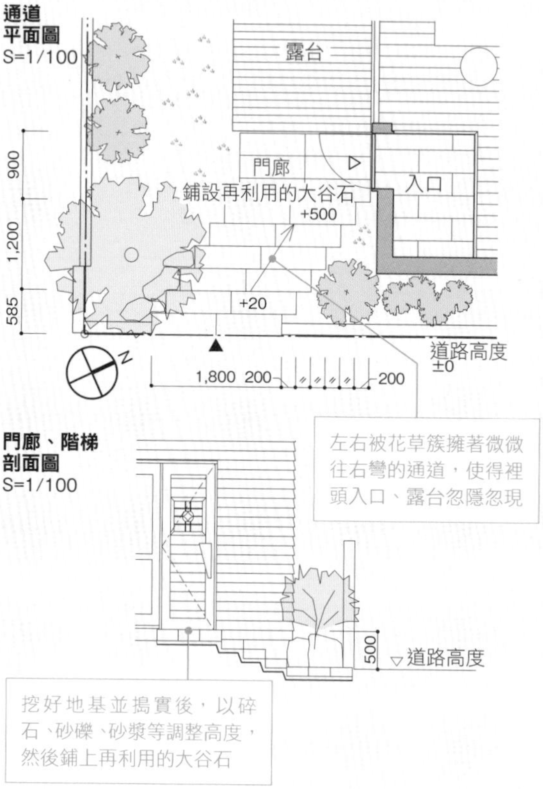

通道
平面圖
S=1/100
露台
門廊
入口
鋪設再利用的大谷石
+500
+20
900
1,200
585
道路高度
±0
1,800 200
200
左右被花草簇擁著微微往右彎的通道，使得裡頭入口、露台忽隱忽現
門廊、階梯
剖面圖
S=1/100
500
道路高度
挖好地基並搗實後，以碎石、砂礫、砂漿等調整高度，然後鋪上再利用的大谷石

適度風化的大谷石散發著復古氣息，自然而然地融入周遭環境。

## CASE 5-10 鋪設枕木的平緩坡道

基於無障礙空間考量，這裡採取緩坡並在通道上鋪設枕木。可一邊欣賞綠意一邊慢慢走向玄關門廊。玄關內部、以及客廳前的戶外木平台，還有通往室內的通道，全沒有高低差地相連在一起。（長谷部綠）

由枕木與黑色柳杉板構成的外牆，使綠意盎然的植栽更加顯眼。

利用綠籬阻隔鄰家視線。開放式的客廳與戶外木平台也因為綠籬添加些許趣味。

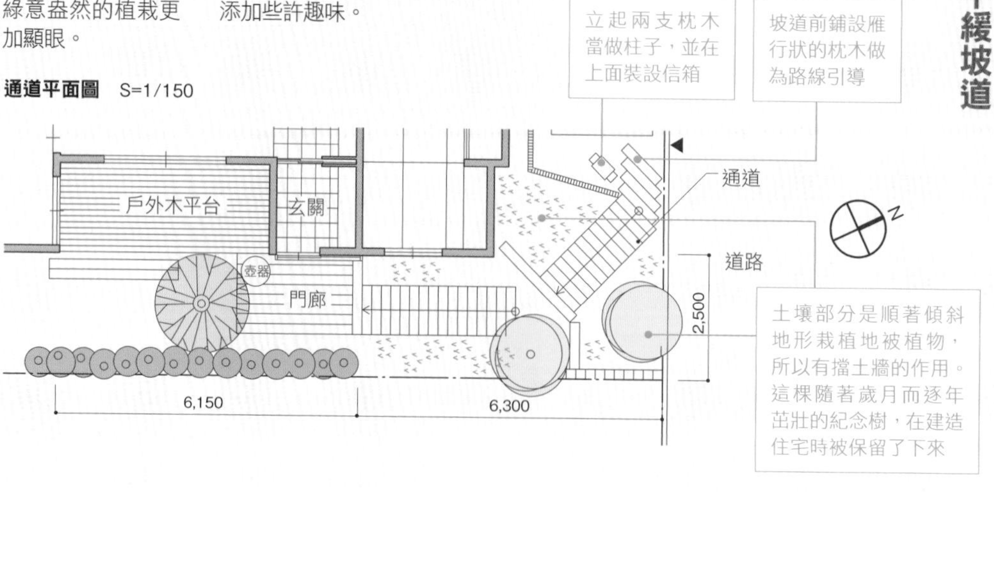

通道平面圖 S=1/150
立起兩支枕木當做柱子，並在上面裝設信箱
坡道前鋪設雁行狀的枕木做為路線引導
戶外木平台
玄關
壺器
門廊
通道
道路
2,500
6,150
6,300
土壤部分是順著傾斜地形栽植地被植物，所以有擋土牆的作用。這棵隨著歲月而逐年茁壯的紀念樹，在建造住宅時被保留了下來

## CASE 5-11 配合建地的地勢起伏

從大門內側的台階望向主建築物的玄關門廊，大雨庇的部分就是主建築物。左邊的別棟建築物是書房，入口正對著主建築物。

由於南側被鄰家擋住日照，所以本案例的主建築物緊靠北邊界線而建，並將玄關設置在南側中央。連接到道路側的通道是樸素的石灰岩石道，因應地勢起伏設有平緩階梯。通道左邊是一座面積約 3 坪的菜園，再往裡頭是做為書房的別棟建築物，而右手邊隔著植栽的另一邊是露台，正面可看到和室前面的庭院。通道盡頭是鄰家的庭院，視野一片遼闊。這條住戶外出回家的必經通道＝花園小徑，每天默默目送主人外出或迎接返回，為人們的日常帶來幸福的感覺。（野口泰司）

通道中途有石塊鋪成的露台。從客廳、飯廳出入，在這裡可一邊做日光浴一邊享用咖啡。

**通道剖面圖** S=1/80

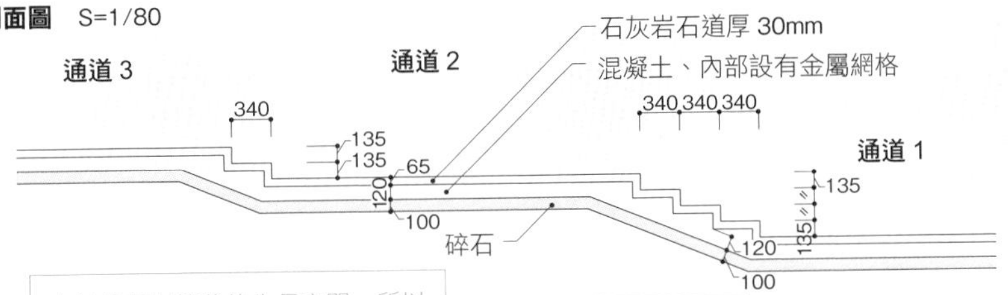
石灰岩石道厚 30mm
混凝土、內部設有金屬網格
通道 3
通道 2
通道 1
340
135
135
65
120
100
碎石
340 340 340
135
135
120
100

**平面圖**
S=1/80

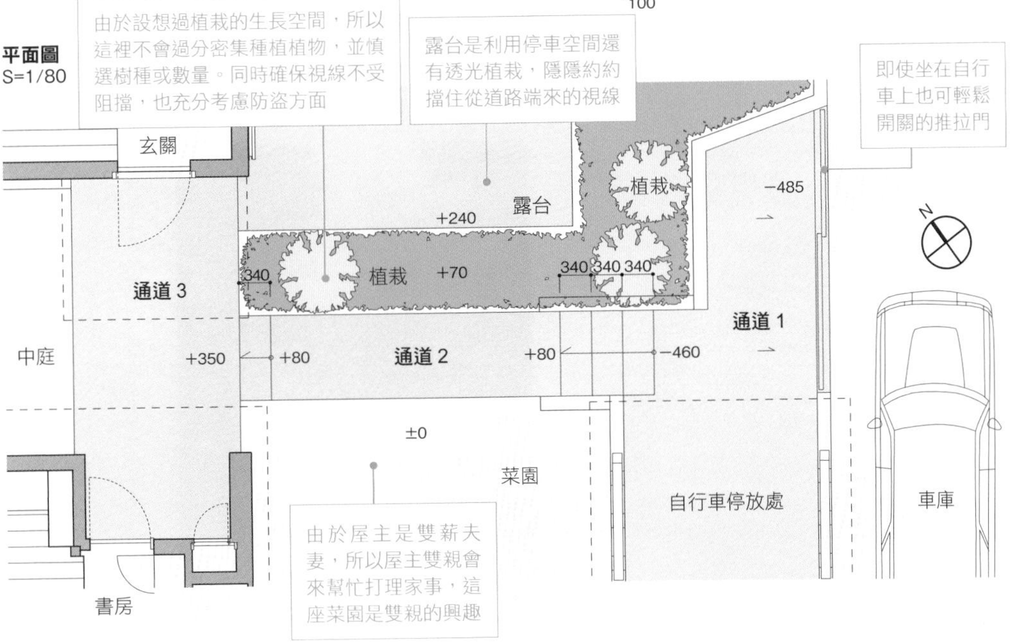
由於設想過植栽的生長空間，所以這裡不會過分密集種植植物，並慎選樹種或數量。同時確保視線不受阻擋，也充分考慮防盜方面
露台是利用停車空間還有透光植栽，隱隱約約擋住從道路端來的視線
即使坐在自行車上也可輕鬆開關的推拉門
玄關
露台
+240
植栽
−485
340
植栽
+70
340 340 340
通道 3
通道 1
中庭
+350
+80
通道 2
+80
−460
±0
菜園
自行車停放處
車庫
書房
由於屋主是雙薪夫妻，所以屋主雙親會來幫忙打理家事，這座菜園是雙親的興趣

CASE 6-1

# 利用LED布置「可愛」的照明

以鋼琴線支撐燈泡，所以LED的位置可隨意改變。

因為LED照明具有高效率、高耐久性的性能，所以備受喜愛，但是本案例看重它的可塑性，設計成這款「可愛」的照明。照明的本體採用0.7mm鋼琴線與熱收縮套管製作而成，只要風一吹就會如花朵般擺動。約4m的通道上共設置20個LED，明亮的空間能為凌晨送報生照亮路面。由於只消耗1w電量，所以即使整晚點著，整個月的電費也不會超過NT$3。（諸角敬）

LED 照明配置圖　S=1/60

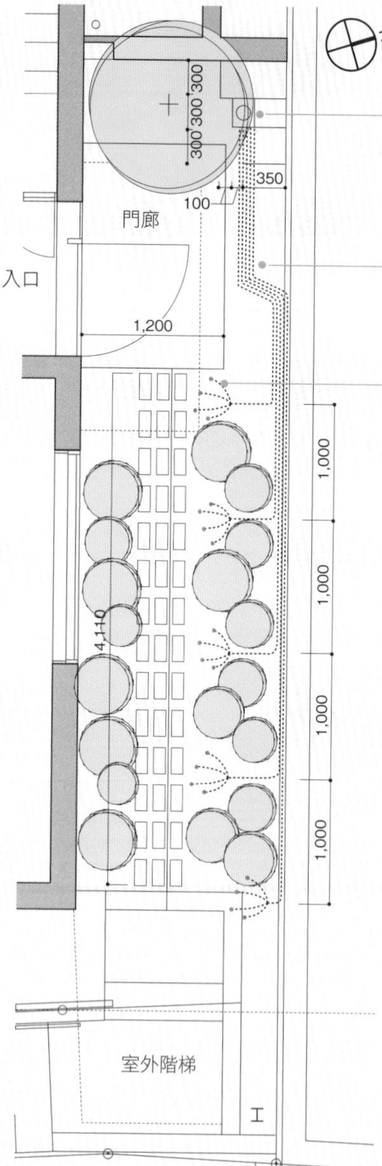
N
300
300
300
350
100
門廊
入口
1,200
4,110
1,000
1,000
1,000
1,000
室外階梯

DC12V 轉接器是市售品。確保容許的安倍數足夠有餘。在電力工程中，防水盒通常被用做接線或拉線的盒子

從防水盒拉出約1m長的空配管埋入地底下，並接上各個照明的配線。雖然配管不具防水性，但為了保護被覆銅線必須做好防水措施

每四個捆成一束的照明使用鋼琴線支撐後，用手就可隨意彎折。然後按照插花的要領，進行高度、方向調整。各條配線會牽到埋入地中的防水盒，但為了保護配線免於受損，必須穿過空配管

配線圖

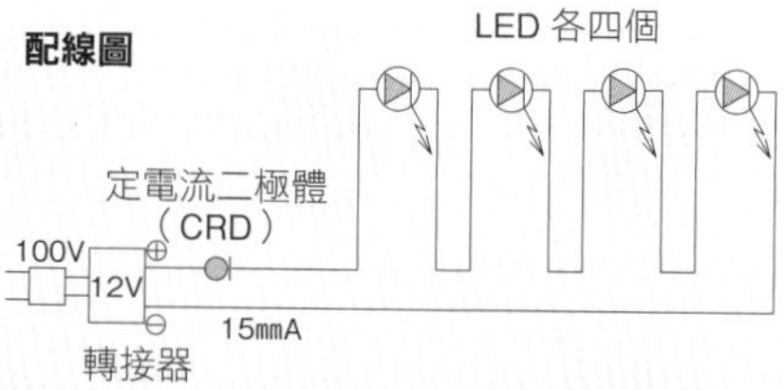
LED 各四個
定電流二極體
（CRD）
100V
12V
15mA
轉接器

將20個白色、燈泡色、藍色的LED混雜布置，長度有長有短增添變化。

## CASE 6-2 利用聚光燈照亮通道

沿著白色外牆設置通道，使牆角的聚光燈照亮整面牆壁。

以最小限度的照明計畫營造明亮、美觀的燈光。聚光燈佇立在牆角邊不僅照亮通道也打亮建築物。打燈後的外觀猶如美術館般極富趣味。加裝感應開關就能變成環保節能的照明。（根來宏典）

**通道區域的剖面詳細圖** S=1/40

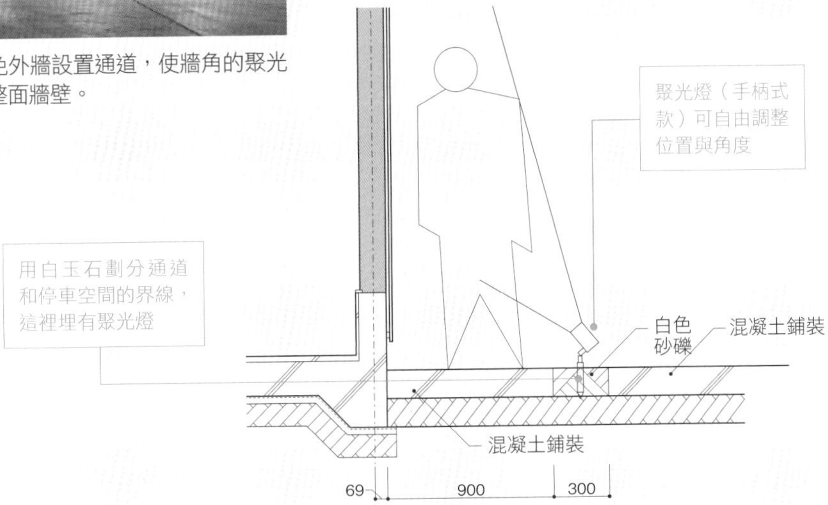
聚光燈（手柄式款）可自由調整位置與角度
用白玉石劃分通道和停車空間的界線，這裡埋有聚光燈
白色砂礫
混凝土鋪裝
混凝土鋪裝
69
900
300

照片 井上玄

## CASE 6-3 藉由照明達到防盜作用

**建築物與道路間的剖面詳細圖** S=1/50

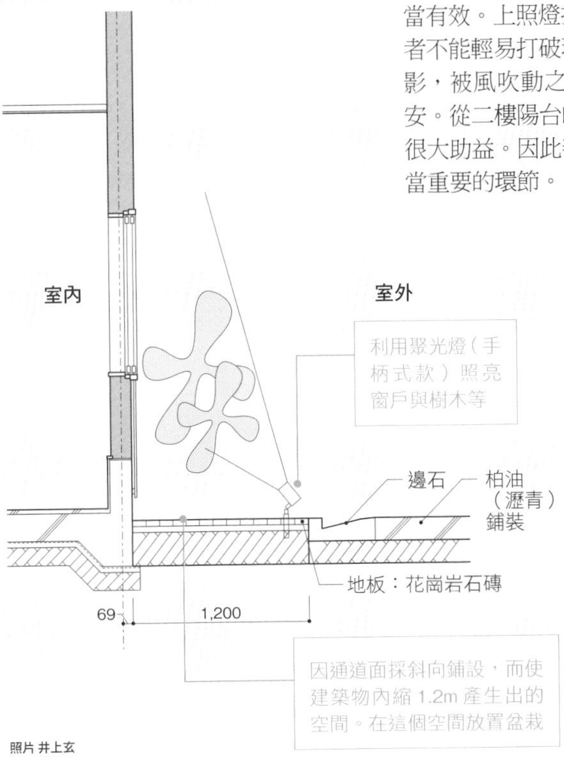
室內
室外
利用聚光燈（手柄式款）照亮窗戶與樹木等
邊石
柏油（瀝青）鋪裝
地板：花崗岩石磚
69
1,200
因通道面採斜向鋪設，而使建築物內縮 1.2m 產生出的空間。在這個空間放置盆栽

上照燈不單是美麗的裝置，針對防盜對策也相當有效。上照燈打在窗戶上能夠起嚇阻作用，使侵入者不能輕易打破玻璃入內。此外，映照在牆壁上的樹影，被風吹動之後搖晃的影子也會使侵入者感到不安。從二樓陽台的木製百葉窗溢出的外洩光線也能起很大助益。因此善用照明器具擬定燈光配置計畫是相當重要的環節。（根來宏典）

不但氣氛好，也是有效提高防盜作用的方法。

照片 井上玄

# 針對無障礙空間的坡道照明

這棟住宅的屋主是一對出生於戰後嬰兒潮世代的夫婦。由於將來有可能使用輪椅，所以規劃一條從車庫旁到玄關的平緩坡道。並在坡道旁的植栽裡頭設置兩盞通道照明，然後在平台到玄關門廊之間配置兩盞腳燈。這些照明都是感應式，傍晚時會自動亮起；天亮時便熄滅。另外也設有手動裝置，可自主手動開關。（野口泰司）

雖然不太明顯，這條長通道在形狀與角度上做了些改變，由於輪椅需要停留與轉換方向的空間，所以規劃一個較寬敞平台，並利用植栽等點綴環境。然後為了打造通道夜景，這裡使用最少四台照明機種，就裝設在最能發揮效果的位置上

**平面圖** S=1/120

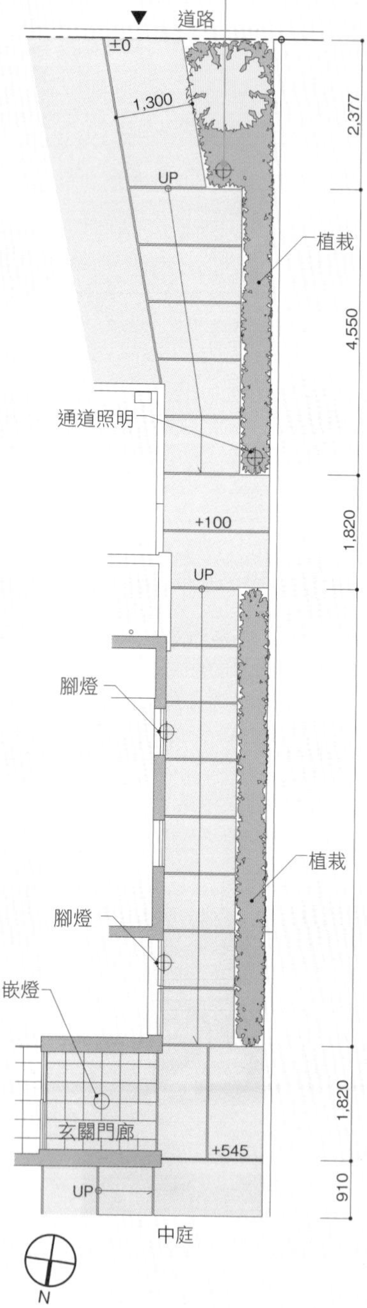
道路
±0
1,300
UP
2,377
植栽
4,550
通道照明
+100
1,820
UP
腳燈
植栽
腳燈
嵌燈
玄關門廊
1,820
+545
UP
910
中庭
N

這是從近前的玄關門廊側往道路方向，拍下的平緩下坡夜景。

**腳燈詳細圖**
S=1/20

200
200
650
斜坡

裝設重點在於確切掌握腳燈的照明範圍和亮度

**通道照明圖**
S=1/20

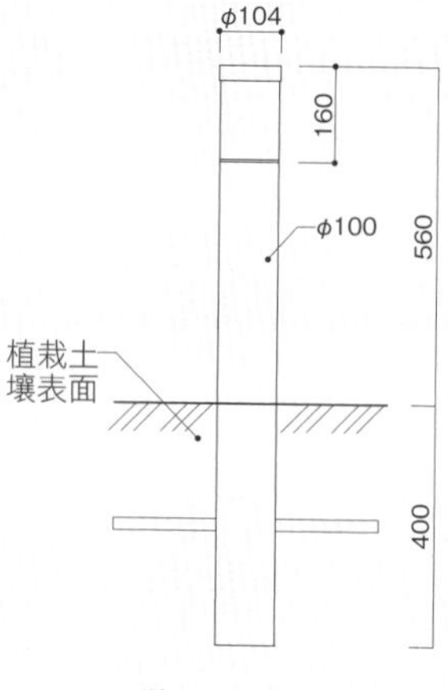
φ104
160
φ100
560
植栽土
壤表面
400

將四周照得通亮的通道照明，烘托出花園小徑與植栽的夜景之美

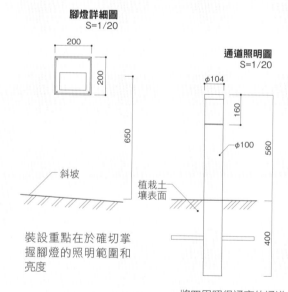

CASE 6-5

## 設置在草叢土裡的照明

在草叢裡頭設置一個輔助庭院步行用的階梯通道照明。

住宅外觀的照明最好設計得簡單。一盞設置在草叢裡頭的花園燈能夠透過打在混凝土牆上的燈光照亮四周，不但使夜裡的樹木浮現出輪廓，連通道也一併照亮。由於照明器具裝設在土壤中，所以無論移動或增設都十分方便。（長濱信幸）

剖面圖
S=1/50
反射到牆壁的光線柔和地照耀樹木與通道
停車空間
通道
花草叢堆
1,500
1,800
1,800

CASE 6-6

## 展現玄關風情

這是旗竿型建地的玄關照明。這裡距離道路約有 8.5m，為了牽引出玄關的表情，照明是打在玄關翼牆、玄關大門與大谷石的門廊上。右手邊的綠景則配置地面設置型照明，使夜晚庭院依然綠意盎然。（高野保光）

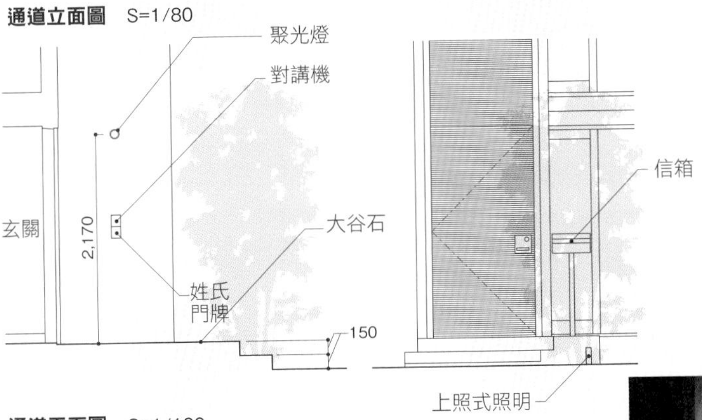
通道立面圖 S=1/80
聚光燈
對講機
玄關
2,170
大谷石
姓氏
門牌
150
信箱
上照式照明

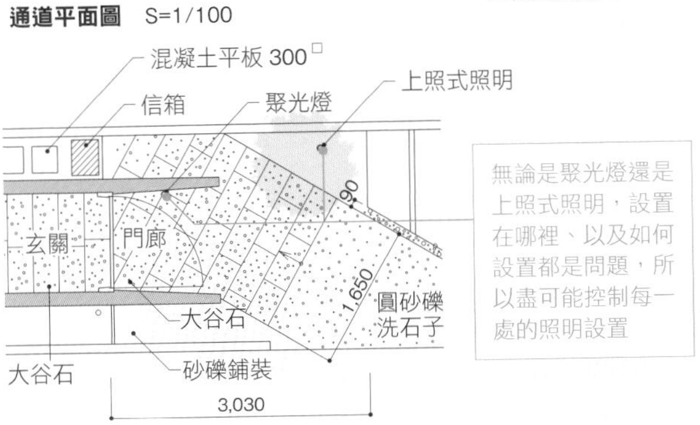
通道平面圖 S=1/100
混凝土平板 300□
信箱
聚光燈
上照式照明
玄關
門廊
90
1,650
圓砂礫
洗石子
大谷石
大谷石
砂礫鋪裝
3,030
無論是聚光燈還是上照式照明，設置在哪裡、以及如何設置都是問題，所以盡可能控制每一處的照明設置

階梯旁的上照式照明照亮了綠葉的輪廓。

# 境界的陳設

完美地阻隔外界，且能讓建築物自然融入街景的
柵欄、圍牆、擋土牆、植栽等設計

## 1 柵欄與圍牆

### 適切地劃分界線

CASE 1-1

#### 兼具遮蔽功能的露台欄杆

這是加裝在擋土牆上的木製柵欄。從外部看起來像是混凝土牆的延伸，但從室內看的話反而看不到混凝土牆。此外，將露台地板設置與室內同高，使露台做為室內的延展空間，如此一來木製柵欄也是露台的欄杆。

（長濱信幸）

陽台欄杆的素材和設計同露台，營造具有沉穩氣息的外觀。

**柵欄剖面圖** S=1/15

支柱蓋
89
20
60
柳杉：18×89
留間隙的鋪貼法
木材保護塗料塗裝
以螺絲固定於支柱上
支柱：鋁
30×60
間隔 900mm
擋土牆
建地
道路
由於市售的鋁製柵欄支柱上面貼有窄幅木板，所以不用砌輔助牆就能夠打造出堅固的木製圍牆

**平面圖** S=1/200

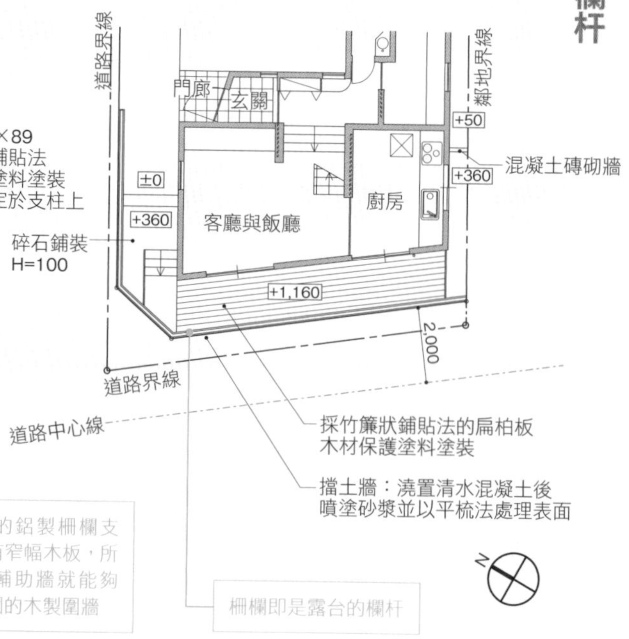
道路界線
鄰地界線
門廊
玄關
+50
±0
+360
混凝土磚砌牆
+360
客廳與飯廳
廚房
碎石鋪裝
H=100
+1,160
2,000
道路界線
道路中心線
採竹簾狀鋪貼法的扁柏板
木材保護塗料塗裝
擋土牆：澆置清水混凝土後
噴塗砂漿並以平梳法處理表面
N
柵欄即是露台的欄杆

# CASE 1-2 以兼具長凳功能的柵欄與鄰家界線劃分清楚

這項柵欄兼長凳的設計，儼然是庭院裡頭的設施。

設置在鄰地界線上的木製柵欄與植栽，不只為住宅增添風采，也滋潤鄰家或街道景觀。此外，矗立支柱並以木板交錯張貼於兩面所構成的圍牆，不僅採光通風佳，也是一道能夠適度遮蔽的屏障。這道柵欄設有長凳，可在這裡看書飲茶，悠閒自在地消遣時間。由於柵欄被庭院綠意包圍住，所以採用「く」形設計以凸顯柵欄的存在感。

（安井正）

將兼具柵欄功能的靠背設計成「く」形，營造出微妙的包圍感與領域感。同時也能發揮支撐作用

正反交錯張貼板材，可提升斜向視野的透視感

**長凳平面圖** S=1/50

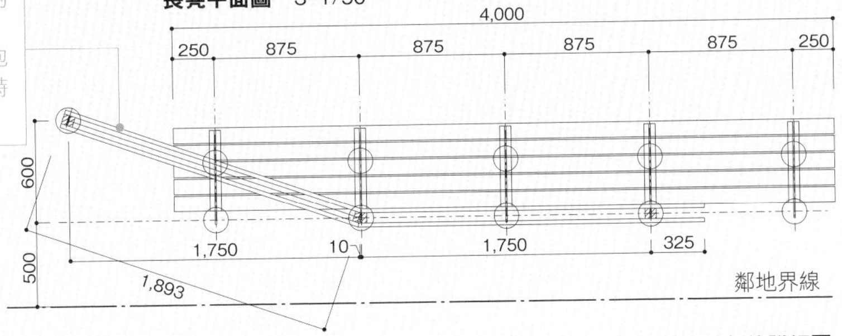
4,000
250
875
875
875
875
250
600
500
1,750
10
1,750
325
1,893
鄰地界線

**支柱部位平面圖** S=1/50

**剖面詳細圖** S=1/50

**支柱頂端部位詳細圖**

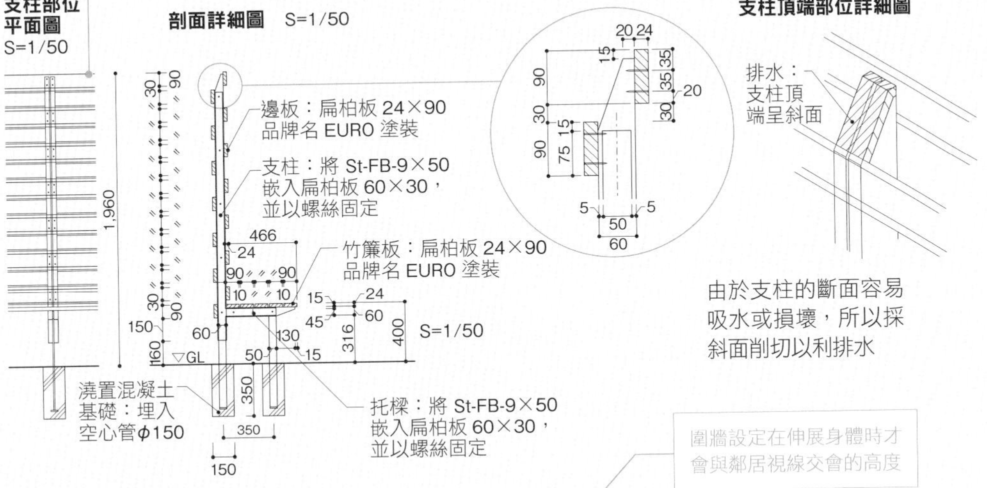
邊板：扁柏板 24×90
品牌名 EURO 塗裝
支柱：將 St-FB-9×50
嵌入扁柏板 60×30，
並以螺絲固定
竹簾板：扁柏板 24×90
品牌名 EURO 塗裝
托樑：將 St-FB-9×50
嵌入扁柏板 60×30，
並以螺絲固定
澆置混凝土
基礎：埋入
空心管φ150
1,960
466
24
90
10
60
150
160
▽GL
50
130
15
45
316
400
350
S=1/50
排水：
支柱頂
端呈斜面
20 24
35
20
30
75
5
50
60

由於支柱的斷面容易吸水或損壞，所以採斜面削切以利排水

圍牆設定在伸展身體時才會與鄰居視線交會的高度

**剖面圖（與鄰家之間的關係）** S=1/120

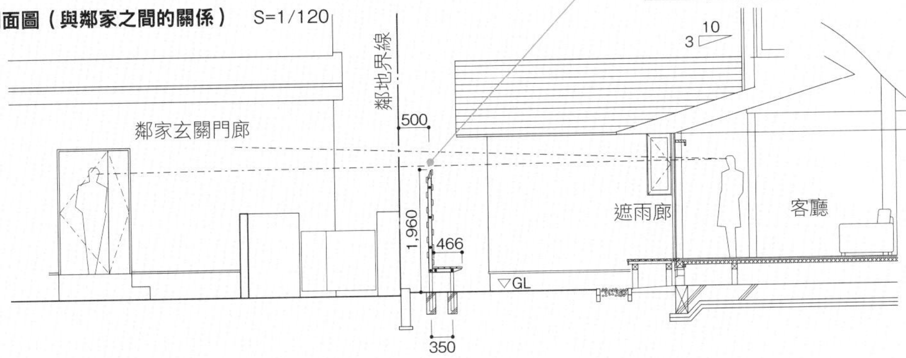
鄰地界線
鄰家玄關門廊
500
1,960
466
350
▽GL
遮雨廊
客廳
10
3

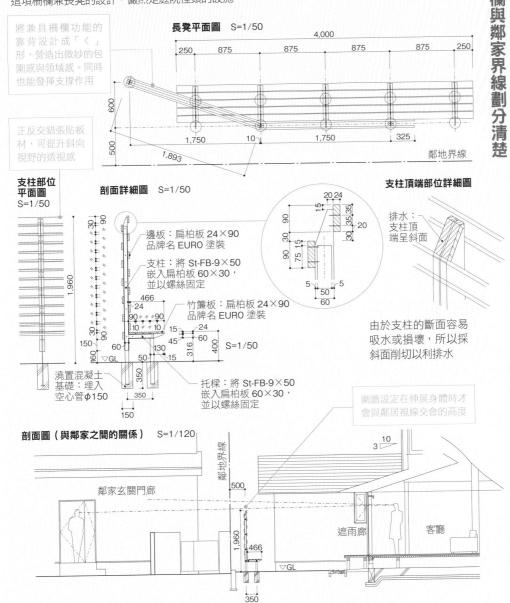

## CASE 1-3 以「交錯重疊的木板圍欄」營造空間深度感

在木板圍牆與木門前面設置植栽，增添空間深度感。

木板圍牆與木門能夠散發恬靜風情。這道圍牆採用花旗松板並以「交錯重疊」工法打造而成。這種縱向鋪排木板的工法是在柱子與柱子之間架設橫樑，然後像夾住橫樑一樣，從正反兩側交錯張貼木板。正面看不到木板間的空隙，但從側面就能看見。這個空隙有助於通風。因此既遮蔽視線又能確保通風。此外，由於建地高於道路 40cm 左右，所以木板圍牆高度只須設定在 130cm，這樣一來從外部看是一般高度，但從建地內部看則是矮圍牆。（小谷野榮次）

由於車庫和前庭間有木門相連，所以動線相當流暢。

這是由交錯重疊的木板圍欄和格子組成的圍牆。這種頗搭洋式住宅的設計兼具通風與視線開闊感。

**交錯重疊的木板圍欄剖面圖**
S=1/30

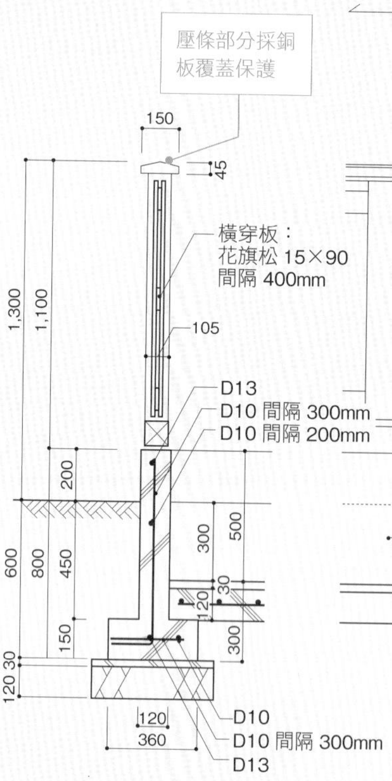

壓條部分採銅板覆蓋保護
150
45
橫穿板：
花旗松 15×90
間隔 400mm
105
D13
D10 間隔 300mm
D10 間隔 200mm
1,300
1,100
200
600
800
450
150
300
500
30
120
300
120 30
120
360
D10
D10 間隔 300mm
D13


**交錯重疊的木板圍欄立面圖**
S=1/30

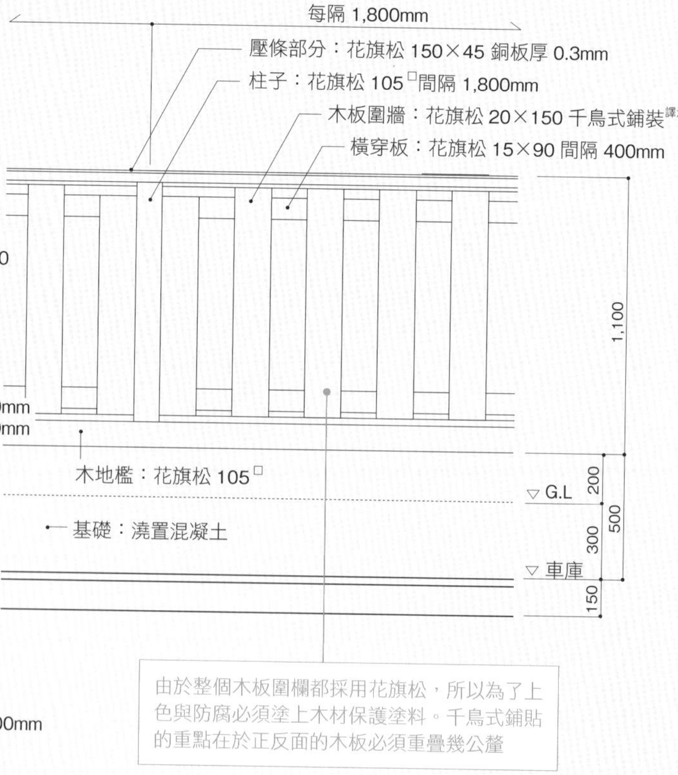

每隔 1,800mm
壓條部分：花旗松 150×45 銅板厚 0.3mm
柱子：花旗松 105□間隔 1,800mm
木板圍牆：花旗松 20×150 千鳥式鋪裝譯注
橫穿板：花旗松 15×90 間隔 400mm
1,100
木地檻：花旗松 105□
▽ G.L
基礎：澆置混凝土
▽ 車庫
200
300
500
150
由於整個木板圍欄都採用花旗松，所以為了上色與防腐必須塗上木材保護塗料。千鳥式鋪貼的重點在於正反面的木板必須重疊幾公釐


譯注：正反面的木板有重疊部分。

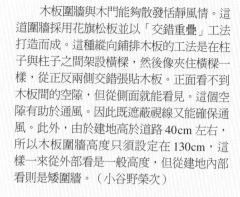

CASE 1-4

## 交錯張貼柳杉板圍牆

對居住在住宅密集地的住戶來說，最在意的就是外來視線。這棟住宅的建地邊界能一方面保有隱私，一方面使建築物散發都會住宅的親近感。柳杉板以交錯鋪貼法橫跨支柱兩側構成木板圍牆，不僅遮蔽視線，板與板之間的空隙也助於採光通風。還有，木板圍牆底部採鏤空設計，因此忽隱忽現的庭院植栽，能營造出對外的開放感。

（長濱信幸）

**木板圍牆剖面圖** S=1/15

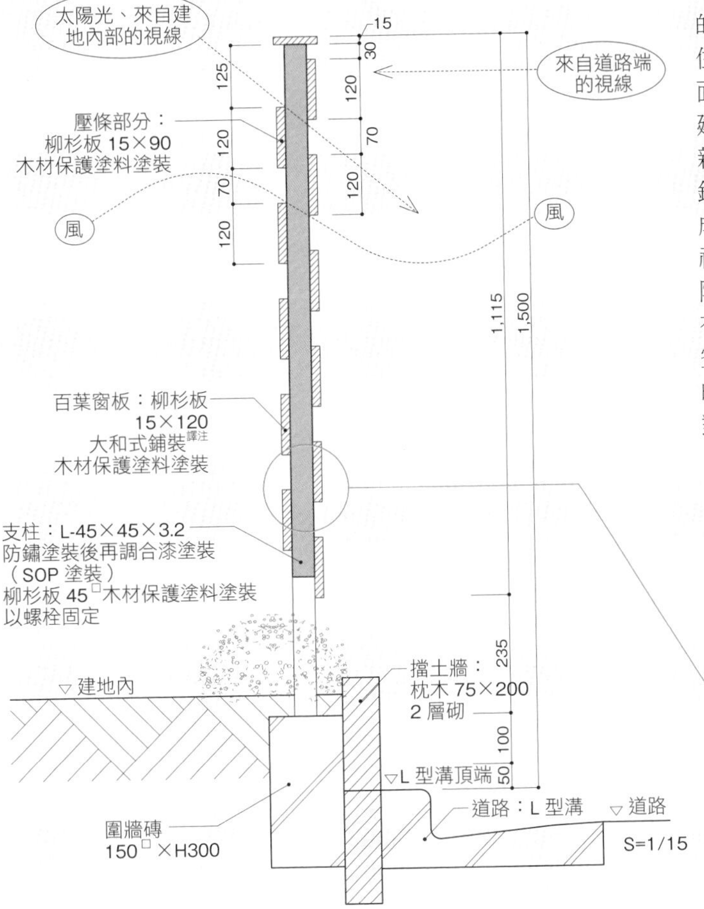
太陽光、來自建地內部的視線
來自道路端的視線
壓條部分：
柳杉板 15×90
木材保護塗料塗裝
風
風
百葉窗板：柳杉板
15×120
大和式鋪裝譯注
木材保護塗料塗裝
支柱：L-45×45×3.2
防鏽塗裝後再調合漆塗裝
（SOP 塗裝）
柳杉板 45□木材保護塗料塗裝
以螺栓固定
建地內
擋土牆：
枕木 75×200
2 層砌
L 型溝頂端
道路：L 型溝
道路
圍牆磚
150□×H300
S=1/15
15
30
120
70
120
125
120
70
120
1,115
1,500
235
100
50
這種鋪貼法會阻擋平視的視線，只能從向下斜視的角度往內窺探。利用條狀木板和圍牆厚度就能夠掌控視野範圍

**支柱周圍詳細圖** S=1/15

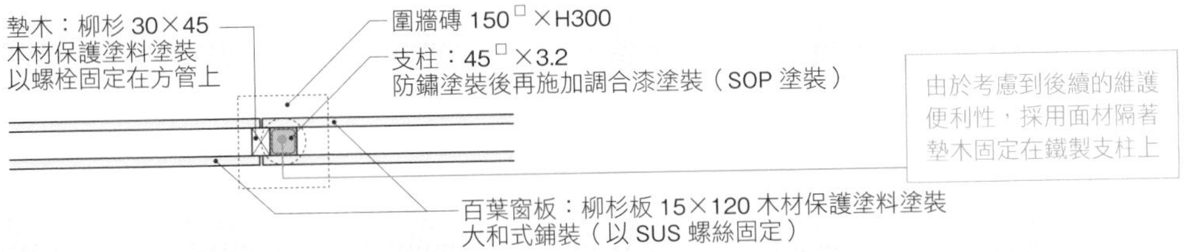
墊木：柳杉 30×45
木材保護塗料塗裝
以螺栓固定在方管上
圍牆磚 150□×H300
支柱：45□×3.2
防鏽塗裝後再施加調合漆塗裝（SOP 塗裝）
由於考慮到後續的維護便利性，採用面材隔著墊木固定在鐵製支柱上
百葉窗板：柳杉板 15×120 木材保護塗料塗裝
大和式鋪裝（以 SUS 螺絲固定）

建地內的植物會慢慢生長，然後從圍牆縫隙探出頭到道路上。

木頭選擇與建築物不同的顏色，能夠減輕壓迫感。

譯注：正反面的木板無重疊部分。

CASE 1-5

# 設在鄰地界線上的木製百葉牆

在配合建地形狀之下所打造的三角形露台上，設有一道木製百葉牆。這道百葉牆對外封閉起室外空間，形成與室內空間相通的一體空間。

百葉牆能確保隱私，同時能遮住鄰家廁所的窗戶或室外空調機等，提升自家的室內環境品質。再加上防盜效果佳，即使多設置一些窗戶也不必擔心。像本案例這樣在沒有足夠寬敞的建地上建造建築物時，在瀕臨建地界線上設置木製百葉牆是解決建地狹小的良策。（根來宏典）

從LDK望向三角形露台，設置在鄰地界線上的木製百葉牆，高度超過5m50cm。

木製百葉窗剖面圖　S=1/25

75 75
由於這塊建地靠近海邊，所以鋼製角材施加熱浸鍍鋅可避免鹽害發生
L-150×90×12
熱浸鍍鋅
2,800
69
21
L-6×65×65
熱浸鍍鋅
外部
露台
2,730
木製百葉牆：40×90
在香柏間隔 90mm 上塗木材保護塗料
L-150×90×12
熱浸鍍鋅
10
在柳杉踏腳板上塗木材保護塗料
163
470
307
75 75
250
180
600
利用平價柳杉踏板組成厚實且寬幅的地板


三角形的露台平面圖　S=1/150

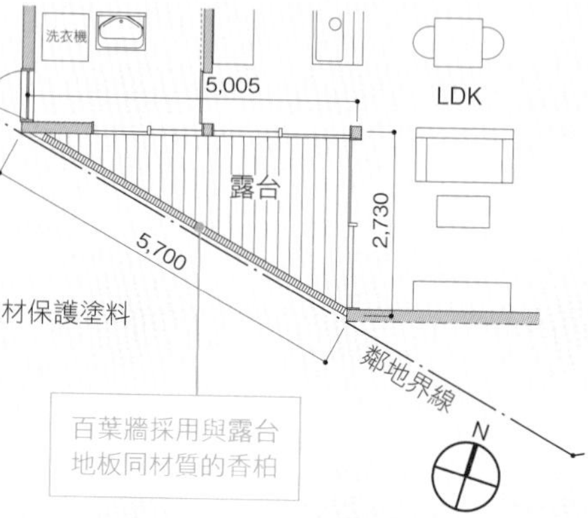

洗衣機
5,005
LDK
露台
2,730
5,700
鄰地界線
N
百葉牆採用與露台地板同材質的香柏

出到露台可看到被切成三角形的天空。室內與室外的地板無高低落差。

從鄰地看到的木製百葉牆外觀。上下以鋼製角材支撐；中間設有防震固定鐵件。

照片 鈴木康彥

CASE 1-6

# 兼具開放感與防盜性的列柱

本案例摒棄圍牆帶給人的厚重感，改採列柱支撐通道上方的屋簷，營造輕快的邊界。列柱具有採光通風、良好視野等優點，能夠獲得適度開放感，使邊界通道成為明亮、清爽又寬敞的空間。此外列柱看似開放，卻也具備防盜效果。還有，電錶類可設置在從道路端就能查看的位置、以及即使放任家犬在庭院裡溜達，也不用擔心家犬跑到街道上。

（倉島和彌）

拆除既有混凝土磚牆，設置木頭列柱可為用路人帶來好心情。

長通道改成緩坡。由於屋簷夠深夠長，因此不必擔心被雨淋溼。

**門廊剖面圖** S=1/50

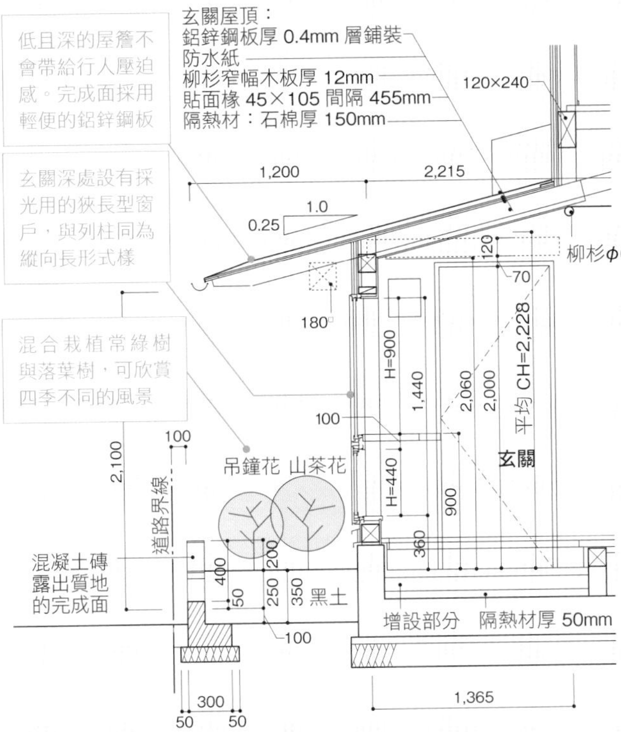
低且深的屋簷不會帶給行人壓迫感。完成面採用輕便的鋁鋅鋼板
玄關深處設有採光用的狹長型窗戶，與列柱同為縱向長形式樣
混合栽植常綠樹與落葉樹，可欣賞四季不同的風景
玄關屋頂：
鋁鋅鋼板厚 0.4mm 層鋪裝
防水紙
柳杉窄幅木板厚 12mm
貼面椽 45×105 間隔 455mm
隔熱材：石棉厚 150mm
120×240
1,200
2,215
1.0
0.25
柳杉φ60
120
70
180
H=900
1,440
2,060
2,000
平均 CH=2,228
100
H=440
900
360
玄關
吊鐘花 山茶花
道路界線
2,100
100
混凝土磚露出質地的完成面
400
50
200
250
350
黑土
100
增設部分 隔熱材厚 50mm
300
50
50
1,365

**門廊平面圖**
S=1/200

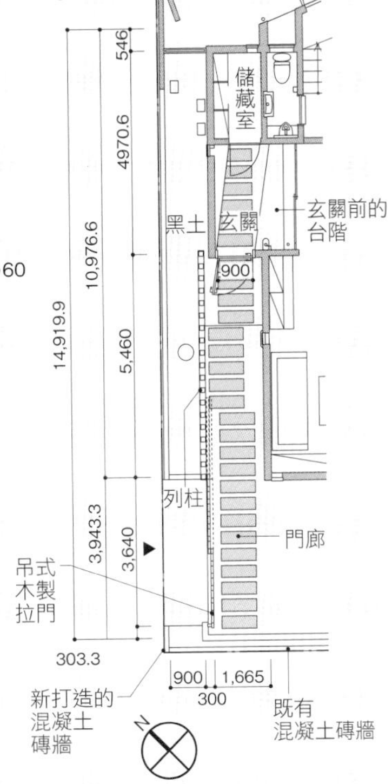
1,365 910 910
546
4970.6
10,976.6
14,919.9
5,460
3,943.3
3,640
303.3
儲藏室
黑土
玄關
玄關前的台階
900
列柱
門廊
吊式木製拉門
900 1,665
300
新打造的混凝土磚牆
既有混凝土磚牆
N

深長的低屋簷使這棟住宅看起來更加開闊。右側是兩扇推拉門和等間距的列柱。推拉門內側是車庫。

CASE 2-1

# 利用條紋式樣設計兩種效果的完成面

擋土牆上的排水孔有一半是虛設。

住宅地的擋土牆設計大多枯燥乏味。其中的原因或許出於這項工程是由土木工程負責，而非建築工程。本案例設有 4m 高的擋土牆，牆面採澆置清水混凝土，並間隔施加剁斧面（龍眼面）處理，使表面產生條紋紋樣，增添牆面變化。

另外，精心設計兩種完成面的接合縫隙深度。高度不一的圓形聚氯乙烯管排水孔周圍也是削切成四角形，其中有一半是虛設的排水孔，這些都是為了使灰縫看起來粗細一致。（諸角敬）

剁斧面處理過的牆壁與清水混凝土牆壁呈規律排列。

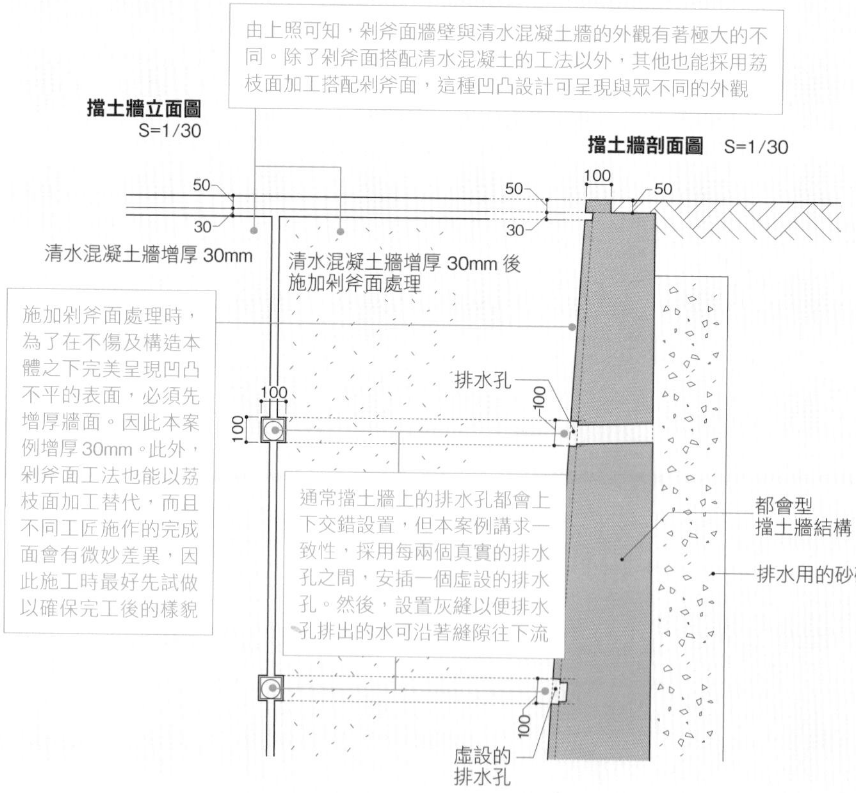
由上照可知，剁斧面牆壁與清水混凝土牆的外觀有著極大的不同。除了剁斧面搭配清水混凝土的工法以外，其他也能採用荔枝面加工搭配剁斧面，這種凹凸設計可呈現與眾不同的外觀
擋土牆立面圖
S=1/30
擋土牆剖面圖 S=1/30
100
50
30
50
30
50
清水混凝土牆增厚 30mm
清水混凝土牆增厚 30mm 後施加剁斧面處理
施加剁斧面處理時，為了在不傷及構造本體之下完美呈現凹凸不平的表面，必須先增厚牆面。因此本案例增厚 30mm。此外，剁斧面工法也能以荔枝面加工替代，而且不同工匠施作的完成面會有微妙差異，因此施工時最好先試做以確保完工後的樣貌
排水孔
100
100
100
通常擋土牆上的排水孔都會上下交錯設置，但本案例講求一致性，採用每兩個真實的排水孔之間，安插一個虛設的排水孔。然後，設置灰縫以便排水孔排出的水可沿著縫隙往下流
都會型擋土牆結構
排水用的砂礫
100
虛設的排水孔

CASE 2-2

## 鋪設天然石

這塊建地的南邊呈不規則形的斜坡，因此首先考慮南側崖壁的處理。除了做為擋土牆以外，也企圖將這裡打造成能夠觀賞崖壁上花朵盛開的庭院。這個想法是出於剛好收到營造業者原本要處理掉的庭院石頭，所以決定利用天然石來堆砌擋土牆。

庭院造景方面則交給造園業者，崖壁高度設限在不需要擬定構造面對策即可施工的範圍以內，鋪排成緩坡。雖然這裡朝北沒有良好的日照條件，但只要種上可在石縫間生長的植物，就能打造出一座石頭、綠景與花的斜坡庭院。在建築計畫當中，擋土牆是相當棘手的部分，不過還是有很多的發揮空間。（松澤靜男）

從和室眺望天然石構成的擋土牆。雖然綠景不多，但經年累月後就會搖身一變為美麗的庭院。

在縫隙間種植小樹或花草，不但能預防土壤流失還能欣賞花草。

擋土牆剖面圖

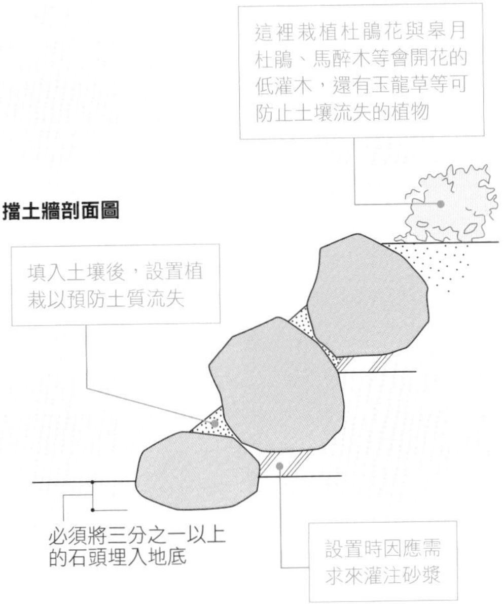
這裡栽植杜鵑花與皋月杜鵑、馬醉木等會開花的低灌木，還有玉龍草等可防止土壤流失的植物
填入土壤後，設置植栽以預防土質流失
必須將三分之一以上的石頭埋入地底
設置時因應需求來灌注砂漿

擋土牆和 1F 平面圖 S=1/200

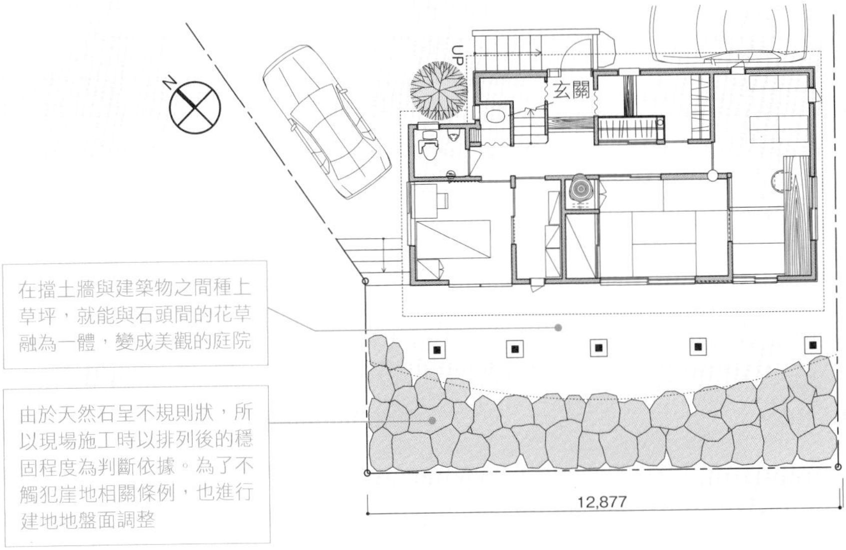
UP
玄關
N
在擋土牆與建築物之間種上草坪，就能與石頭間的花草融為一體，變成美觀的庭院
由於天然石呈不規則狀，所以現場施工時以排列後的穩固程度為判斷依據。為了不觸犯崖地相關條例，也進行建地地盤面調整
12,877

# 擋土牆即是建築物的外牆

由於擋土牆也是建築物的外牆，所以為了使外觀看起來不死板，配有花圃、窗戶、階梯等。從外觀可窺見極富美麗變化、自然與人工共同形成的表情。

這是不造擋土牆而是利用建築物來處理建地與道路之間落差（1.7～2.5m）的案例。一般擋土牆底板深度必須與其高度相同，但假設改採縮短建築物的深度，做成與道路平行的細長形住宅的話，那麼從地面挖掘的土量也和擋土牆的差不多（只是由於不回填，所以殘土量會增加）。這種方式既合理，且最大的優點是不必建造面向道路的混凝土牆。（諸角敬）

位於地下室的RC造部分與上部的木造兩層樓建築，分別是各自獨立的建築物。雖然地下室的RC造部分承受垂直載重，但地震時所承受的地震力則由各自承擔

**剖面圖** S=1/150

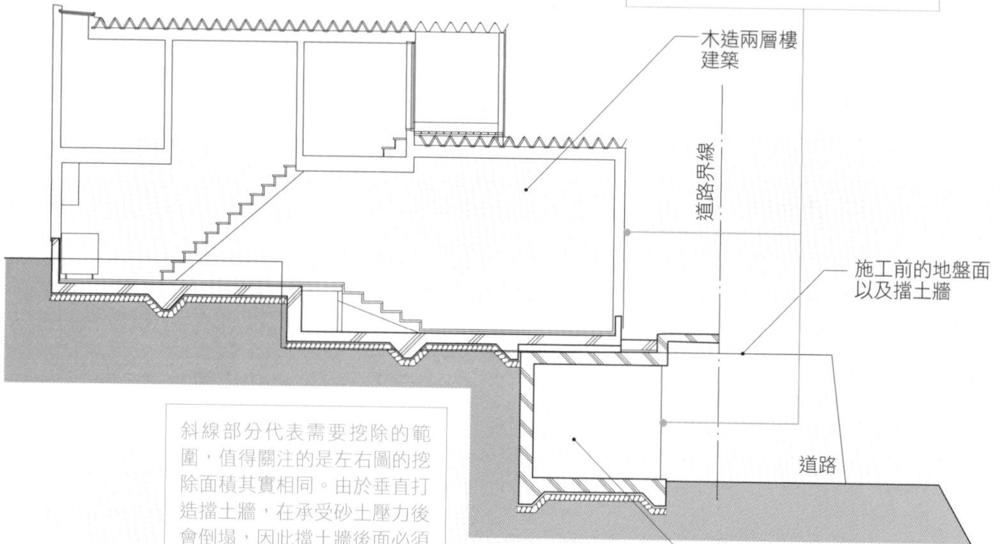
木造兩層樓建築
道路界線
施工前的地盤面以及擋土牆
道路
RC造 地下室

斜線部分代表需要挖除的範圍，值得關注的是左右圖的挖除面積其實相同。由於垂直打造擋土牆，在承受砂土壓力後會倒塌，因此擋土牆後面必須設置大面積底板以分擔壓力。此外，如左圖所示，假設挖除的土壤可用於建築物的話，就不需要處理回填土。但是，如右圖的擋土牆例子，就不得不回填，是既費工又花錢的做法

**概念圖** S=1/120

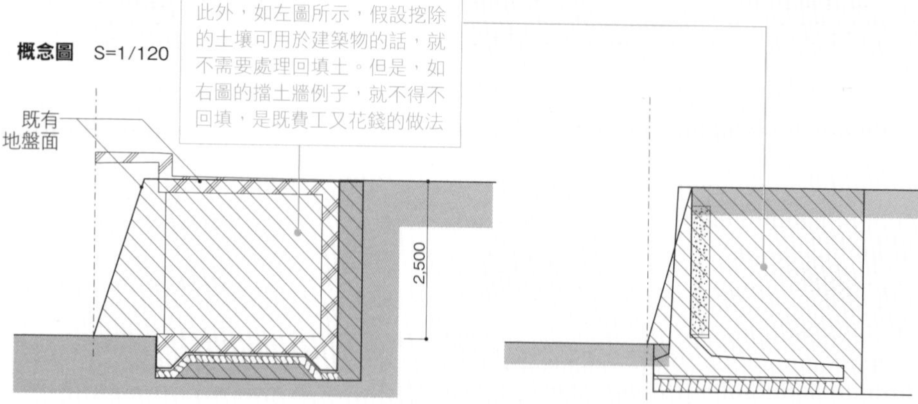
既有地盤面
2,500

column

# 探訪京都的外觀設計 1

## 1 格子

格子能夠曖昧區隔外與內、公與私，其種類多樣，設計方面則以商家或建築的用途而定。左上這張照片，商家兩側緊挨著鄰居，唯一的開口部正面也緊鄰道路。因此，這裡利用採光通風俱佳的格子，一面阻隔外來視線，一面確保室內看向外部的視野。

每年一到祇園祭期間，京都室町一帶就會拆下格子，公開展示陳設於屋內的和服或古董等。換句話說，在祭典節日這段期間，室內就是展示場＝公共空間。由此可見，可調和內外關係的格子是相當優良的設計。

## 2 玄關前的小庭院

左邊中間這兩張商家照片，是建在城鎮裡的都市型住宅。由於周圍是住宅密集地，所以難以確保外觀設計。因此，即便只有一點點的空間也會規劃成小型庭院，並鋪排石頭或瓦片以迎接行人到訪。

## 3 設備的外殼設計

京都、祇園周邊是以經營茶屋發跡的場所，這裡保存了昔日街景風情。以往，夏日常見灑水消暑和懸掛風鈴的景象；以及冬天必備火盆這種構造簡單的機器設備，現今已不復使用。

時至今日，茶屋的功能依舊存在，甚至發展成餐廳或酒吧、旅館、住宅等用途。此時若不加裝冷暖房，勢必會對生活造成影響。只是，一旦加設空調室外機或瓦斯錶等各式各樣的機器設備後，即便是富有獨特風情的建築物也會破壞街道的景觀。左下這些照片在包覆設備的外殼設計上，可見用心頗深。像是利用竹子編織、只在室外機的供排氣地方開設空隙、採用與外牆一體感的設計、在電錶類設置查看用的窺視窗……。這些商家的生活智慧，若也能應用到現代一般住宅的外觀上就再好不過了。（吉原健一）

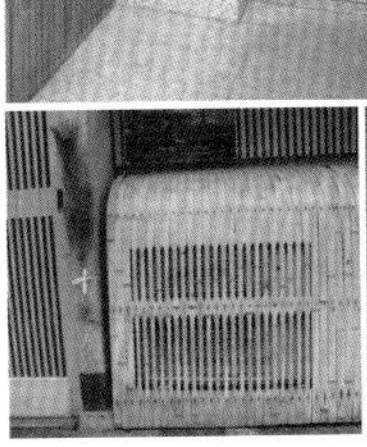

上——曖昧地隔開空間用的格子。木棧斷面講究梯形形狀，而且從室內可窺見外部狀況，但從外部卻看不到室內。
中——在玄關前或空隙空間上，都設置石頭或植栽以豐富街道景觀。
下——採用外牆同樣的素材或利用竹子包覆縱向排水管或機器設備。式樣豐富，可應用在外觀設計上。

CASE 3-1

## 享受四季風情的庭院

關於植栽計畫，設計者能決定的範圍有多大是視情況而定。本案例採取向造園師諮詢，內容包含建築物的概念和希望營造的庭院氣氛，還有窗前植栽規劃，發揮阻隔鄰家視線的機能性、以及使通道隱藏在樹枝下營造層次感等。

在獲得造園師提供的樹種選擇或設置等提案後，又聆聽屋主需求，同時考量植栽特性以及當下是否容易購買等條件，最後擬定具體的樹種與栽植位置計畫。（安井正）

夏庭裡這株繡球花是屋主一直相當珍惜的植栽，所以從舊地移植過來。夏天能夠欣賞鄰家百日紅盛開的美景

春庭是隔壁國中校園內的櫻花。這裡規劃成可向四周借景的庭院

**植栽計畫平面圖**
S=1/200

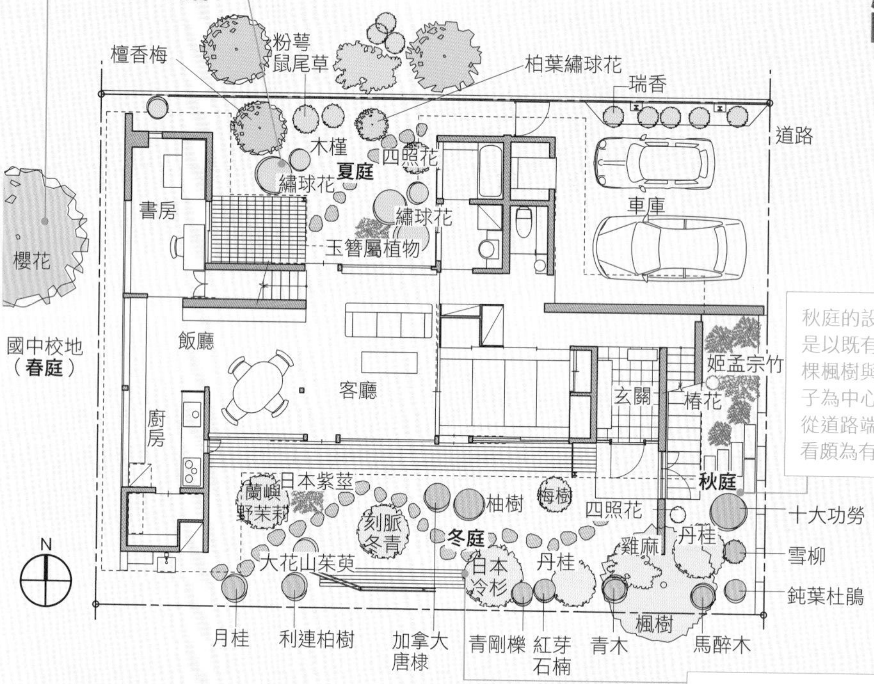
檀香梅
粉萼鼠尾草
柏葉繡球花
瑞香
道路
木槿
四照花
夏庭
繡球花
書房
繡球花
車庫
玉簪屬植物
櫻花
飯廳
國中校地
（春庭）
客廳
姬孟宗竹
玄關
椿花
廚房
日本紫莖
蘭嶼野茉莉
柚樹
梅樹
四照花
秋庭
十大功勞
刻脈冬青
冬庭
雞麻
丹桂
雪柳
大花山茱萸
日本冷杉
丹桂
鈍葉杜鵑
月桂
利連柏樹
加拿大唐棣
青剛櫟
紅芽石楠
青木
楓樹
馬醉木
N

秋庭的設計是以既有大棵楓樹與竹子為中心。從道路端觀看頗為有趣

冬庭裡有顆屋主小孩還小時，為了裝飾成聖誕樹所種下的日本冷杉，對屋主來說這棵樹有著滿滿的回憶

小竹林旁是既有楓樹（左前方）；背後是混凝土牆，這片小竹林使外觀有了被風吹使沙沙作響的印象。

CASE 3-2

## 柔美地模糊界線

道路與建築物之間的界線不用圍牆區隔範圍，而是以植栽圍繞建築物。盡可能從舊地既有的樹木移植過來，通道則做成蛇行路線。翼牆與門柱形成的結界，使外觀既開放又散發令外人卻步的氣氛。（落合雄二）

平面圖　S=1/200

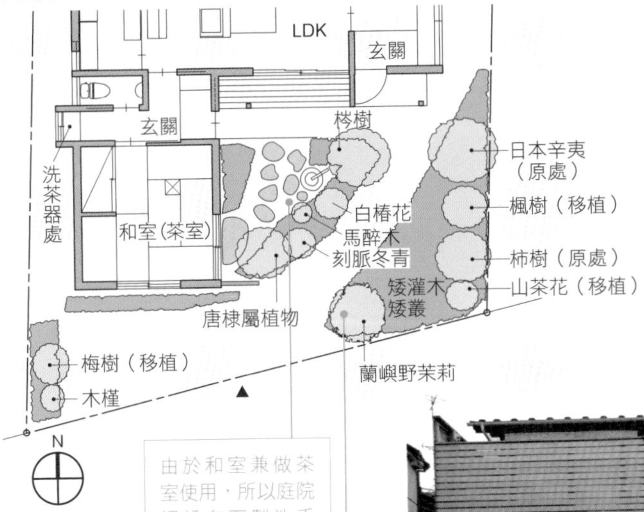
LDK
玄關
玄關
洗茶器處
和室（茶室）
桜樹
日本辛夷（原處）
楓樹（移植）
白椿花
馬醉木
刻脈冬青
柿樹（原處）
矮灌木
矮叢
山茶花（移植）
唐棣屬植物
蘭嶼野茉莉
梅樹（移植）
木槿
N

由於和室兼做茶室使用，所以庭院裡設有石製洗手盆，這裡種有稱為白椿花的茶花樹

善用既有樹木遮蔽玄關門和一樓客廳，使外人無法直接窺探室內，慎選樹木將整個前庭打造成雜木林風格

不設置圍牆而是利用植栽包圍建築物，形成柔美的模糊界線。

CASE 3-3

## 迎賓用的外觀設計

本案例活用大棵既有楓樹，然後在大樹旁配置矮灌木或草木，藉此做出多樣樹種的林木茂盛景觀。屋主平時的維護，以及選在適當時機雇用造園師修剪，這些都是能確保植栽保持良好狀態，並且維持宜人氛圍不可或缺的細節。（安井正）

通道區域具有天然花園的意趣。

店鋪附近不但善用既有樹木，又以喬木、灌木、小草為主要植物布置植栽景觀

平面圖　S=1/150

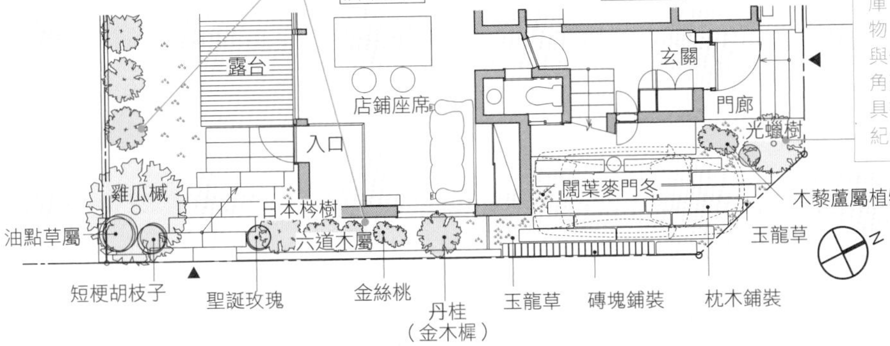
店鋪部分
住家部分
露台
店鋪座席
入口
玄關
門廊
光蠟樹
闊葉麥門冬
木藜蘆屬植物
玉龍草
雞瓜槭
油點草屬
日本桜樹
六道木屬
短梗胡枝子
聖誕玫瑰
金絲桃
丹桂（金木樨）
玉龍草
磚塊鋪裝
枕木鋪裝
N

在玄關門廊與車庫之間栽植植物，可區隔店鋪與住家的範圍。角落的光蠟樹是具有紀念價值的紀念樹

# 生活空間的延伸

既可保護隱私又可引進採光與通風，
帶來寬敞感的庭院、中庭、露台、陽台、棚架等設計

## 1 庭院 延展室內空間

### CASE 1-1 用鋼筋混凝土牆打造的中庭

這條通道是活用通往玄關的通道與道路之間約 2m 的落差，打造成如行徑雜木林裡的登山步道。

在玄關門廊旁的 RC 牆上開一扇小側門，使訪客能從這裡直接進入中庭。這面 RC 牆從外面貫穿到裡面，是具有開放感的牆壁，所以從室內望向露台的視野十分遼闊。（長谷部綠）

雖然門廊與中庭緊鄰隔壁，但中間隔著的RC牆不但能保護隱私，同時不會有侷限感。小側門的高度為1.2m，這道門意味著「歡迎親友隨時來訪」。

平面圖 S=1/250

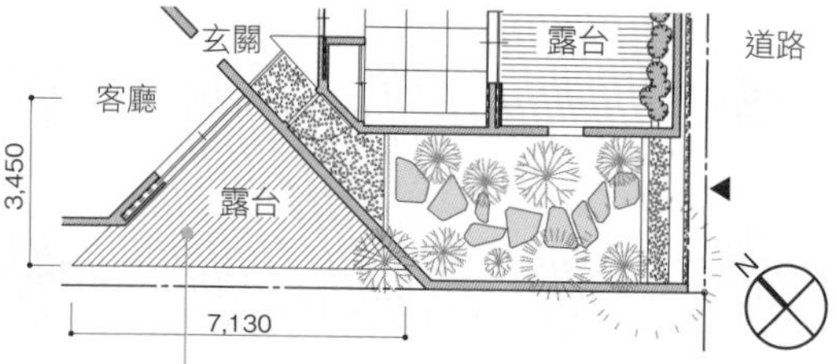
玄關
露台
道路
客廳
3,450
露台
7,130
N

被客廳與 RC 牆圍繞住的三角形戶外木平台。敞開推拉門，就能同時使用內外空間。此外，利用透視法原理，能夠感受到比實際更寬廣的空間

堅硬的混凝土與曲線的結合。雖然「小側門」高度較低不易出入，但採不設置門的開放設計，可兼顧隔離與親近兩種極端效果

小側門剖面圖 S=1/50

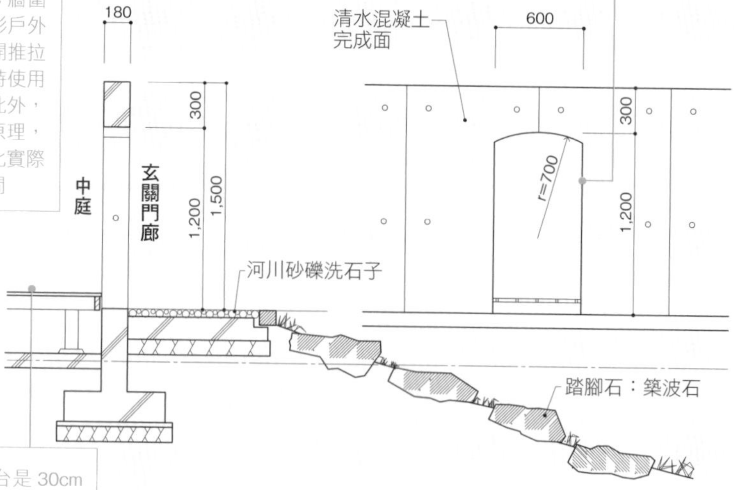
180
300
1,200
1,500
中庭
玄關門廊
清水混凝土完成面
600
300
r=700
1,200
河川砂礫洗石子
踏腳石：築波石

戶外木平台是 30cm 厚的扁柏板鋪設而成

CASE 1-2

## 分散設置庭院

這是分散設置庭院，使每個角落都能充分展現建地特性的例子。首先在建築物中央設置一個隱私與開放感兩全的中庭，然後將前庭布置成和室外的靜謐小庭院。浴室外面則規劃一處景觀浴池。雖然這兩個庭院的面積都不大，但都具有極佳的採光與通風效果，能讓環境變得更加舒適。（濱田昭夫）

浴室前用木製圍牆圍起來的景觀浴池。可一邊泡澡一邊欣賞綠景。

從高處俯看前庭，通往小巷道的通路旁鋪有砂礫。

從小巷道望向外玄關，通道左邊就是帶有靜謐感的前庭。

平面圖
S=1/200

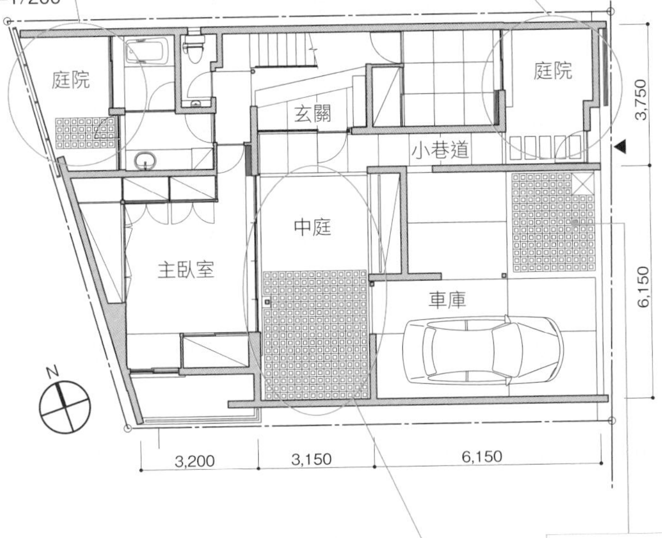
庭院
玄關
小巷道
庭院
3,750
中庭
主臥室
車庫
6,150
N
3,200
3,150
6,150

縷空磚（混凝土磚）尺寸
S=1/12

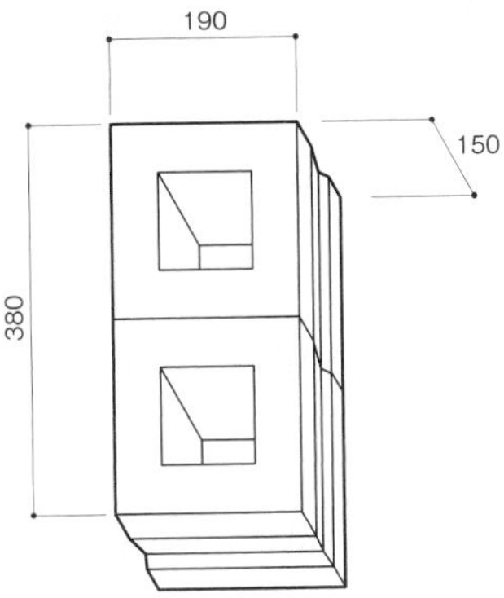
190
150
380

縷空磚的造型簡單且成本低。除了用於圍牆外，也能埋入混凝土地板裡。在縷空部位填入砂礫、或栽植草坪等變化，能欣賞不同外觀的樂趣

車庫地板是砂漿混凝土完成面，縷空磚僅埋設在車庫的一角。縷空磚的溫潤質感為無機的砂漿地板增添舒適層次感。另外，良好的滲透性能夠幫助車庫排放積水

種有植栽且明亮的中庭就設置在建築物中央。面向玄關前的小巷道。

庭院地板分別鋪設砂礫與縷空磚，以區隔區域。

# 封閉與開放兼備的縱格子

從飯廳看往中庭、迴廊的風景。這張照片深處的縱格子能夠和緩區隔外部與內部。

中庭四周的縱格子圍牆，能讓清爽的微風穿過格子吹進室內。外圍圍牆如寺院風格的格子，是從韓國民家、草家獲得的靈感。（川口通正）

在客廳望向中庭的視線中心點上，大膽地架設一根柱子製造距離感，然後藉由柱子柔和劃分出中庭與客廳的空間

迴廊有凹有凸且凹處設有桌椅，這裡是不必脫鞋就能喝杯茶的休憩空間

遮雨廊。同時是擺設插花的外部床之間

**平面圖** S=1/150

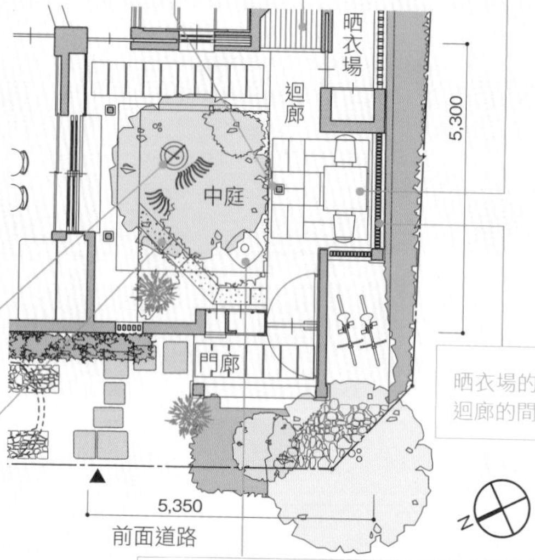
晒衣場
迴廊
中庭
門廊
5,300
5,350
前面道路

與屋主從京都搬回來一顆長滿青苔的石製洗手盆。為了調整高度，將下半部埋入地面

晒衣場的格子與迴廊的間隔不同

中庭以雞爪槭為中心，周邊配置雞麻、南天竹、馬醉木等各種植物

鋪上古老的大谷石，將門板、信箱與中庭的位置規劃在同一條斜線上

織部燈籠與石製洗手盆同樣是在京都買到的家具

**剖面圖** S=1/60

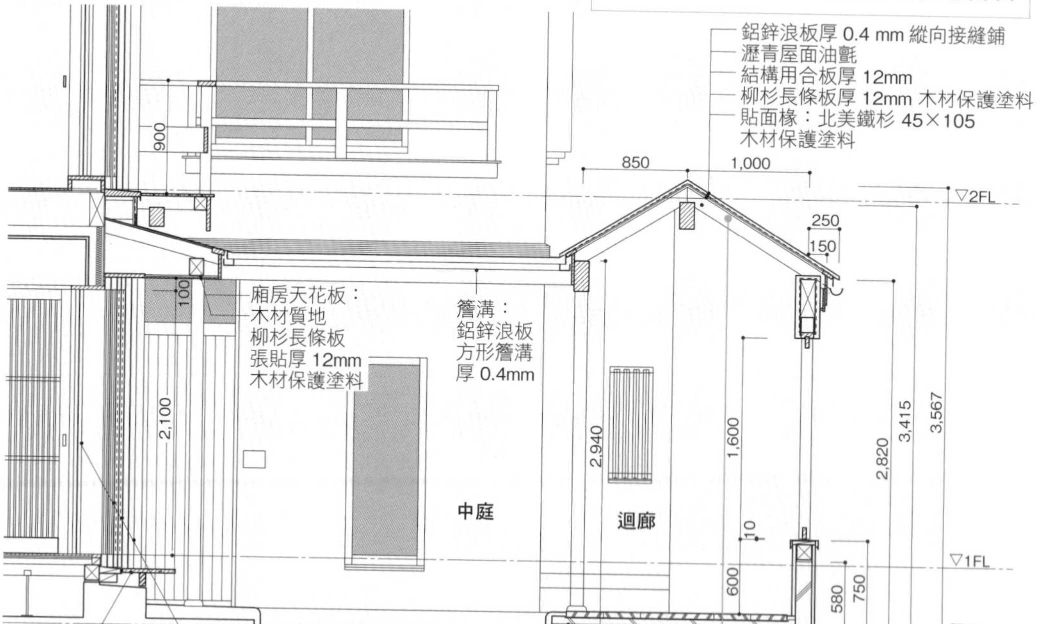
鋁鋅浪板厚 0.4 mm 縱向接縫鋪
瀝青屋面油氈
結構用合板厚 12mm
柳杉長條板厚 12mm 木材保護塗料
貼面椽：北美鐵杉 45×105
木材保護塗料
850
1,000
▽2FL
250
150
900
廂房天花板：
木材質地
柳杉長條板
張貼厚 12mm
木材保護塗料
100
簷溝：
鋁鋅浪板
方形簷溝
厚 0.4mm
2,100
2,940
1,600
2,820
3,415
3,567
中庭
迴廊
10
600
580
750
▽1FL
▽GL
150
300
長凳：
北美鐵杉厚 40mm
木材保護塗料
兩根觀景用的和室門厚 30mm
暗藏式雙扇滑動框門 北美鐵杉厚 45mm
玻璃（防盜複層玻璃）
暗藏式雙扇滑動紗門 北美鐵杉厚 40mm
防蟲銅網貼裝
木製暗藏式雙扇擋板厚 45mm
鑲板上貼有板金和通風縫隙

迴廊與雨庇天花板分成水平張貼與斜向張貼，從側面看具有變化

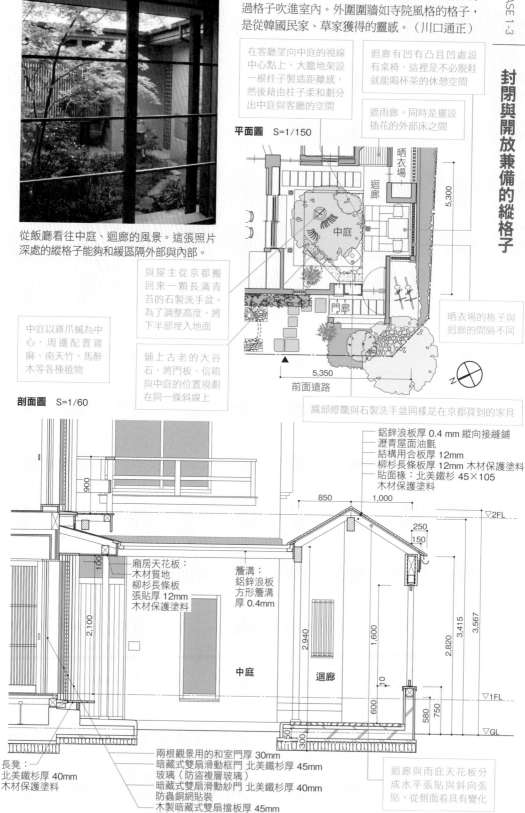

CASE 1-4

# 營造戶外客廳的氛圍

本案例在ㄇ形建築物的中心設置一座中庭，這座中庭是做為空間關係的緩衝區域。生活場所和遊玩場所、建地外部和內部等等，各種關係都圍繞著中庭自然地連接融合為一體。這裡也是客廳的延伸空間，所以地板完成面採用可赤腳踩踏的木頭材質。然後在中庭一角設置一個植栽空間。

木格子一側是通往玄關的通道，通道上方設有遮雨棚。這條通道區分出中庭與前庭，使舒適風導入中庭。（長濱信幸）

在中庭到外部這段距離，階段性設置遮雨棚廊道、前庭等空間。

白天受到陰影對比因素，從遮雨棚廊道無法看清楚屋內。

站在客廳兼飯廳處視線穿透中庭，可看到停放自行車的場所。由於自行車房門設在遮雨棚廊道那側，所以中庭側添設推拉門。

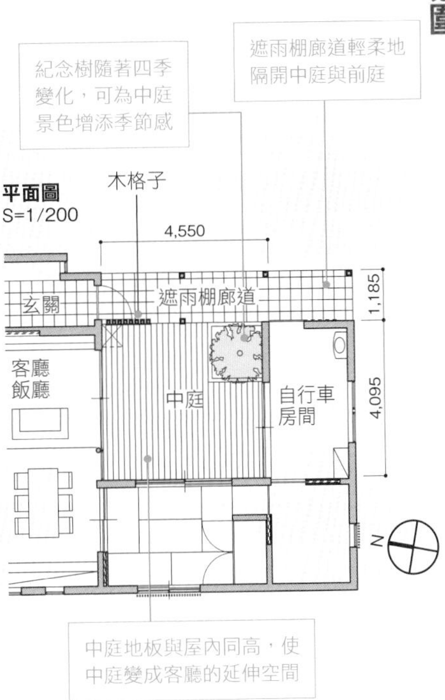
紀念樹隨著四季變化，可為中庭景色增添季節感
遮雨棚廊道輕柔地隔開中庭與前庭
平面圖
S=1/200
木格子
4,550
玄關
遮雨棚廊道
1,185
客廳
飯廳
中庭
自行車房間
4,095
N
中庭地板與屋內同高，使中庭變成客廳的延伸空間

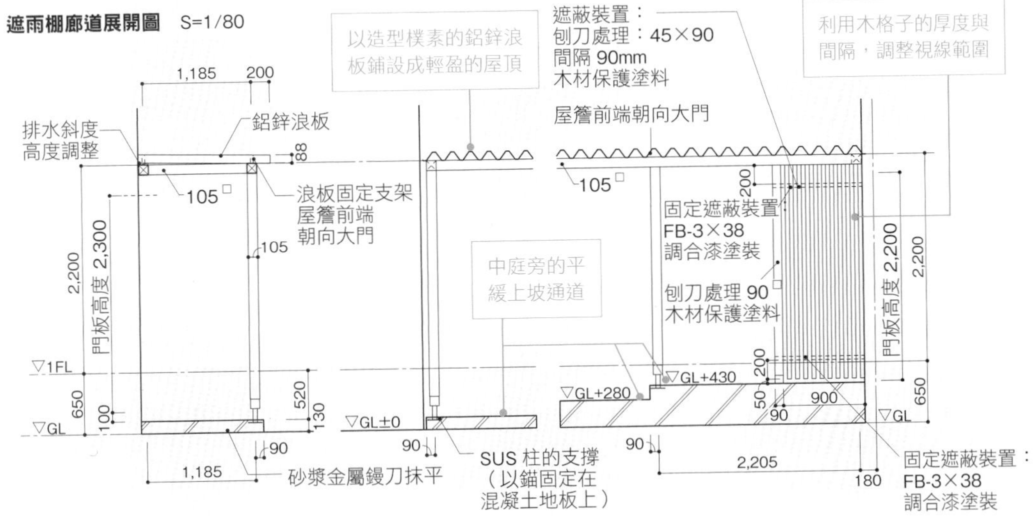
遮雨棚廊道展開圖 S=1/80
以造型樸素的鋁鋅浪板鋪設成輕盈的屋頂
遮蔽裝置：
刨刀處理：45×90
間隔 90mm
木材保護塗料
利用木格子的厚度與間隔，調整視線範圍
1,185
200
排水斜度高度調整
鋁鋅浪板
屋簷前端朝向大門
88
105□
浪板固定支架
屋簷前端
朝向大門
105
2,200
門板高度 2,300
▽1FL
650
100
▽GL
520
130
90
1,185
砂漿金屬鏝刀抹平
中庭旁的平緩上坡通道
▽GL±0
90
SUS 柱的支撐
（以錨固定在混凝土地板上）
105□
200
固定遮蔽裝置：
FB-3×38
調合漆塗裝
刨刀處理 90□
木材保護塗料
▽GL+280
▽GL+430
200
50
900
90
門板高度 2,200
2,200
650
▽GL
90
2,205
180
固定遮蔽裝置：
FB-3×38
調合漆塗裝

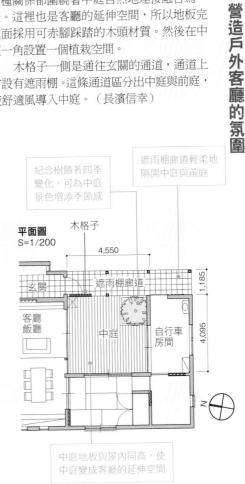

CASE 1-5

# 空間朝橫方向和縱方向延伸

親世代、子世代雙方無論何時都能泡在各自的浴缸中，盡情欣賞庭院風景。

這是一棟二世代住宅，親世代與子世代隔著中庭相互對望。在二世代住宅的邊界上設有各自專用的浴室，泡在各自的池子裡可邊欣賞共有的中庭景觀。子世代的客廳、飯廳前的戶外木平台是室內的延展空間。從這裡的螺旋梯往上走就是位於浴室樓上的晒衣場，也能從外面進出位於二樓的遊戲房。中庭存在使客廳不只是橫向空間，也能朝縱向擴展。此外，戶外木平台的周圍空出地面種植植栽。這些植物除了提供四季風景以外，也能適當遮蔽私生活空間，確保彼此隱私。（十文字豐）

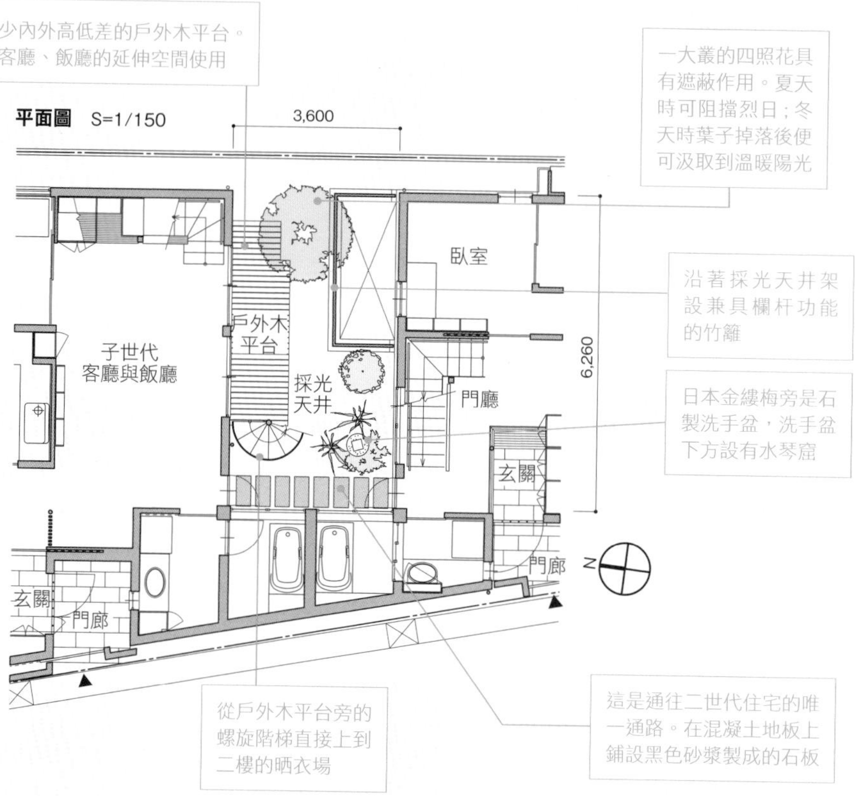
盡量減少內外高低差的戶外木平台。可當做客廳、飯廳的延伸空間使用
一大叢的四照花具有遮蔽作用。夏天時可阻擋烈日；冬天時葉子掉落後便可汲取到溫暖陽光
平面圖　S=1/150
3,600
6,260
臥室
沿著採光天井架設兼具欄杆功能的竹籬
戶外木平台
子世代客廳與飯廳
採光天井
門廳
日本金縷梅旁是石製洗手盆，洗手盆下方設有水琴窟
玄關
門廊
N
玄關
門廊
從戶外木平台旁的螺旋階梯直接上到二樓的晒衣場
這是通往二世代住宅的唯一通路。在混凝土地板上鋪設黑色砂漿製成的石板

螺旋階梯的旁邊是浴室。上方的木製格子可遮蔽外來視線。

子世代的客廳採挑空設計，和戶外木平台、中庭連成一區。

column

# 探訪京都的外觀設計2

## 1 巷道空間

京都當地稱巷道空間為「ROJI」。商家的建地都是「外窄內深」型，然而這種像籤詩狀的建地並非排列得整齊規律。而且建地深處常常是蓋滿住宅。因此，條狀建地與條狀建地之間的長巷道就成為通往各戶人家的通道，巷道入口處掛滿各家門牌。

在巷道上，或架起兩層樓高的建物，或供奉地藏王菩薩。這個不可思議的空間常常讓人迷路、分不清內外。而且，寬度狹窄到張開雙手幾乎就能觸碰到左右兩端的牆壁，更別說是車輛進出，因此現在仍然是孩子們的最佳遊樂場所。

## 2 行燈

晚上到京都先斗町附近散步，可看到許多不同種類的照明器具。行燈以等距間隔擺設在深長「巷道」的一旁，圓形玻璃照明則裝設在商家外牆上打亮商號，其他還有以各鎮鎮徽來設計的燈籠。這些照明不只照亮腳邊或通路，也具有引導路線或使街道染上寧靜風情，這樣的演繹方法也相當耐人尋味。

## 3 牆面折疊板凳

以五金零件固定在住宅門旁的牆壁上，可收放坐板的裝置稱做「牆面折疊板凳」。這種昔日普遍的裝置原本是商家用來擺放商品、或與顧客談話時坐的板凳。現在在京都寺町大道上的古本屋等還保留這種裝置，除此之外幾乎看不到了。（吉原健一）

上——細長的巷道兩旁排列著無數間商家。巷道最深處供奉地藏王菩薩。
中——夜晚點上行燈後，立刻轉為雅致夢幻的氣氛。
下——古本屋店前，現在依舊使用的「牆面折疊板凳」。

# 2 戶外平台 打造另一個客廳

## CASE 2-1 設置圓弧形的戶外平台

這是在建築物的L形廣角開口部，設置圓弧狀的戶外木平台。圓弧形能加強戶外平台的遼闊感，具有更好的使用便利性。然後，利用外部空間連接起和室與客廳，就形成一條大弧度的動線。中央凸出的二樓陽台也是戶外平台的屋頂，屋頂下方也能當做晒衣場。在庭院設置戶外平台可省去除草等繁雜的維護工作，整體看起來也相當大方。本案例在一小部分栽植紀念樹，讓屋主一家擁有守護樹木成長的樂趣。（倉島和彌）

在戶外平台的一部分種上紀念樹，除了能控制採光通風外，也為生活帶來滋潤。

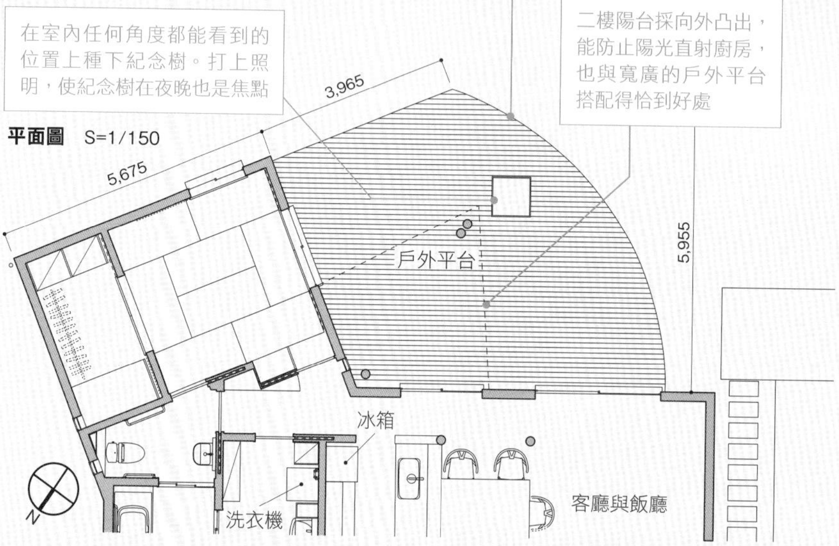

如同扇子展開狀態的圓弧形，將L形兩端的房間連接起來，使兩端房間的距離感覺被拉近
在室內任何角度都能看到的位置上種下紀念樹。打上照明，使紀念樹在夜晚也是焦點
二樓陽台採向外凸出，能防止陽光直射廚房，也與寬廣的戶外平台搭配得恰到好處
平面圖 S=1/150
3,965
5,675
5,955
戶外平台
冰箱
洗衣機
客廳與飯廳
N

平台整體感覺相當大方、寬廣。兩端房間看起來像是透過寬廣的走廊相通。中央上方向外尖出的陽台，為寬敞平台帶來不同變化。

陽台下方是晒衣場。這裡還有設置愛犬沖洗的空間。天氣好的時候，就能當做室內的一部分使用。

## CASE 2-2 連結兩個空間

這是當做廣場的平台，也是連結和室與客廳的過渡空間。統一客廳與平台的地板高度，就能營造更寬廣的視覺感受。此外，這裡設有吊床專用的鋼管。（長濱信幸）

由於和室地板墊高一層遮住窗戶下框，所以平台風景能一覽無遺。

和室上面是平台，樓上與樓下可隔空對話。

平面圖
S=1/150

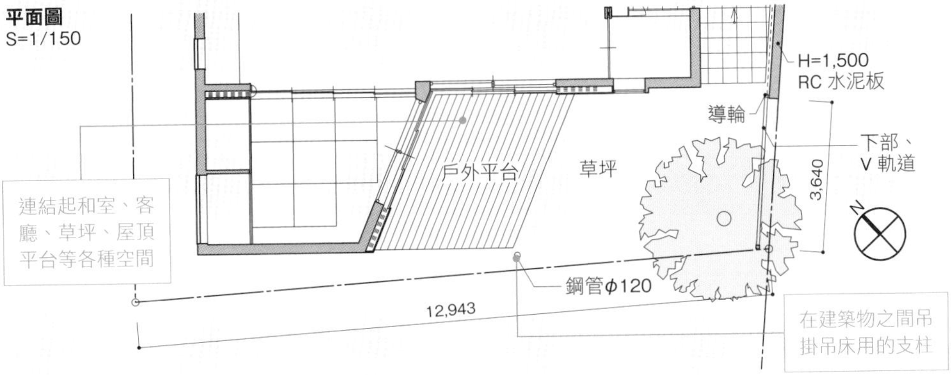
H=1,500
RC 水泥板
導輪
下部、
V 軌道
3,640
戶外平台
草坪
連結起和室、客廳、草坪、屋頂平台等各種空間
鋼管φ120
12,943
在建築物之間吊掛吊床用的支柱

## CASE 2-3 布置「玩樂舞台」

這是設置在鄰近道路的平台。平台道路側用木格子牆擋住外來視線，所以可做為室內的延伸空間盡情利用。這個場所既是孩子們的絕佳遊樂場，也是大人的休閒空間。走下平台來到前庭，腳下踩的石板因為做了設計變化，所以能營造狹小空間才有的趣味。（小谷野榮次）

平台高於前庭 85cm，且低於客廳 10cm，是暢通內外的通道。

平面圖 S=1/150

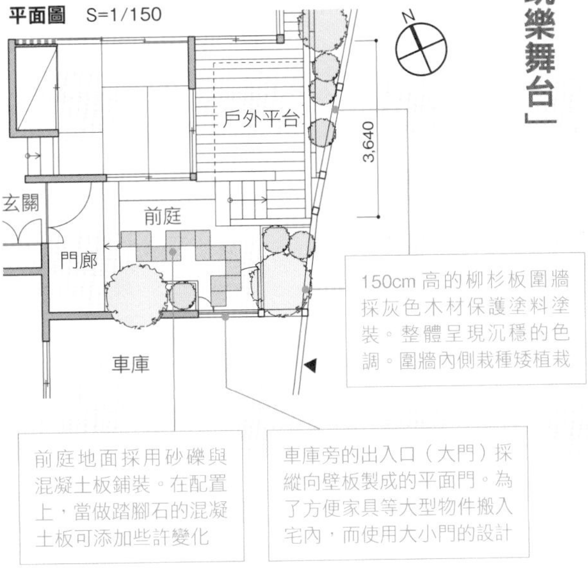
戶外平台
3,640
玄關
前庭
門廊
車庫
150cm 高的柳杉板圍牆採灰色木材保護塗料塗裝。整體呈現沉穩的色調。圍牆內側栽種矮植栽
前庭地面採用砂礫與混凝土板鋪裝。在配置上，當做踏腳石的混凝土板可添加些許變化
車庫旁的出入口（大門）採縱向壁板製成的平面門。為了方便家具等大型物件搬入宅內，而使用大小門的設計

# 通道兼遊樂場

和室外的寬敞戶外平台，是兼為飯廳、客廳、遊戲場的空間。室內外的大方格局讓屋主做家事時，能隨時隨地照看孩子們的狀態。由於不設置玄關，所以訪客也是經由戶外平台進入外玄關。另外，為了解決平台正對著道路沒有隱私這點，在前方裝設了木板圍牆，同時考量到小孩衝到道路上的危險性，將出入口的動線規劃成彎道。信箱則設置在側邊圍牆上，就可不用踏出外部收取郵件。這是以孩子為主要考量，既安心又安全的平台。（倉島和彌）

從戶外平台可見入口處外部的情況，並且車庫和平台中間的遮蔽板高度剛好能遮蔽外來視線，所以行人看不到宅內活動。這道遮蔽板還具有圍牆作用。

**平面圖** S=1/150

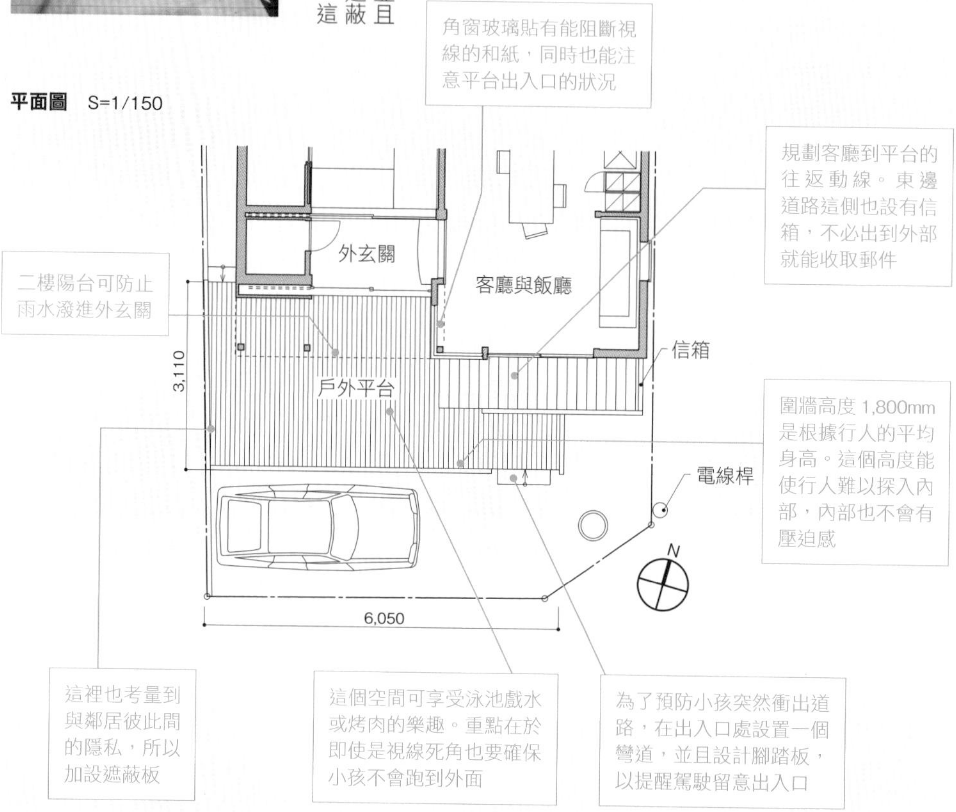
角窗玻璃貼有能阻斷視線的和紙，同時也能注意平台出入口的狀況
規劃客廳到平台的往返動線。東邊道路這側也設有信箱，不必出到外部就能收取郵件
二樓陽台可防止雨水潑進外玄關
外玄關
客廳與飯廳
信箱
3,110
戶外平台
圍牆高度1,800mm是根據行人的平均身高。這個高度能使行人難以探入內部，內部也不會有壓迫感
電線桿
N
6,050
這裡也考量到與鄰居彼此間的隱私，所以加設遮蔽板
這個空間可享受泳池戲水或烤肉的樂趣。重點在於即使是視線死角也要確保小孩不會跑到外面
為了預防小孩突然衝出道路，在出入口處設置一個彎道，並且設計腳踏板，以提醒駕駛留意出入口

在和室一邊摺衣服，一邊照看孩子們在平台玩耍的狀態。從平台進到外玄關這個空間也能迎接訪客。

由於兩面都緊鄰道路，所以模擬行人行走時的視線位置來設置木板圍牆，以確保內部隱私。棚架也考量日後維護或更換的方便性，與建築物分開設置。

照片 NEW HOUSE出版

CASE 2-5

# 以深屋簷覆蓋平台

本案例是在建地北邊與西邊建造兩棟完全分離的二世代住宅，並共用腹地廣大的庭院和車庫。然後將平台設置在面向庭院的這一側，即使是各自過各自的生活也能有共享同一個空間的感覺。

平台上方的屋簷比二樓陽台的寬度更深，所以下雨天也能利用這個半室外空間。前提是必須考量平台鋪材的耐久性。（根來宏典）

兩個世代的 LDK 都朝向草坪庭院。兩段式的平台連結起內外生活空間。

從室內延伸出來的樑有助加深建築物與陽台的一體感。

屋頂屋簷深度為 2m，而二樓陽台的深度是 1.4m，所以從下往上的視野頗有氣勢。

**共用庭院與車庫的二世代住宅平面圖**
S=1/200

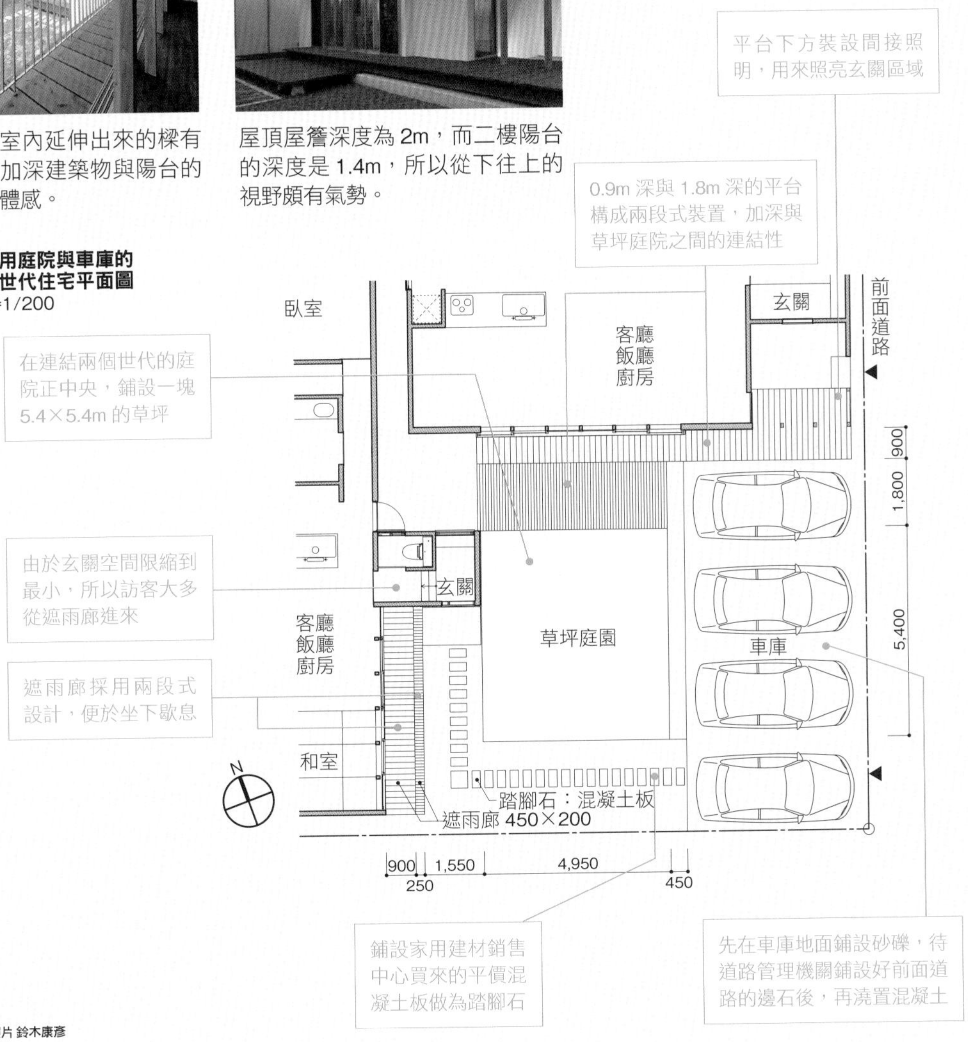
平台下方裝設間接照明，用來照亮玄關區域
0.9m 深與 1.8m 深的平台構成兩段式裝置，加深與草坪庭院之間的連結性
在連結兩個世代的庭院正中央，鋪設一塊 5.4×5.4m 的草坪
由於玄關空間限縮到最小，所以訪客大多從遮雨廊進來
遮雨廊採用兩段式設計，便於坐下歇息
鋪設家用建材銷售中心買來的平價混凝土板做為踏腳石
先在車庫地面鋪設砂礫，待道路管理機關鋪設好前面道路的邊石後，再澆置混凝土
臥室
客廳
飯廳
廚房
玄關
前面道路
草坪庭園
車庫
和室
踏腳石：混凝土板
遮雨廊 450×200
N
900
1,800
5,400
900
250
1,550
4,950
450

照片 鈴木康彥

CASE 2-6

# 在雨滴落的地方鋪設竹子

大多建在樹林裡的週末度假屋，會為了避免雨水阻塞而不設置屋頂排水溝槽。但雨若是滴在戶外木平台的話，容易因為雨滴反彈到玻璃窗而變髒。因此，本案例在雨落下的地方鋪排竹子並以釘子固定。圓管狀的竹子與竹間空隙能夠順利將水排到平台下方。而且，竹子便宜且更換容易，所以不管哪根腐蝕了，都能進行更換。（松原正明）

這是佇立在松樹林中的週末度假屋，正面這座戶外木平台也是通道，從照片右邊踏上平台，來到左邊內側的玄關。平台架在混凝土短柱的基礎上，因為平台外圍比短柱凸出約60cm，所以乍看之下宛如浮在空中。

在雨落下的地方鋪上40cm寬的竹子。雖然木頭與竹子質地不同，卻十分相襯。然後配合平台鋪材厚度挑選出直徑38mm的竹子，這樣擺上桌椅也不會搖晃。

圓管狀的竹子可使雨滴順利流到地面。

**戶外平台平面圖** S=1/150

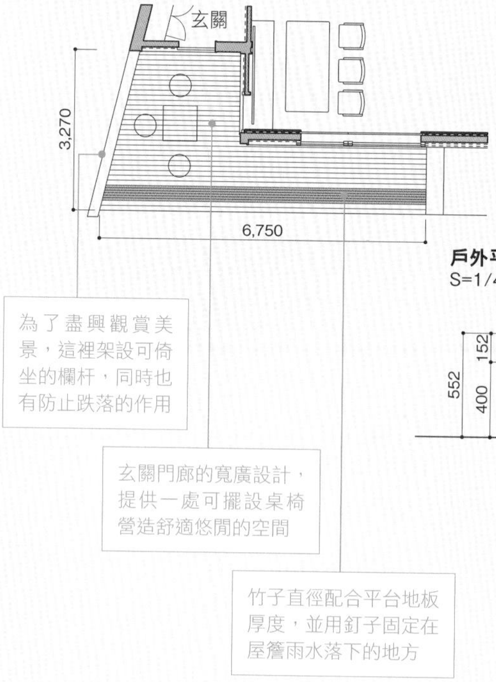

玄關
3,270
6,750
N
為了盡興觀賞美景，這裡架設可倚坐的欄杆，同時也有防止跌落的作用
玄關門廊的寬廣設計，提供一處可擺設桌椅營造舒適悠閒的空間
竹子直徑配合平台地板厚度，並用釘子固定在屋簷雨水落下的地方


**戶外平台剖面圖**
S=1/40

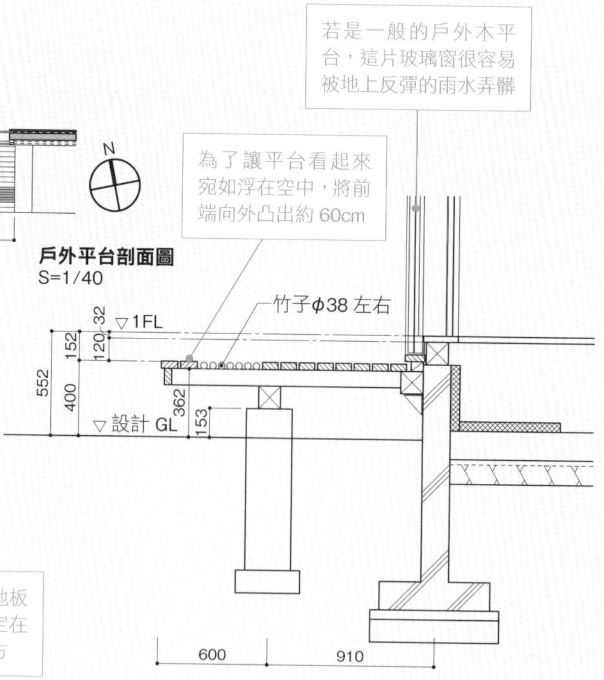

若是一般的戶外木平台，這片玻璃窗很容易被地上反彈的雨水弄髒
為了讓平台看起來宛如浮在空中，將前端向外凸出約60cm
竹子φ38左右
▽1FL
▽設計 GL
32
152
120
552
400
362
153
600
910

CASE 2-7

## 懸臂板架起的緣廊

既使是木造住宅，也能採用鋼筋混凝土造 (RC 造 ) 的基礎。本案例就是活用 RC 造的特性，在懸臂板上設置緣廊。這個手法不只在設計上具有優勢，成本也因為減少土方工程與廢土處理得以降低，由於樓板阻隔下方溼氣，所以能提升平台的耐久性。（根來宏典）

南側整面都是長緣廊。屋簷設置深些，能提高平台的耐久性。

**懸臂板剖面圖** S=1/40

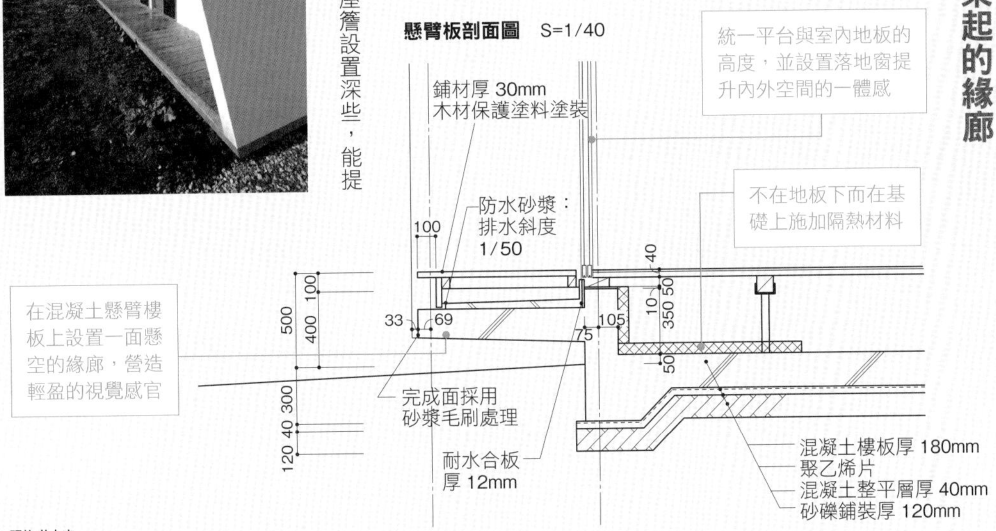
統一平台與室內地板的高度，並設置落地窗提升內外空間的一體感
鋪材厚 30mm
木材保護塗料塗裝
不在地板下而在基礎上施加隔熱材料
防水砂漿：
排水斜度
1/50
100
40
在混凝土懸臂樓板上設置一面懸空的緣廊，營造輕盈的視覺感官
100
500
400
33
69
75
105
10
350
50
50
300
40
120
完成面採用
砂漿毛刷處理
耐水合板
厚 12mm
混凝土樓板厚 180mm
聚乙烯片
混凝土整平層厚 40mm
砂礫鋪裝厚 120mm

照片 井上玄

CASE 2-8

## 大幅凸出的平台

本案例一、二樓都有木平台。二樓平台延伸到家人生活的客廳，一樓則是衝浪回來後可在平台旁淋浴、休憩片刻的地方。招待親友時，這裡也能布置成喝咖啡的露天座位。為了方便與行人交談，刻意將圍欄設計得較低些。（松澤靜男）

二樓的木平台是家人專用的空間。在Y字型的栗木柱上架設欄杆是本案例一大重點。一樓的四根柱子巧妙地擋住看往玄關通道的視線。

**木平台剖面圖** S=1/80

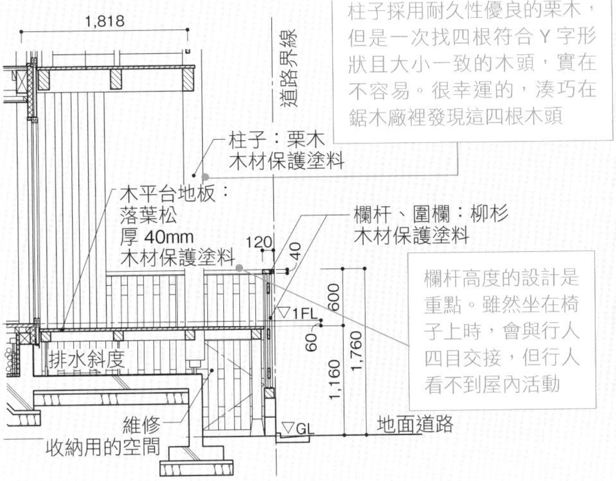
1,818
道路界線
柱子採用耐久性優良的栗木，但是一次找四根符合 Y 字形狀且大小一致的木頭，實在不容易。很幸運的，湊巧在鋸木廠裡發現這四根木頭
柱子：栗木
木材保護塗料
木平台地板：
落葉松
厚 40mm
木材保護塗料
欄杆、圍欄：柳杉
木材保護塗料
120
40
欄杆高度的設計是重點。雖然坐在椅子上時，會與行人四目交接，但行人看不到屋內活動
600
1FL
60
1,760
1,160
排水斜度
維修
收納用的空間
GL
地面道路

使用栗木原木支撐大幅凸出的二樓平台。特徵是低欄杆。

CASE 3-1

## 做為生活空間

設有長凳的陽台是客廳的延伸空間。

陽台與開口部面向中庭的挑空客廳僅隔一扇門。陽台上的長凳材質和地板相同，這裡是可看到藍天白雲的露天客廳。天氣晴朗時，可坐在長凳上邊品嚐咖啡邊悠閒地仰望天空或眺望庭院。在陽台規劃歇息座位，使這個空間成為「生活」空間，將活動空間從內部擴展到外部。

（高野保光）

**長凳剖面圖** S=1/20

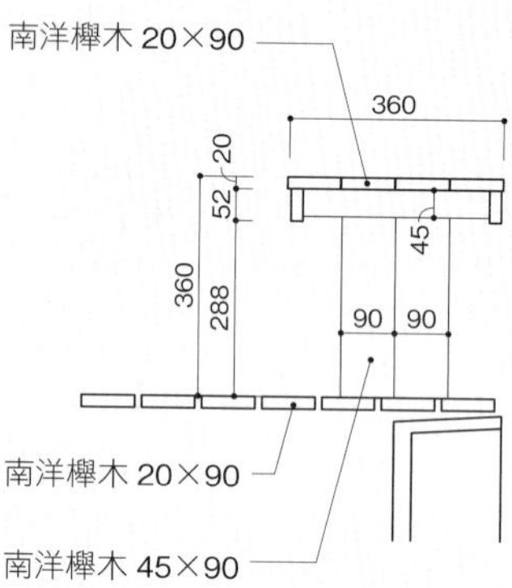
南洋欅木 20×90
360
20
52
45
360
288
90
90
南洋欅木 20×90
南洋欅木 45×90

**平面圖** S=1/150

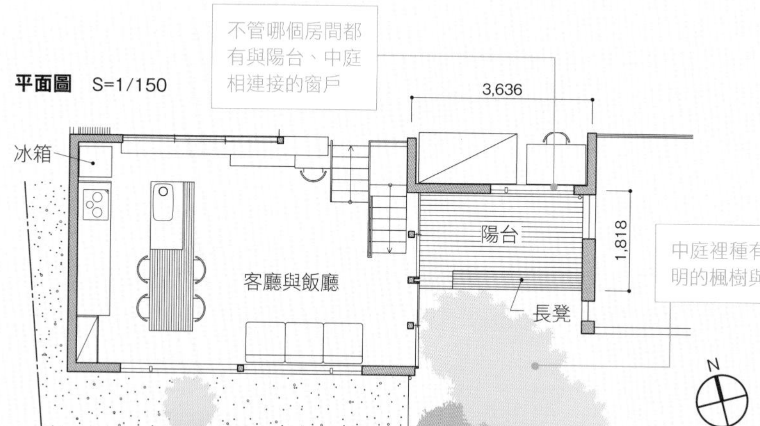
不管哪個房間都有與陽台、中庭相連接的窗戶
3,636
冰箱
陽台
1,818
客廳與飯廳
長凳
中庭裡種有四季分明的楓樹與四照花
N

從挑空客廳看到的中庭與陽台風景。

照片：YAMASHITA TOMOYASU（上照）

CASE 3-2

## 以格子圍繞陽台

二樓陽台的三個面都裝上格子，不僅保有隱私也利採光通風。從外部看不到內部，但從內部能夠清楚看見外頭的景色。只要敞開客廳的開口部，就能將陽台當成室內的延伸空間使用。（吉原健一）

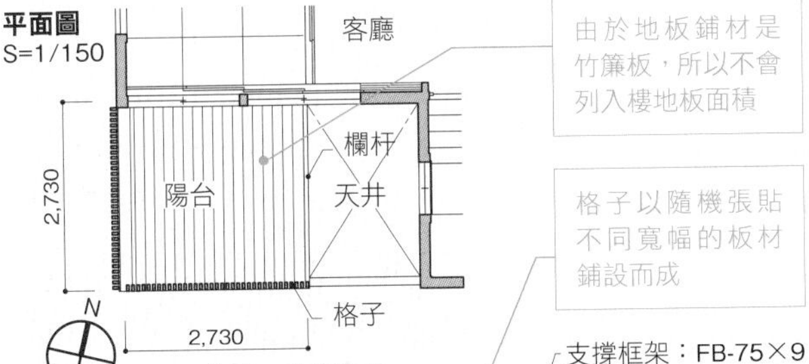
平面圖
S=1/150
客廳
欄杆
陽台
天井
2,730
2,730
格子
N
由於地板鋪材是竹簾板，所以不會列入樓地板面積
格子以隨機張貼不同寬幅的板材鋪設而成

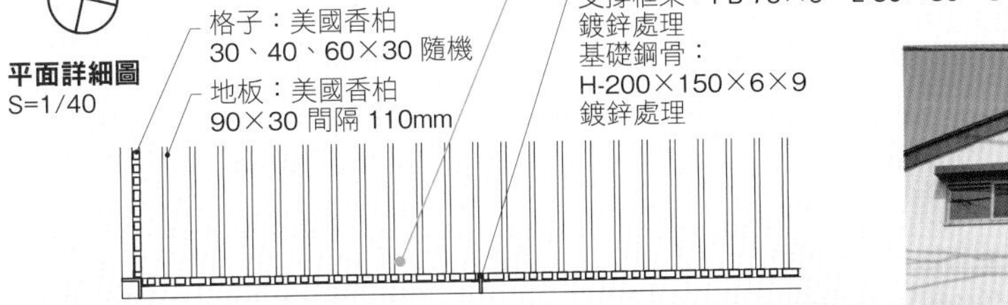
平面詳細圖
S=1/40
格子：美國香柏
30、40、60×30 隨機
地板：美國香柏
90×30 間隔 110mm
支撐框架：FB-75×9、L-30×30×5
鍍鋅處理
基礎鋼骨：
H-200×150×6×9
鍍鋅處理

格子可遮蔽鄰居視線又可確保採光通風。

只要打開門窗，就能當做室內的延伸空間使用。

採用同種材質設計一樓牆面與二樓陽台的格子牆。

CASE 3-3

## 樓頂全面規劃成露台

本案例是設有中庭的平房。在平坦的樓頂上全面鋪設加拿大柳杉，打造有如庭院的樓頂露台。這裡不但視野好，也能提供多人聚會使用。由於鋪材離屋頂有些距離，所以即使受到陽光直晒，也不容易導熱到屋頂層，有利減輕建築物的熱負荷。（荒木毅）

樓頂露台鋪設具有溫和觸感的加拿大柳杉。三角形的建築物是階梯間，四角形的則是天窗。

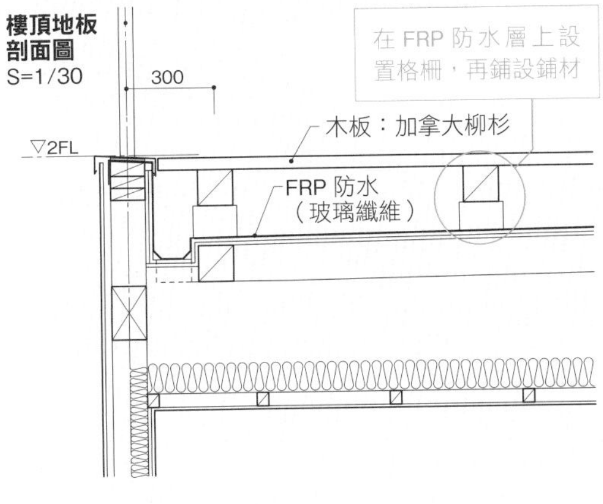
樓頂地板
剖面圖
S=1/30
300
▽2FL
在 FRP 防水層上設置格柵，再鋪設鋪材
木板：加拿大柳杉
FRP 防水
（玻璃纖維）

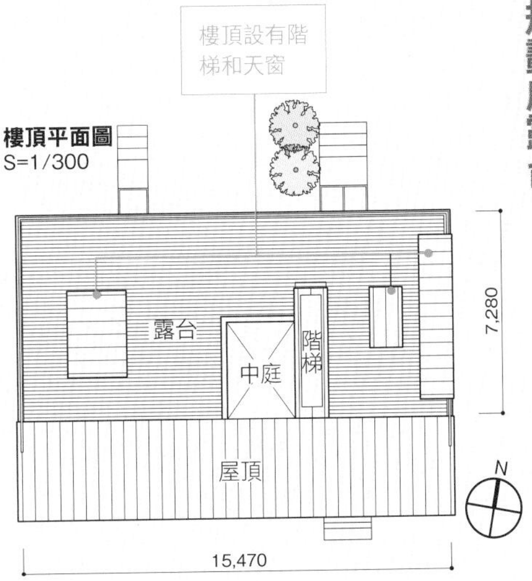
樓頂平面圖
S=1/300
樓頂設有階梯和天窗
露台
中庭
階梯
屋頂
7,280
15,470
N

CASE 3-4

# 利用兩座露台擴展建築物的空間

這是一塊南北向狹窄且東西向細長的建地。由於一樓無法獲得充足日照，所以本案例將生活重心規劃在二樓。然後在東西兩端個別打造寬敞的木造露台代替庭院，擴展活動空間。無論做家事或在這裡慵懶地度過時光，都不必在意鄰居視線，做為孩子們的玩樂場所也相當安全。此外，活用木造露台下方的空間，打造成兼做停放屋主夫婦倆的車輛與訪客停車的空間。

（倉島和彌）

**二樓平面圖**
S=1/200

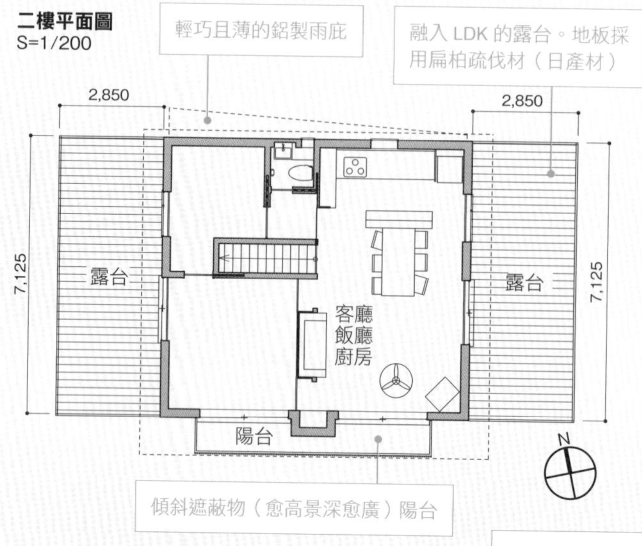

輕巧且薄的鋁製雨庇
融入 LDK 的露台。地板採用扁柏疏伐材（日產材）
2,850
2,850
7,125
7,125
露台
露台
客廳
飯廳
廚房
陽台
N
傾斜遮蔽物（愈高景深愈廣）陽台


**陽台剖面圖**
S=1/100

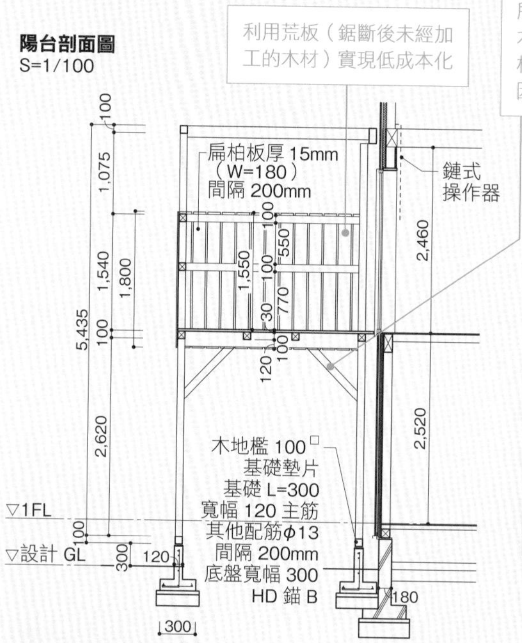

利用荒板（鋸斷後未經加工的木材）實現低成本化
由於考慮到露台的維護問題，所以與建築物本體分開建造。木頭結構也有再施工的空間。相對的，缺點是容易搖晃，因此須加設支撐材補強
扁柏板厚 15mm
（W=180）
間隔 200mm
鏈式
操作器
100
1,075
1,540
1,800
5,435
100
2,620
100
300
1,550
100
550
100
30
770
100
120
2,460
2,520
木地檻 100□
基礎墊片
基礎 L=300
寬幅 120 主筋
其他配筋φ13
間隔 200mm
底盤寬幅 300
HD 錨 B
▽1FL
▽設計 GL
120
180
300

因為一樓是停車空間，所以在二樓東西兩側建造露台，取代庭院延伸室內的活動空間，成為屋主頻繁利用的場所。並且設置木板圍牆遮蔽周圍視線。

露台寬 2,850mm、深 7,125mm（約 6 坪）。周圍的木板圍牆設置成可避免內外視線交會的高度。並且將鄰家窗戶前面的圍牆設置高些，讓彼此都能保有隱私。

左照：NEW HOUSE 出版

從廚房望向飯廳、客廳外面的陽台，正面設置能夠減緩壓迫感的傾斜遮蔽物。左邊是大露台，使室內空間看起來更加寬敞。

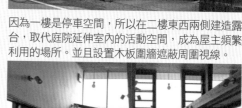

## CASE 3-5 利用FRP格柵板採光

這是做為室內延伸空間的露台。為了讓樓下的庭院採集到光線，露台地板採用 FRP 格柵板（玻璃纖維格柵板）鋪裝。此外，欄杆高度設置高些並且裝上百葉窗板，就能同時阻隔鄰家視線，又能保持採光通風。（吉原健一）

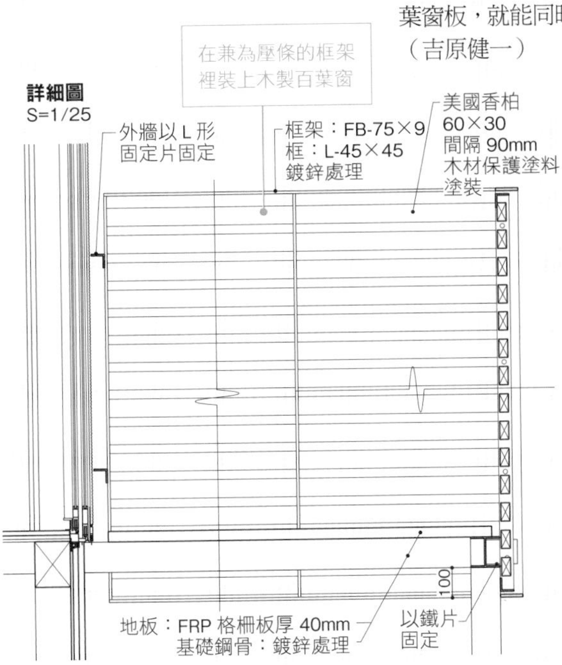
在兼為壓條的框架裡裝上木製百葉窗
詳細圖
S=1/25
外牆以L形固定片固定
框架：FB-75×9
框：L-45×45
鍍鋅處理
美國香柏
60×30
間隔 90mm
木材保護塗料塗裝
100
地板：FRP 格柵板厚 40mm
基礎鋼骨：鍍鋅處理
以鐵片固定

光線可穿透FRP格柵板照射到樓下的庭院。

木製百葉窗板可確保隱私。這裡能當做室內空間使用。

## CASE 3-6 兼顧樓下的採光與通風

這是設置在二樓的木造露台。這裡的欄杆必須顧及隱私，所以高度設計在 1.5m，一部分地板採用 FRP 格柵板，以確保樓下的採光通風。在木造露台上放置盆栽可能會造成木頭腐蝕等現象，不過若採用樹脂製的格柵，就可以解決這項問題。（松澤靜男）

與二樓客廳地板同高的木造露台。這裡也是家犬的活動空間。

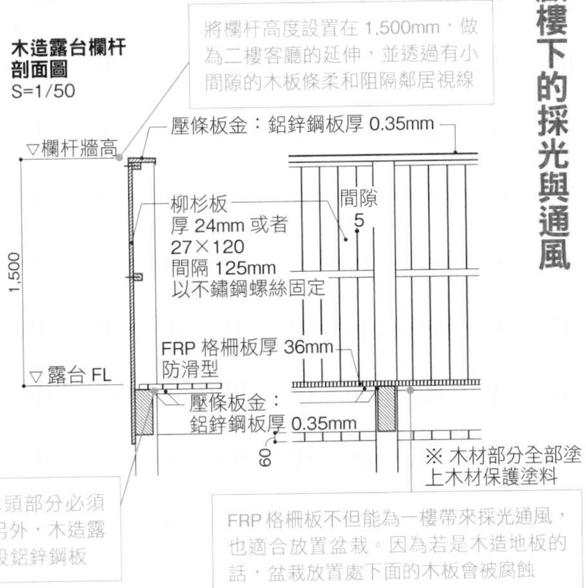
木造露台欄杆剖面圖
S=1/50
將欄杆高度設置在 1,500mm，做為二樓客廳的延伸，並透過有小間隙的木板條柔和阻隔鄰居視線
壓條板金：鋁鋅鋼板厚 0.35mm
▽欄杆牆高
柳杉板
厚 24mm 或者
27×120
間隔 125mm
以不鏽鋼螺絲固定
間隙
5
1,500
FRP 格柵板厚 36mm
防滑型
▽露台 FL
壓條板金：
鋁鋅鋼板厚 0.35mm
60
※ 木材部分全部塗上木材保護塗料
設置 FRP 格柵板時，木頭部分必須裝設鋁鋅鋼板等壓條。另外，木造露台下方的樑也是全面鋪設鋁鋅鋼板
FRP 格柵板不但能為一樓帶來採光通風，也適合放置盆栽。因為若是木造地板的話，盆栽放置處下面的木板會被腐蝕

CASE 3-7

## 容易進出LDK任何空間的配置

設置在二樓的木造露台，是被配置成L型的客廳、飯廳、廚房包圍住的空間。鄰家側設置一道可遮蔽視線的欄杆牆，這裡可不必在意外來視線，享受悠閒時光的私人空間。材料是平價的疏伐材，能夠只更換損壞的地方。窗戶兩側的黑色鐵絲網是搭配窗戶尺寸所製作的防盜滑窗（套窗）。（倉島和彌）

為了維護隱私，東側設置一道高度約150cm高的欄杆牆。

詳細圖　S=1/40

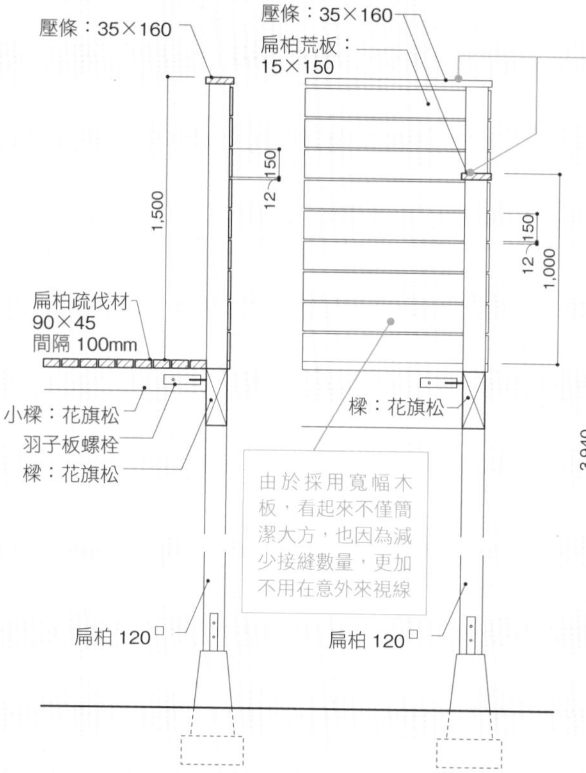

壓條：35×160
壓條：35×160
扁柏荒板：15×150
面向道路的南側欄杆牆有 1,000mm，但面向鄰家的東側則考慮到隱私，所以增高至 1,500mm
1,500
150
12
150
12
1,000
扁柏疏伐材
90×45
間隔 100mm
小樑：花旗松
羽子板螺栓
樑：花旗松
樑：花旗松
由於採用寬幅木板，看起來不僅簡潔大方，也因為減少接縫數量，更加不用在意外來視線
扁柏 120□
扁柏 120□


平面圖　S=1/120

廚房
飯廳
扁柏疏伐材
90×45
間隔 100mm
客廳
1,365
3,940
3,640
2,275
300
N
2,275
1,365
455
3,640
4,095
約 4.5 坪大小的木造露台。這裡能夠自由地運用，或放置餐桌用餐、或當成晒衣場

木造露台地板採用扁柏疏伐材，欄杆牆則是利用扁柏的荒板。

木造露台設置在飯廳與客廳都容易進出的位置。

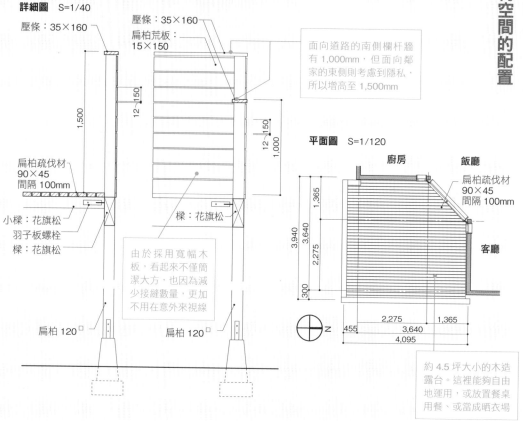

CASE 4-1

## 營造室內到戶外平台的連續性空間感

本案例在玄關門廊內設置一張長凳，這張與戶外平台上的長凳連成一線，形成具有延伸室內空間的效果。站在玄關門廊裡的人會被自然地誘導，望向戶外平台前端綠意蔥蔥的庭院。由於這裡設有長凳，所以可在此稍坐歇息，就像是另一個客廳一樣，邊眺望天空或綠景、邊享受微風輕拂。晴天時，夫妻倆就坐在這張長凳上享用咖啡，共度美好時光。（高野保光）

在中庭的戶外木平台上設置長凳。FIX窗（固定窗）內的玄關門廊也有長凳，視覺上彷彿兩者相連。

平面圖 S=1/120

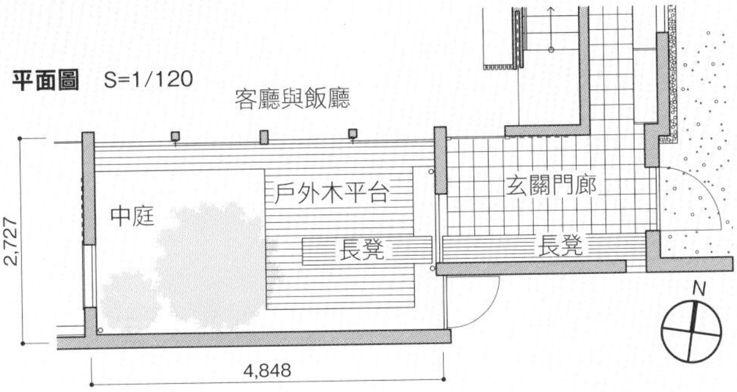
客廳與飯廳
中庭
戶外木平台
長凳
玄關門廊
長凳
2,727
4,848
N

長凳平面圖
S=1/30

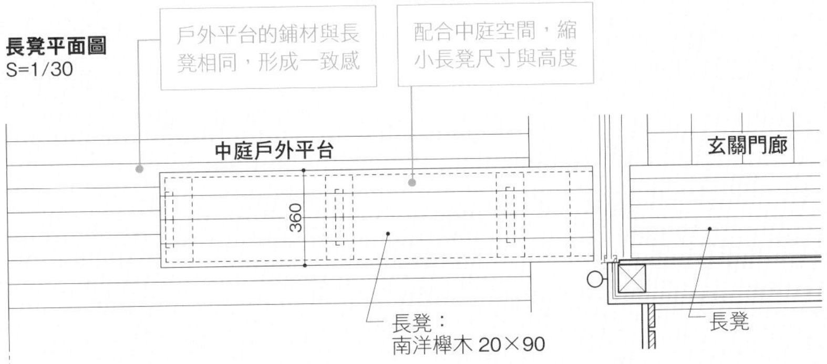
戶外平台的鋪材與長凳相同，形成一致感
配合中庭空間，縮小長凳尺寸與高度
中庭戶外平台
玄關門廊
360
長凳：
南洋櫸木 20×90
長凳

長凳剖面圖
S=1/30

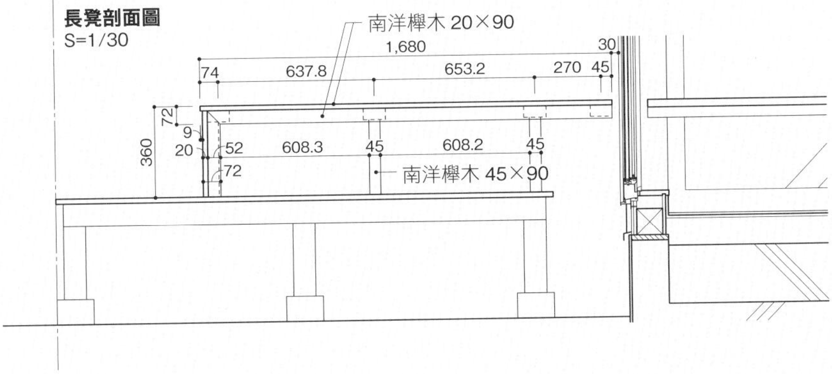
南洋櫸木 20×90
1,680
30
74
637.8
653.2
270
45
72
9
20
360
52
608.3
45
608.2
45
72
南洋櫸木 45×90

CASE 4-2

# 坐著便能眺望大海的露台

這是設在屋頂上的頂樓露台。連接閣樓的露台上有一張與地板同材質的長凳。坐在長凳上，能夠看見鄰近屋頂另一端的湘南大海。為了保有良好的視野，長凳正前方的格子圍牆上半部特意大幅地加寬間隔。

當天氣好的時候，整個頂樓露台就是一個充滿度假風情的用餐場所。

（吉原健一）

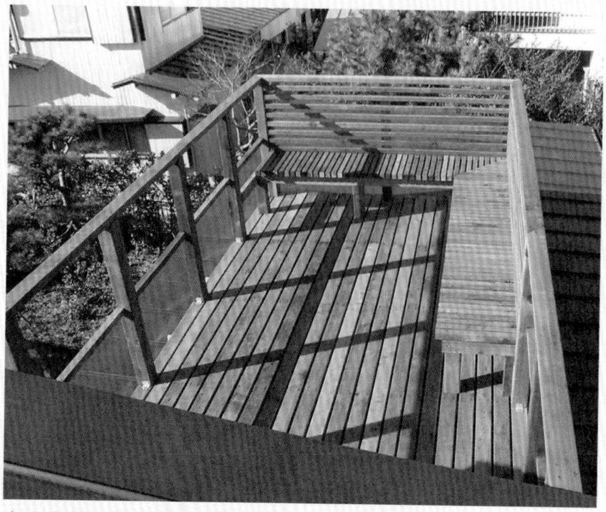

在空中營造私人空間的頂樓露台。可從閣樓進出。

長凳與地板同樣採用美國香柏鋪裝。為了不折損視野，而將南側欄杆的間隔設置得相當寬。

**平面圖**
S=1/150

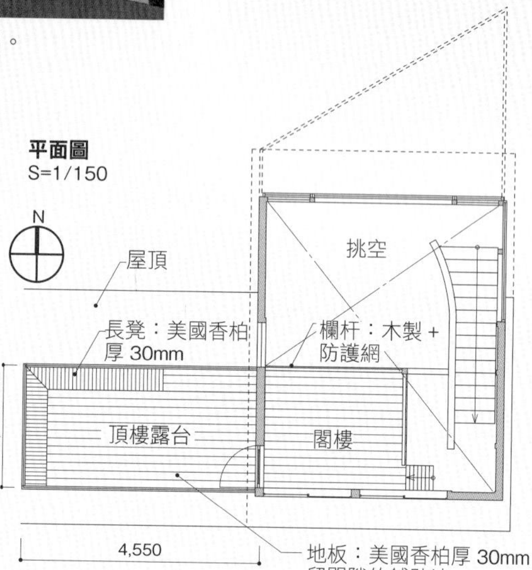

N
屋頂
挑空
長凳：美國香柏
厚 30mm
欄杆：木製＋
防護網
2,275
頂樓露台
閣樓
4,550
地板：美國香柏厚 30mm
留間隙的鋪貼法


**頂樓剖面圖** S=1/50

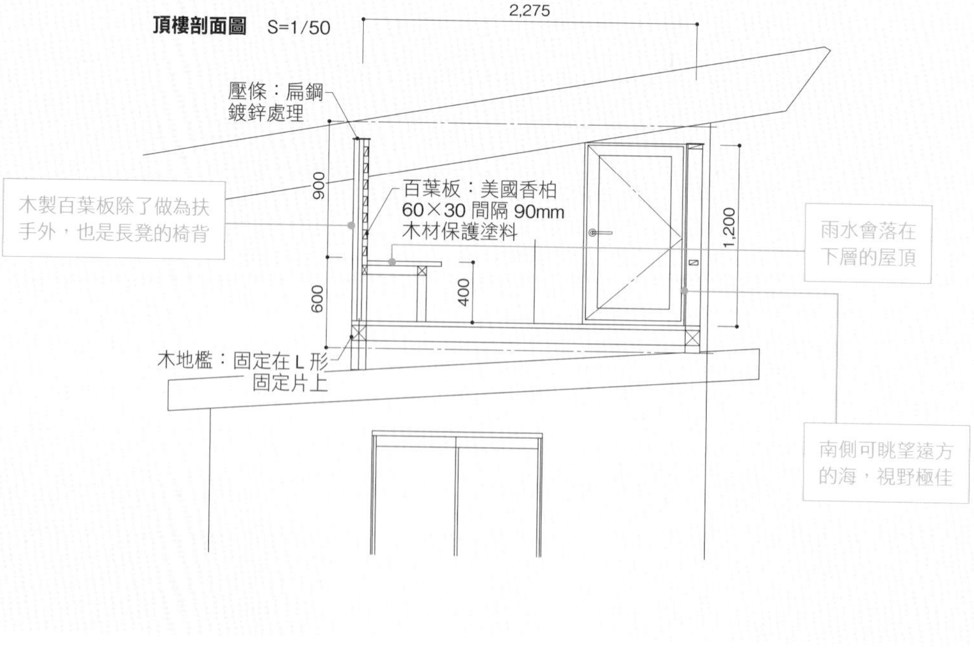

2,275
壓條：扁鋼
鍍鋅處理
900
木製百葉板除了做為扶手外，也是長凳的椅背
百葉板：美國香柏
60×30 間隔 90mm
木材保護塗料
1,200
雨水會落在下層的屋頂
400
600
木地檻：固定在 L 形
固定片上
南側可眺望遠方的海，視野極佳

CASE 4-3

# 以一棵樹為中心的設計

這是兼做住宅及私設圖書館的庭院。這裡有一棵日本紫莖。樹旁設有一張可倚靠樹幹或臥躺看書的長凳。做法是先在傾斜的地面上埋設花崗岩石磚，然後以格柵托樑、格柵、竹簾板材構成椅子的結構。接著將一部分的柱子高度拉高做成椅子的扶手與背板。這是以朝向建築物緣廊，R 形環繞樹幹形塑出的椅子形狀。（安井正）

日本紫莖與長凳朝向圖書館的緣廊設置。

為了使微微傾斜的地面與樹幹形狀融為一體，設置上充分考慮過方位與形狀。

**平面圖** S=1/25

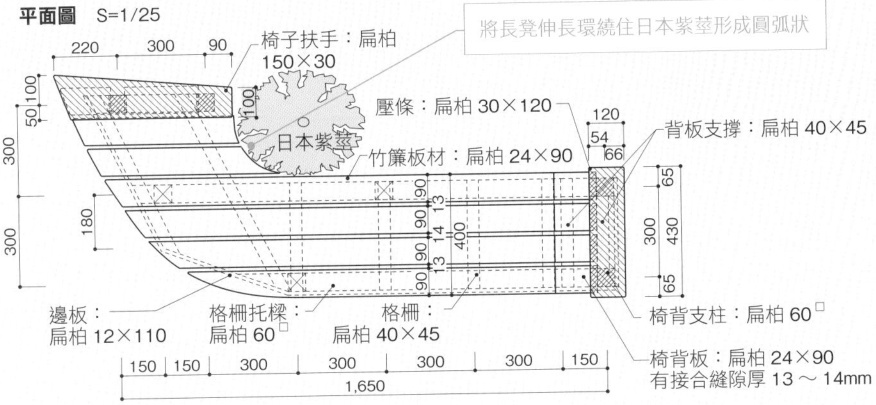
將長凳伸長環繞住日本紫莖形成圓弧狀
220
300
90
椅子扶手：扁柏
150×30
100
50
100
日本紫莖
壓條：扁柏 30×120
120
54
66
背板支撐：扁柏 40×45
竹簾板材：扁柏 24×90
300
300
180
90
13
90
14
400
90
13
90
65
430
300
65
邊板：
扁柏 12×110
格柵托樑：
扁柏 60□
格柵：
扁柏 40×45
椅背支柱：扁柏 60□
椅背板：扁柏 24×90
有接合縫隙厚 13～14mm
150
150
300
300
300
300
150
1,650

**剖面圖** S=1/25

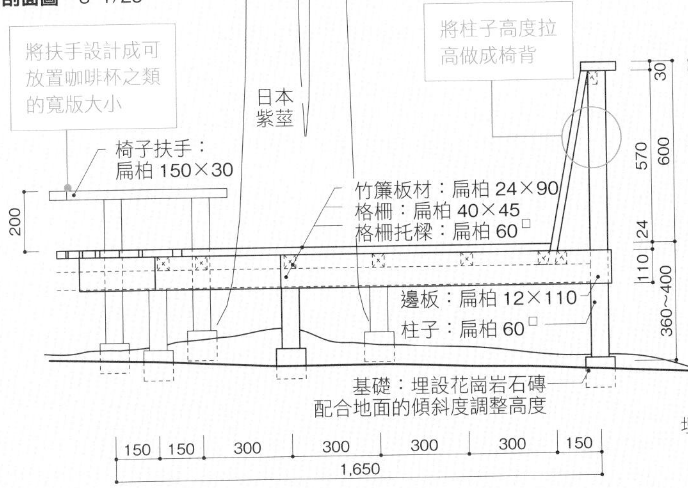
將扶手設計成可放置咖啡杯之類的寬版大小
日本
紫莖
將柱子高度拉高做成椅背
椅子扶手：
扁柏 150×30
200
竹簾板材：扁柏 24×90
格柵：扁柏 40×45
格柵托樑：扁柏 60□
邊板：扁柏 12×110
柱子：扁柏 60□
30
570
600
24
110
360～400
基礎：埋設花崗岩石磚
配合地面的傾斜度調整高度
150
150
300
300
300
300
150
1,650

**椅背剖面圖** S=1/25

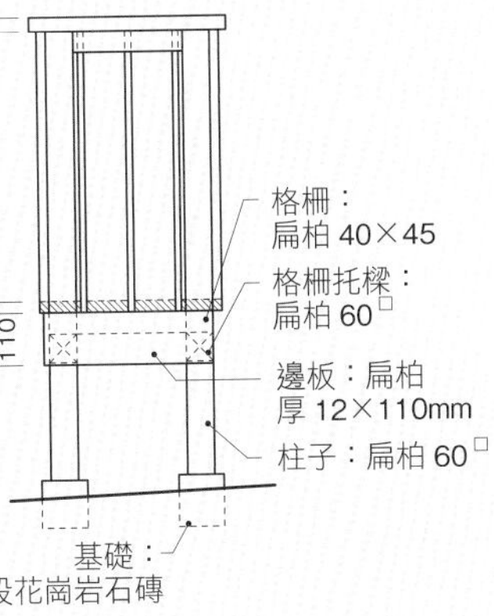
30
570
24
110
格柵：
扁柏 40×45
格柵托樑：
扁柏 60□
邊板：扁柏
厚 12×110mm
柱子：扁柏 60□
基礎：
埋設花崗岩石磚

CASE 5-1
## 利用開孔鋼板營造光影

與飯廳相連的中庭，地板幾乎與飯廳同高。開孔浪板可確保適度的遮光與通風。同時具有遮蔽鄰家二樓視線的效果。

本案例採室內外一體設計，將這個被L形配置的客廳與飯廳環繞著的空間，打造成一個能夠享用輕食等用餐空間。客廳與飯廳藉由這個空間自然地延伸到室外，使樓地板面積看起來比實際更寬敞。

為了適當地遮住鄰家視線，還有使外部空間更加室內化，因此在中庭上方架設棚架。棚架並非木製，而是採用有開孔的防風防雪浪板，板子是經過土木用熱浸鍍鋅鋼板處理，相當耐用。這種規劃恰好能遮蔽南方直射的陽光，成為一個光線宛如從葉縫間灑落般的舒適空間。（諸角敬）

**平面圖** S=1/120

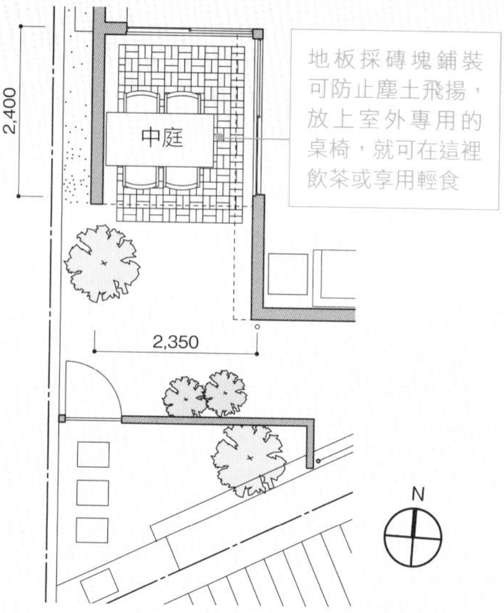

2,400
中庭
地板採磚塊鋪裝可防止塵土飛揚，放上室外專用的桌椅，就可在這裡飲茶或享用輕食
2,350
N

從室內望向中庭的景觀。棚架為室內空間帶來沉穩的氣氛。

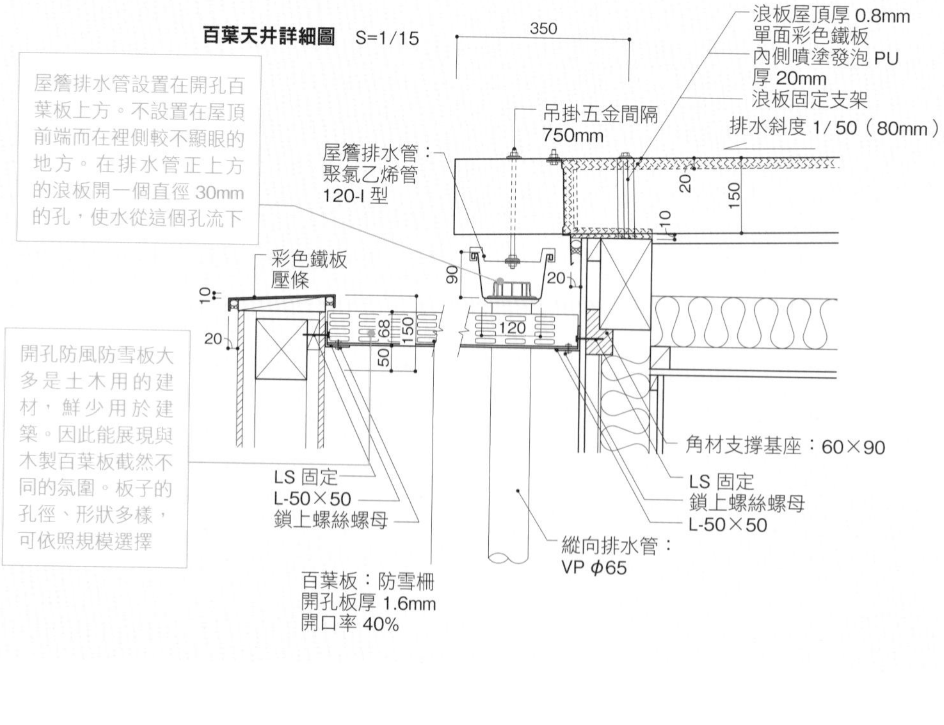

百葉天井詳細圖 S=1/15
350
浪板屋頂厚 0.8mm
單面彩色鐵板
內側噴塗發泡 PU
厚 20mm
浪板固定支架
排水斜度 1/50（80mm）
吊掛五金間隔
750mm
屋簷排水管：
聚氯乙烯管
120-I 型
屋簷排水管設置在開孔百葉板上方。不設置在屋頂前端而在裡側較不顯眼的地方。在排水管正上方的浪板開一個直徑 30mm 的孔，使水從這個孔流下
20
150
10
90
20
120
彩色鐵板
壓條
10
20
68
150
50
開孔防風防雪板大多是土木用的建材，鮮少用於建築。因此能展現與木製百葉板截然不同的氛圍。板子的孔徑、形狀多樣，可依照規模選擇
角材支撐基座：60×90
LS 固定
L-50×50
鎖上螺絲螺母
LS 固定
鎖上螺絲螺母
L-50×50
縱向排水管：
VP φ65
百葉板：防雪柵
開孔板厚 1.6mm
開口率 40%

CASE 5-2

# 爬滿藤蔓植物的綠景

外觀設計經常發生特地規劃的戶外平台，因周圍狀況而無法充分使用的情況，其主要原因來自於外來視線的問題。本案例為了遮蔽從鄰家或道路的外來視線，在 LDK 前面的戶外平台周圍打造矮竹簾狀圍牆，然後再加設能夠防止從外部俯視的百葉棚架。改變百葉高度與間隔就可調整觀看角度。此外，夏日的藤蔓植物也能夠形成一道天然的遮陽罩。（松原正明）

竹簾狀鋪法的板材和上部棚架能適當地遮蔽周圍視線。棚架上可吊掛簾子，或讓藤蔓植物攀附於上。

**附棚架的戶外平台平面圖**
S=1/200

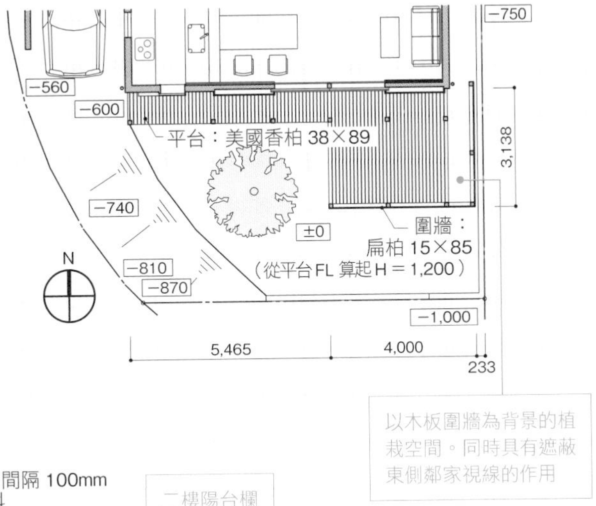
−750
−560
−600
平台：美國香柏 38×89
3,138
−740
±0
圍牆：
扁柏 15×85
（從平台 FL 算起 H＝1,200）
N
−810
−870
−1,000
5,465
4,000
233
以木板圍牆為背景的植栽空間。同時具有遮蔽東側鄰家視線的作用

**附棚架的戶外平台剖面圖** S=1/60

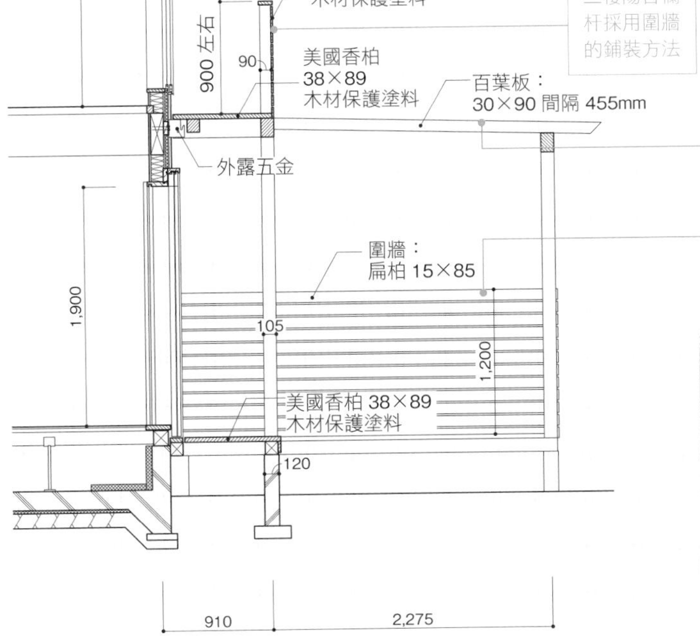
2,160
扁柏 15×85 間隔 100mm
木材保護塗料
二樓陽台欄杆採用圍牆的鋪裝方法
900 左右
90
美國香柏
38×89
木材保護塗料
百葉板：
30×90 間隔 455mm
改變百葉板的間隔或高度，就可調整日照或遮蔽視線的角度
外露五金
扁柏板以間隔 15mm 張貼成竹簾狀。圍牆高度則視坐時的高度
圍牆：
扁柏 15×85
1,900
105
1,200
美國香柏 38×89
木材保護塗料
120
910
2,275

涼風通過棚架吹進客廳與飯廳。

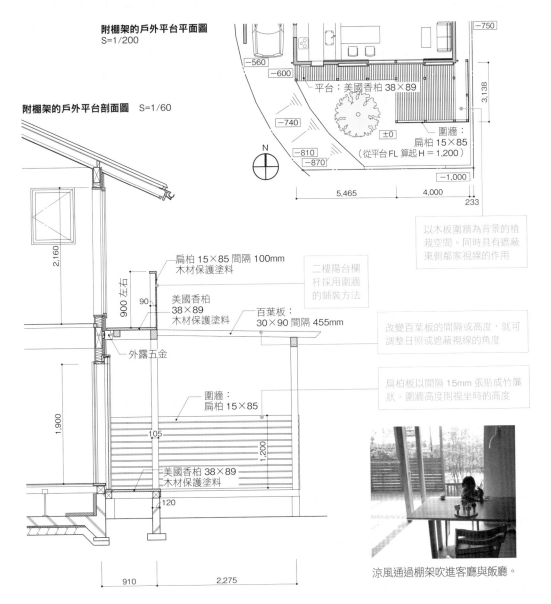

# CASE 5-3 設置開閉式遮陽篷

以不鏽鋼鋼絲吊掛的遮陽篷可透過左側的繩索控制開閉。

本案例在客廳外面設置戶外平台，然後前方是鋪上磁磚的露台。這種開放又舒適的戶外空間，在夏日毒日頭底下幾乎無法利用。於是，在上頭加裝開閉式遮陽篷緩和烈焰陽光直射問題。遮陽篷的設計就像帆船的帆布，只要打開遮陽篷，即使是酷暑也能把這裡當成戶外客廳加以活用。（高野保光）

**戶外客廳平面圖**
S=1/200

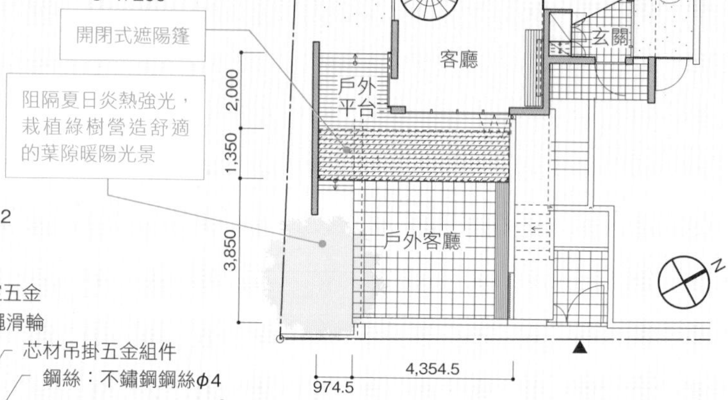

開閉式遮陽篷
阻隔夏日炎熱強光，栽植綠樹營造舒適的葉隙暖陽光景
客廳
玄關
戶外平台
戶外客廳
2,000
1,350
3,850
974.5
4,354.5
N


**遮陽篷詳細圖** S=1/12

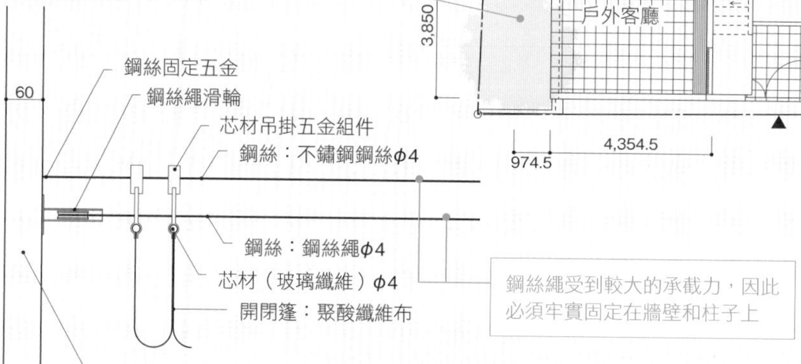

60
鋼絲固定五金
鋼絲繩滑輪
芯材吊掛五金組件
鋼絲：不鏽鋼鋼絲ϕ4
鋼絲：鋼絲繩ϕ4
芯材（玻璃纖維）ϕ4
開閉篷：聚酸纖維布
鋼絲繩受到較大的承載力，因此必須牢實固定在牆壁和柱子上
滑輪固定支柱：
St FB-12×60
（一組兩支）
熱浸鍍鋅處理

夏季的戶外平台相當炎熱，所以利用庭院綠意與遮陽篷，能避免曝曬在大太陽底下。

# 6 圍欄 避免封閉感

## CASE 6-1 設置高牆

比成人高的圍牆。由於完全看不見周圍的景色，所以可盡情享受個人空間。上頭棚架能給予被包覆的安全感。

建地正南方對面是一整排公寓的玄關。由於屋主相當在意他人視線，所以將生活重心放在二樓，因此本案著重在日照充足與外來視線這兩項考量上。

首先在經由階梯間進出的露台周圍築起矮牆，然後在矮牆上方設置橫格子高牆，上頭則架設棚架。由於張貼格子時幾乎沒有間隔，所以對面公寓無法窺進這頭內部，而且內部仍然可得知外部的動靜。這麼一來屋主便可放心地晒衣物。此外，由於木製建材必須考慮日後維修，所以採取與建築物分開裝設，損壞時以便拆換作業與施工。（倉島和彌）

**詳細圖** S=1/60

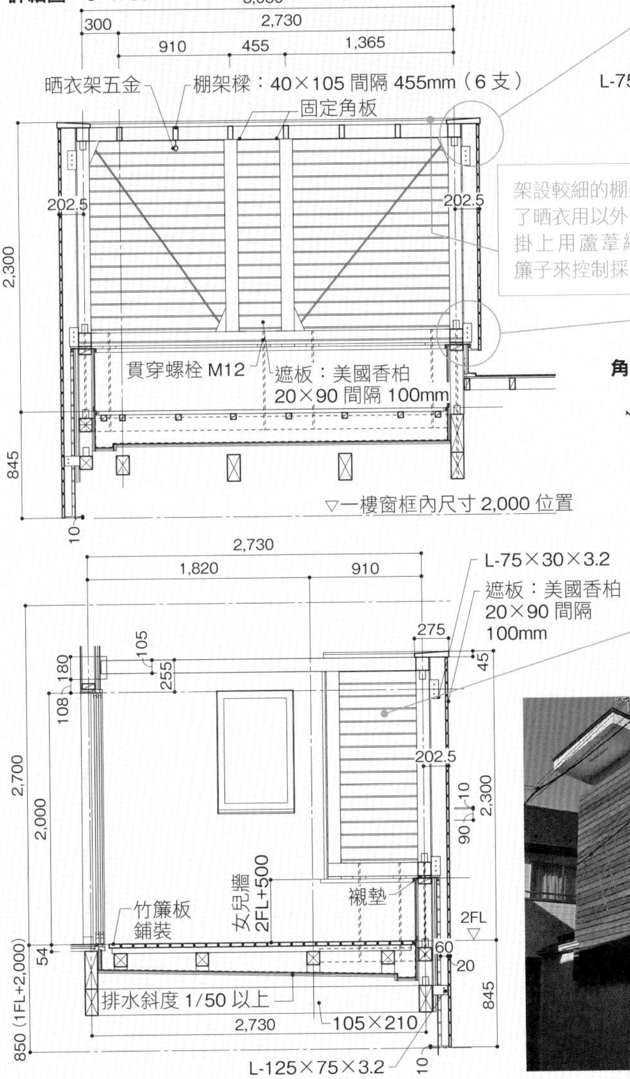
3,030
300
2,730
910
455
1,365
晒衣架五金
棚架樑：40×105 間隔 455mm（6 支）
固定角板
202.5
202.5
2,300
845
10
貫穿螺栓 M12
遮板：美國香柏
20×90 間隔 100mm
▽一樓窗框內尺寸 2,000 位置
架設較細的棚架，除了晒衣用以外，也能掛上用蘆葦編織的簾子來控制採光
2,730
1,820
910
L-75×30×3.2
遮板：美國香柏
20×90 間隔
100mm
275
105
45
180
255
108
202.5
2,700
2,000
10
2,300
90
由於牆面高度夠高，所以不用在意外來視線
女兒牆
2FL+500
襯墊
竹簾板
鋪裝
2FL
54
60
20
850 (1FL+2,000)
排水斜度 1/50 以上
845
2,730
105×210
L-125×75×3.2
10

**棚架＋陽台欄杆詳細圖**
S=1/20

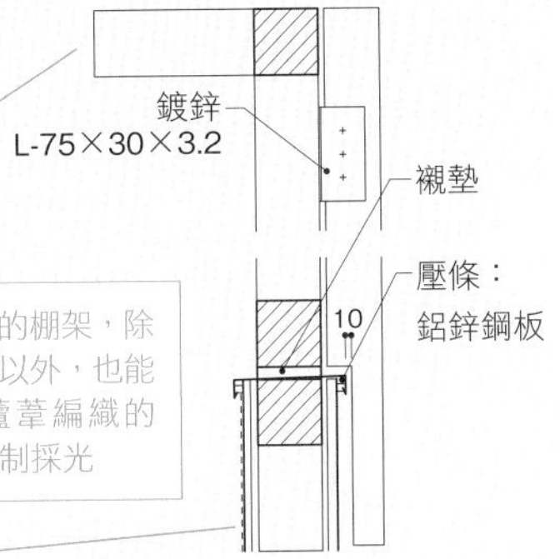
鍍鋅
L-75×30×3.2
襯墊
壓條：
鋁鋅鋼板
10

**角落部位詳細圖** S=1/20

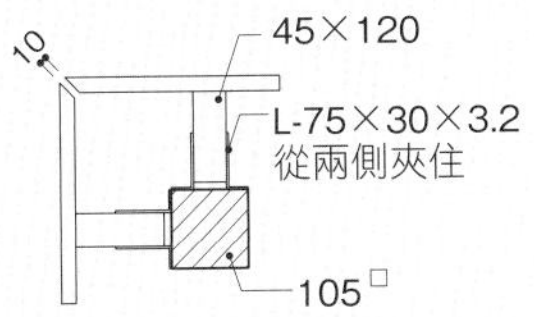
10
45×120
L-75×30×3.2
從兩側夾住
105□

從隔壁公寓望向本案例陽台的景象。晾曬中的衣物不會被外部看到。

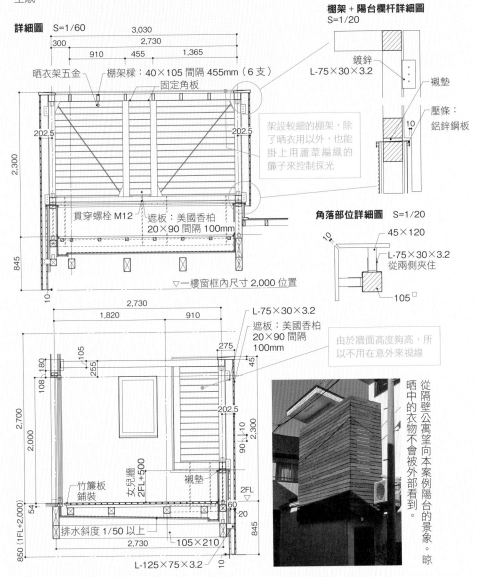

# 自然的波浪圍欄

本案例因應未來鄰地不管建造什麼樣的建築物，都能維護彼此隱私、保有舒適的居住環境進行設計。於是，將陽台上的木製欄杆仿照波浪形狀，形成自然的遮板。這種圍欄設置是能完美兼具機能性與設計性的設計。
（松澤靜男）

雖然目前房子前面已經蓋好三層樓的公寓，但依舊不影響住宅的舒適度。

看起來輕快且具設計感的格子圍欄。在屋簷上嵌入強化玻璃。

當屋簷凸出部分採用玻璃材質時，不僅冬天可確保日照，還能從室內仰望美麗的天空。只是，阻隔夏天日晒的對策更加重要。在室外吊掛竹簾是既平價又有效的方法

雖然用角材打造的欄杆不太實用，但這也是外觀重點，而且不會妨礙內部視野。壓條部分採用銅板覆蓋

**木圍欄詳細圖**
S=1/40

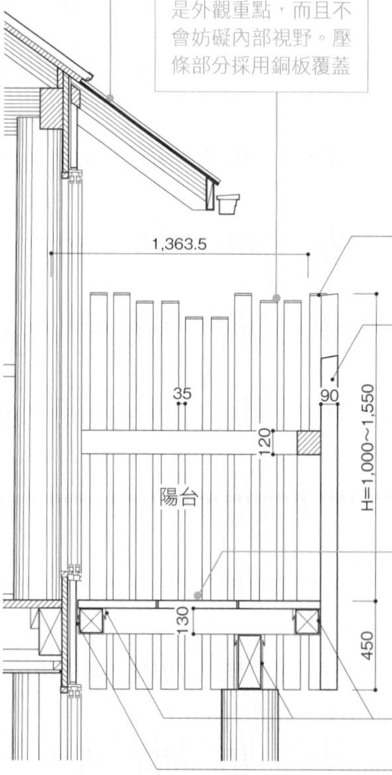
1,363.5
板金處理
（覆蓋銅板）
欄杆：木製 90□
木材保護塗料
35
90
120
陽台
H=1,000~1,550
130
450
鋁鋅鋼板
厚 0.35mm 卷材
樑用五金固定在建築物旁

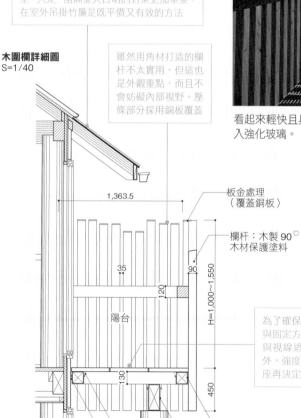

為了確保一樓採光通風，設置格柵時應慎選方向與固定方法。本案例採用長方形格柵，由於透光與視線遮蔽有方向性，所以設置前須留意。另外，強度也有方向性，必須先考量接縫五金與基座再決定格柵的設置方向。鏤空地板相當舒服

CASE 6-3

## 一樓與二樓圍欄的一體化設計

為了確保玄關通道、中庭以及二樓露台免受外來視線的困擾，本案採取設置竹簾狀木板圍牆。木板圍牆也能遮蔽與鄰居之間共有的老舊磚牆。（松原正明）

由於二樓設了兩道木板圍牆，一道將踏板圍繞起來、一道則設於鄰地界線上，所以能與二樓客廳保持一點距離，營造空間的寬闊感。

適度間隔遮蔽鄰居視線的竹簾板圍牆。

**通道木門區域平面圖** S=1/50

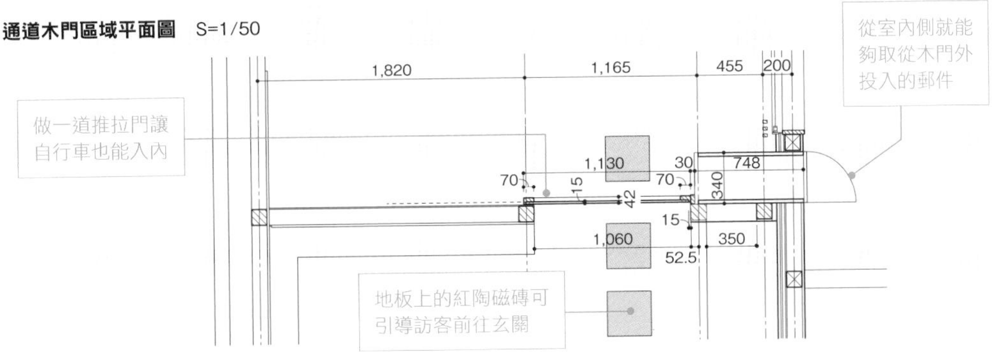
1,820
1,165
455
200
從室內側就能夠取從木門外投入的郵件
做一道推拉門讓自行車也能入內
1,130
30
748
70
15
42
70
340
15
1,060
350
52.5
地板上的紅陶磁磚可引導訪客前往玄關

**通道木門區域剖面圖** S=1/50

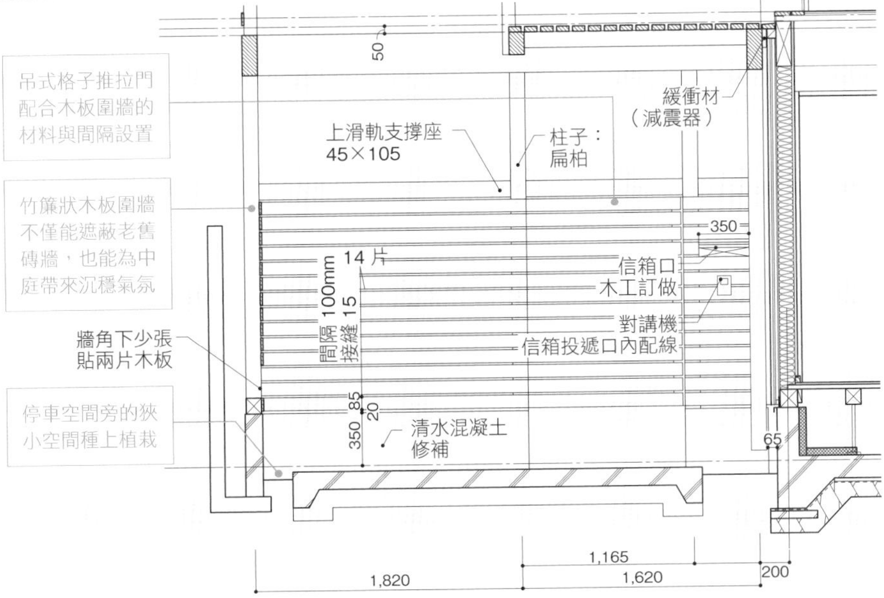
50
吊式格子推拉門配合木板圍牆的材料與間隔設置
緩衝材（減震器）
上滑軌支撐座 45×105
柱子：扁柏
竹簾狀木板圍牆不僅能遮蔽老舊磚牆，也能為中庭帶來沉穩氣氛
350
14片
間隔 100mm
接縫 15
信箱口
木工訂做
對講機
信箱投遞口內配線
牆角下少張貼兩片木板
停車空間旁的狹小空間種上植栽
85
20
350
清水混凝土修補
65
1,165
1,820
1,620
200

# CASE 6-4 有效活用高低差與格子

由於這塊建地經過稍微填土後略高於道路，所以爬上五階才會來到玄關前。本案例在客廳前規劃一座高於客廳1m左右的平台，然後在平台與玄關之間立起2m40cm高的格子牆。這道格子牆將私人空間區隔開來，同時達到遮蔽效果。（長濱信幸）

平面圖
S=1/150

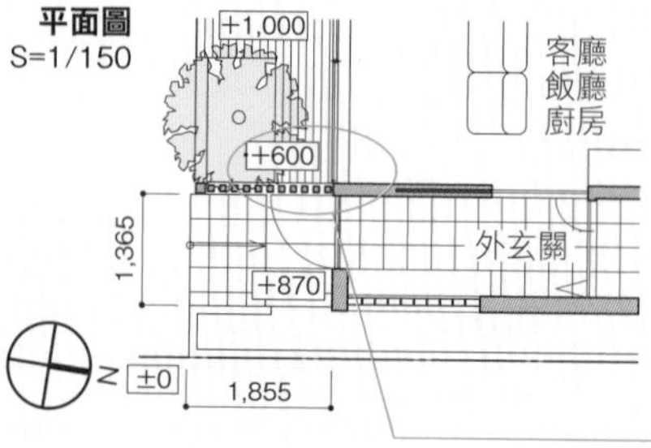
+1,000
客廳
飯廳
廚房
+600
1,365
外玄關
+870
N
±0
1,855
利用木製格子的厚度與
間隔控制視野的穿透性

木格子詳細圖　S=1/50

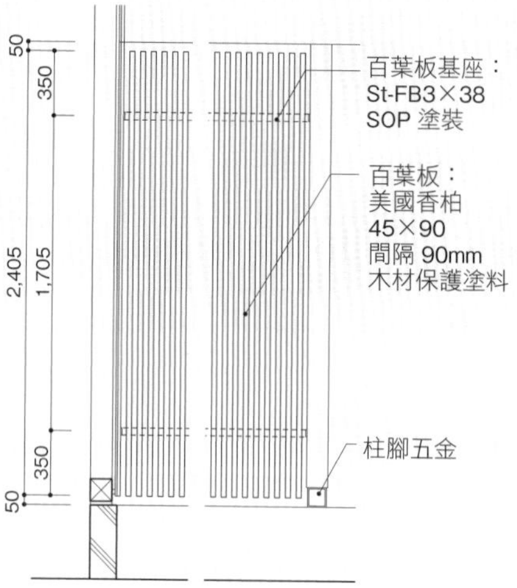
50
350
2,405
1,705
350
50
百葉板基座：
St-FB3×38
SOP 塗裝
百葉板：
美國香柏
45×90
間隔 90mm
木材保護塗料
柱腳五金

由於百葉板夠厚，所以從外部看不到屋內活動。

從二樓陽台俯看一樓的風景。藉由格子圍牆，使平台有被包圍的感覺，這裡也可稱為室外天井。

# CASE 6-5 設置在浴室外

本案例在距離浴室窗戶60cm地方圍起木板圍牆，除了能發揮遮蔽效果外，將這個空間納入浴室，能使浴室空間看起來更寬闊。此外，浴室與木板圍牆之間設有透明玻璃屋頂，即使雨天圍牆內側也能盡量保持乾淨。為確保泡澡時的視野，這裡的窗戶高度設置得較低。
（松原正明）

浴室窗台
剖面圖
S=1/30

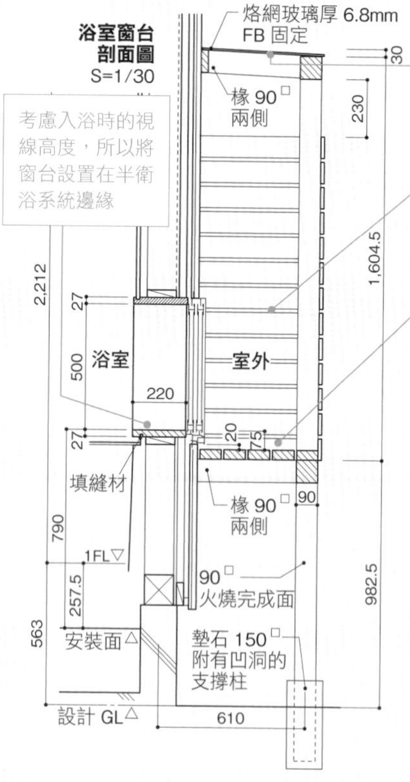
烙網玻璃厚 6.8mm
FB 固定
30
橼 90□
兩側
230
為確保防盜與木材的
耐久性，因此裝設玻
璃屋頂
考慮入浴時的視
線高度，所以將
窗台設置在半衛
浴系統邊緣
以10～15mm 間隔張
貼木板。遮蔽外來視
線並維持採光通風
1,604.5
雖然深度約 45cm 左
右，但足以為浴室帶
來寬敞感
2,212
27
500
浴室
室外
220
27
20
75
填縫材
橼 90□
兩側
90
790
1FL▽
90□
火燒完成面
982.5
257.5
563
安裝面△
墊石 150□
附有凹洞的
支撐柱
設計 GL△
610

在浴室窗外設置木板圍牆。光線從 10～15mm 的縫隙照入室內。

# 7 光、風、綠、水的設計

## 營造室內的「舒適」感

CASE 7-1

### 在中庭規劃景觀池

這是大膽在中庭設置景觀池的案例。景觀池深度約20～100mm。防水工程方面採取在防水砂漿上塗布溶劑型環氧樹脂塗料（泳池防水膜工法）。

夏天時透過水景將涼風導入室內，同時對於有孩子的家庭來說，這裡是最棒的遊樂場所。此外，白天的水面看得到藍天白雲的倒影；晚上的水面則映照星光與照明，還有反射在意想不到的地方，都能為這棟住宅添增多采多姿的風貌。（根來宏典）

四個孩子的書桌排成一排，面向景觀池。

以景觀池為中心規劃的單一空間。

**景觀池剖面詳細圖** S=1/30

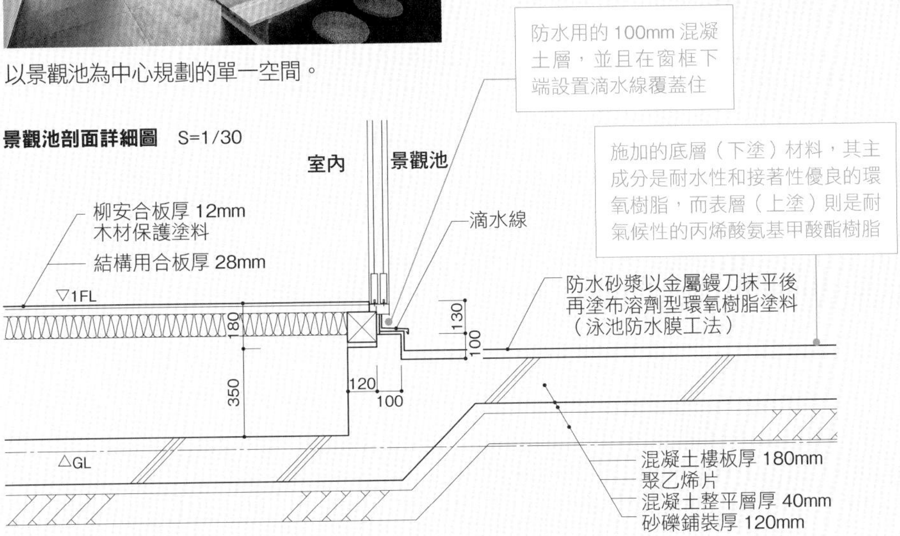
防水用的100mm混凝土層，並且在窗框下端設置滴水線覆蓋住
施加的底層（下塗）材料，其主成分是耐水性和接著性優良的環氧樹脂，而表層（上塗）則是耐氣候性的丙烯酸氨基甲酸酯樹脂
室內
景觀池
柳安合板厚12mm
木材保護塗料
結構用合板厚28mm
滴水線
▽1FL
防水砂漿以金屬鏝刀抹平後再塗布溶劑型環氧樹脂塗料（泳池防水膜工法）
180
130
100
350
120
100
△GL
混凝土樓板厚180mm
聚乙烯片
混凝土整平層厚40mm
砂礫鋪裝厚120mm

**景觀池為中心設置的平面圖** S=1/200

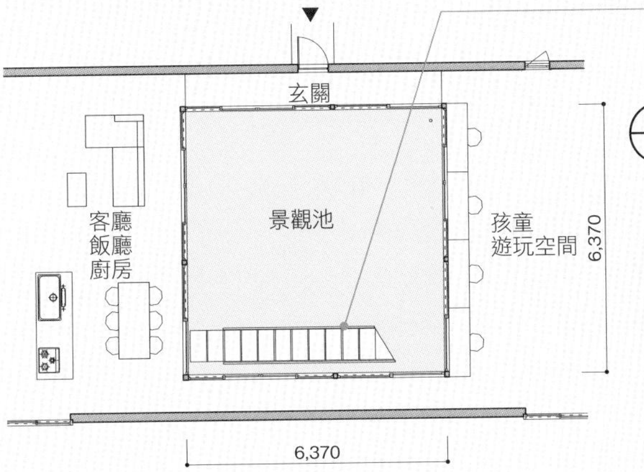
這道坡度和緩的階梯是通往架設在景觀池上的頂樓露台
玄關
N
客廳
飯廳
廚房
景觀池
孩童
遊玩空間
6,370
6,370

景觀池的夜景。建築物彷彿浮在水面上，譜出無限地幻想意趣。

照片 鈴木康彥

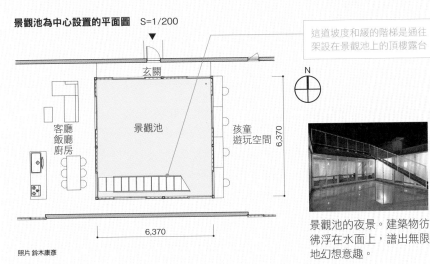

CASE 7-2

# 觀賞用的景觀池

本案例建地高度高於前面道路。因此發揮這段落差將建築物埋入地中，並在前面規劃低淺的景觀池。池底鋪滿卵石的景觀池有如藝術品般美麗，讓人不禁興起鑑賞的雅趣。

景觀池以鋼筋混凝土打造，深度38cm。由於池水可能會結冰，所以必須以冬季能把水排乾為前提來設計。就住宅規模而言，設置水循環裝置並不經濟，而且景觀池充其量也不過是抽象鏡面的裝置，所以不必過度防水，最好水能在一個星期左右自然排乾。這種設計既可確保水的透明度，也可減輕清掃負擔（清除藻類等）。（山本成一郎）

建築物正面。這是在混凝土墩座上蓋木造建築的簡單構造。水面反射的光輝映照在二樓天花板上。

從臥室望向景觀池，由於建築物埋入地中的關係，所以從臥室看水面高度會到腰部位置。為了凸顯光線反射作用，牆壁採用黑色塗裝，而天花板則是清水混凝土。

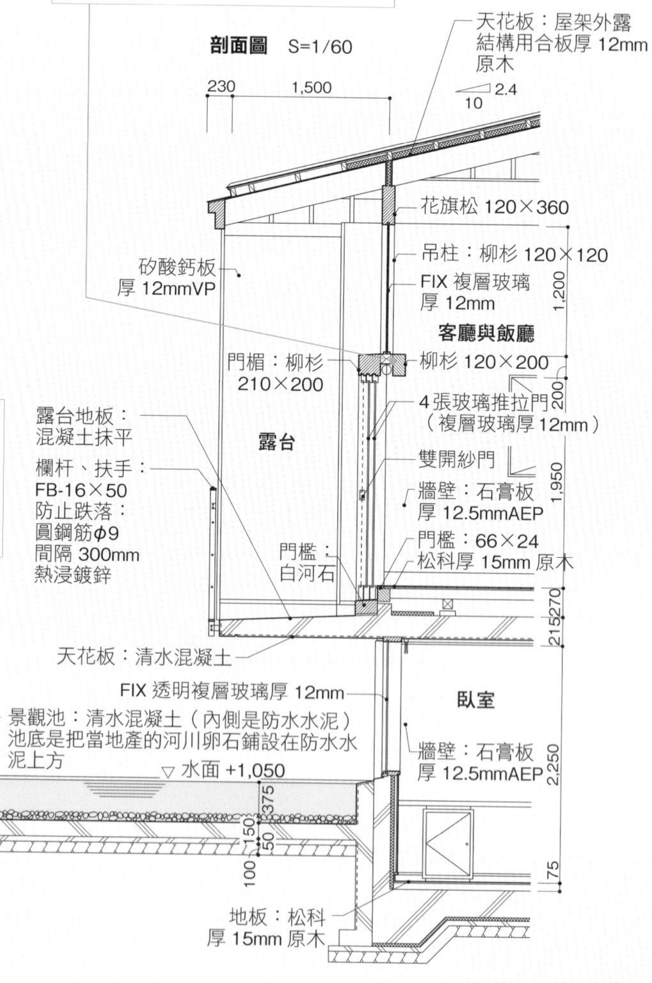

這是四片玻璃推拉門與氣窗 FIX 窗的邊界。在若隱若現的地方設置室內捲簾，當放下亞麻色的木棉捲簾時，前方雜木林就會將布料染成一片淺綠色
剖面圖 S=1/60
230
1,500
天花板：屋架外露結構用合板厚 12mm 原木
2.4
10
花旗松 120×360
吊柱：柳杉 120×120
矽酸鈣板厚 12mmVP
FIX 複層玻璃厚 12mm
1,200
客廳與飯廳
門楣：柳杉 210×200
柳杉 120×200
200
4張玻璃推拉門（複層玻璃厚 12mm）
露台地板：混凝土抹平
露台
雙開紗門
欄杆、扶手：FB-16×50
防止跌落：圓鋼筋φ9 間隔 300mm 熱浸鍍鋅
1,950
牆壁：石膏板厚 12.5mmAEP
門檻：白河石
門檻：66×24
松科厚 15mm 原木
270
215
面南的景觀池裝置透過光的抽象形式，將變化萬千的陽光與風帶入室內。因此，深度並非重點。排乾水後的乾枯池底也別有一番風情。並且在池底鋪設白色卵石，多少能獲得反射光線
▽2FL
天花板：清水混凝土
FIX 透明複層玻璃厚 12mm
臥室
2,735
600
165
景觀池：清水混凝土（內側是防水水泥）池底是把當地產的河川卵石鋪設在防水水泥上方
牆壁：石膏板厚 12.5mmAEP
2,250
▽+1,080
▽ 水面 +1,050
375
150
50
100
75
200
▽1FL
▽±0
地板：松科厚 15mm 原木

CASE 7-3

# 二樓中庭的群落生境

這是一樓為出租停車場、二樓為生活空間的案例。在二樓設置中庭，除了不必在乎周圍視線、又能延伸生活空間外，也會令人忘記這裡並非一樓。這個中庭是以循環水源的水池為中心，旁邊配置植栽與水草等，形成一個小小的群落生境。光和風、綠意、水聲等就從這裡傳到各個房間，正因為位於二樓，才能愜意地享受這些自然情趣。（藤原昭夫）

**平面圖** S=1/100

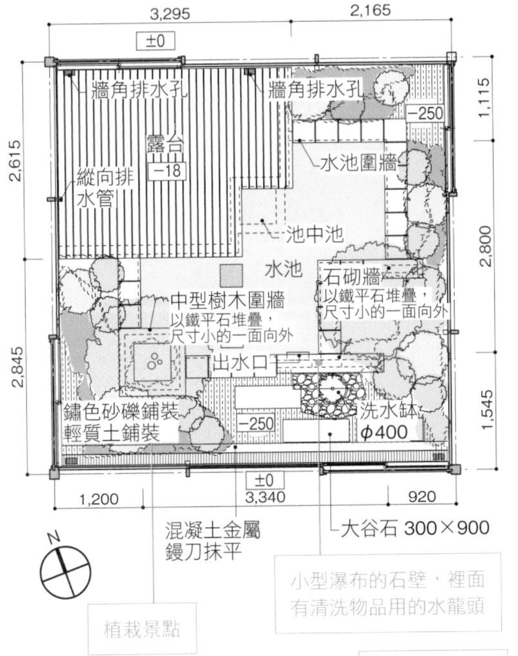
3,295
2,165
±0
牆角排水孔
牆角排水孔
−250
1,115
露台
−18
縱向排水管
水池圍牆
2,615
池中池
水池
2,800
石砌牆
以鐵平石堆疊，尺寸小的一面向外
中型樹木圍牆
以鐵平石堆疊，尺寸小的一面向外
2,845
出水口
洗水缽
φ400
1,545
鏽色砂礫鋪裝
輕質土鋪裝
−250
±0
1,200
3,340
920
混凝土金屬鏝刀抹平
大谷石 300×900
N
小型瀑布的石壁，裡面有清洗物品用的水龍頭
植栽景點

**二樓中庭外觀詳細剖面圖**
S=1/60

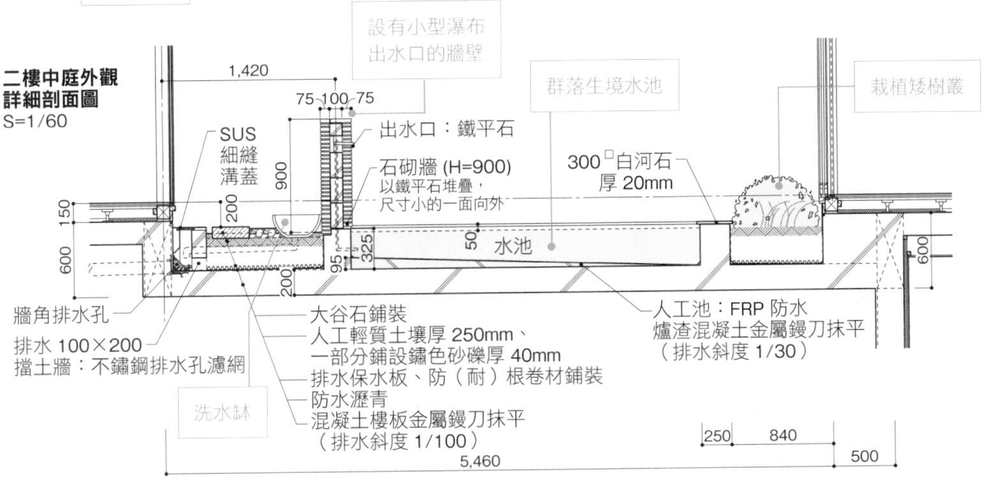
設有小型瀑布出水口的牆壁
群落生境水池
栽植矮樹叢
1,420
75 100 75
SUS細縫溝蓋
出水口：鐵平石
石砌牆 (H=900)
以鐵平石堆疊，尺寸小的一面向外
300□白河石
厚 20mm
900
150
200
600
325
95
50
200
水池
600
牆角排水孔
排水 100×200
擋土牆：不鏽鋼排水孔濾網
大谷石鋪裝
人工輕質土壤厚 250mm、
一部分鋪設鏽色砂礫厚 40mm
排水保水板、防（耐）根卷材鋪裝
防水瀝青
混凝土樓板金屬鏝刀抹平
（排水斜度 1/100）
人工池：FRP 防水
爐渣混凝土金屬鏝刀抹平
（排水斜度 1/30）
洗水缽
250
840
5,460
500

**剖面圖** S=1/250

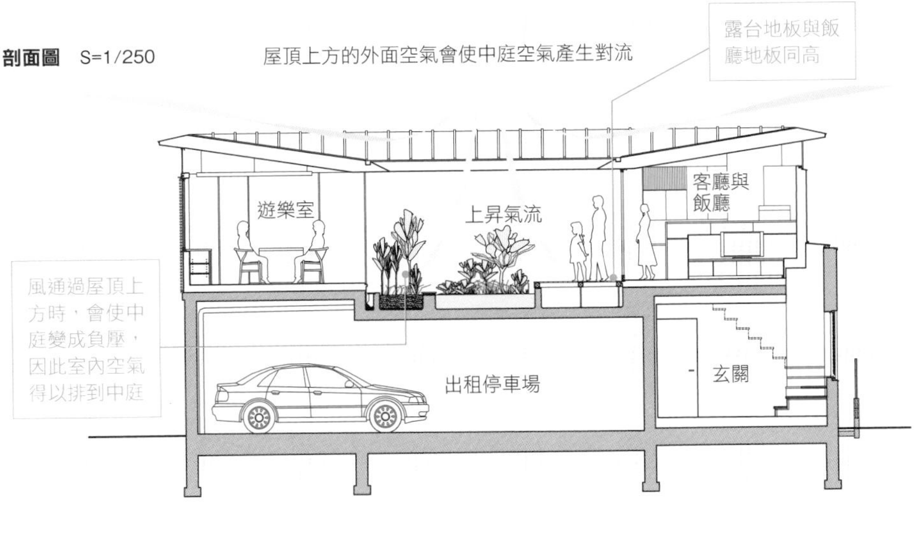
屋頂上方的外面空氣會使中庭空氣產生對流
露台地板與飯廳地板同高
遊樂室
上昇氣流
客廳與飯廳
風通過屋頂上方時，會使中庭變成負壓，因此室內空氣得以排到中庭
出租停車場
玄關

## CASE 7-4 綠化屋頂

本案例是兩層樓住宅，其中一部分平房的屋頂做了綠化。因此這裡成為從二樓窗戶進出的「草坪庭院」。設計適度的屋頂斜度，並在周圍築上安全防護用的草坪堤防。由於設有自動灑水裝置，所以不必花時間維護。
（松原正明）

**剖面圖** S=1/5

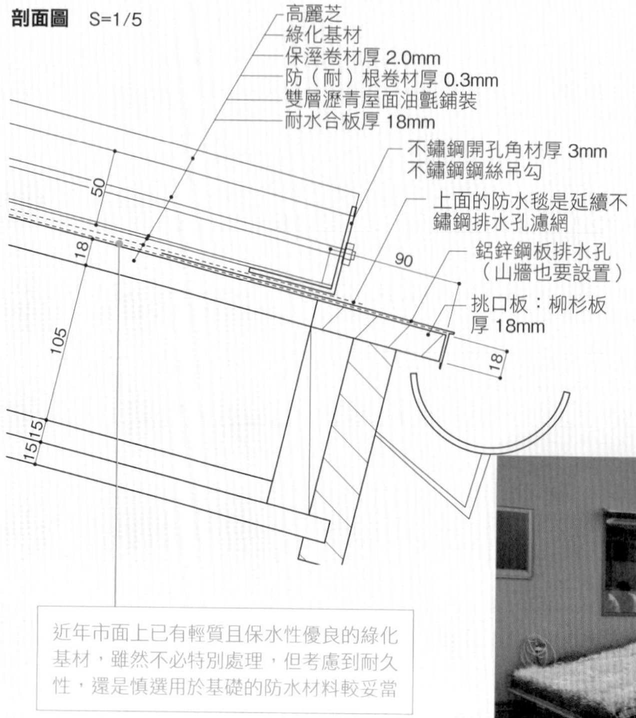
高麗芝
綠化基材
保溼卷材厚 2.0mm
防（耐）根卷材厚 0.3mm
雙層瀝青屋面油氈鋪裝
耐水合板厚 18mm
不鏽鋼開孔角材厚 3mm
不鏽鋼鋼絲吊勾
上面的防水毯是延續不鏽鋼排水孔濾網
鋁鋅鋼板排水孔
（山牆也要設置）
挑口板：柳杉板
厚 18mm
50
18
90
105
18
15
15
近年市面上已有輕質且保水性優良的綠化基材，雖然不必特別處理，但考慮到耐久性，還是慎選用於基礎的防水材料較妥當

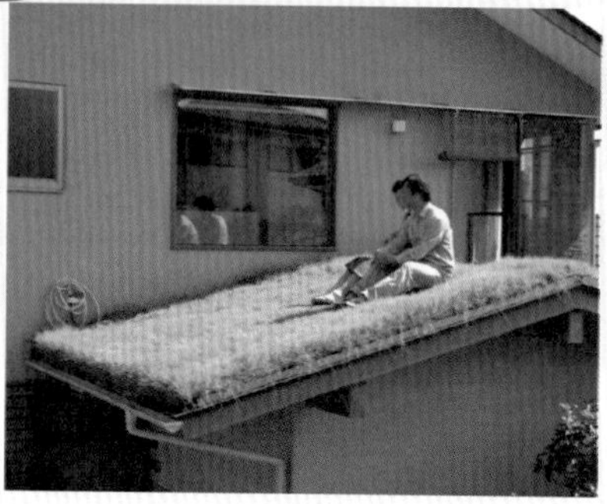

屋主從二樓窗戶能出到草坪屋頂上放空歇息。雖然草坪屋頂下層沒有設置隔熱材，但下面的和室仍是夏涼冬暖。

## CASE 7-5 透過頂樓綠化提升隔熱性

這是屋頂綠化改造案例。在既有防水層（聚氨酯防水）上施加 FRP 防水，並鋪設防（耐）根卷材、10cm 的珍珠岩以及 40cm 的輕質土。土壤表面被兩種不同的香草覆蓋，並且種上 16 棵淺根性的橄欖樹。每逢夏天最上層樓層總是相當酷熱，透過這次綠化因此有了大幅改善。（田代敦久）

這是綠化一年後的樣子。香草幾乎快要將天窗的圓屋頂覆蓋掉。橄欖樹也牢實地扎根並結滿果實。

**剖面圖** S=1/40

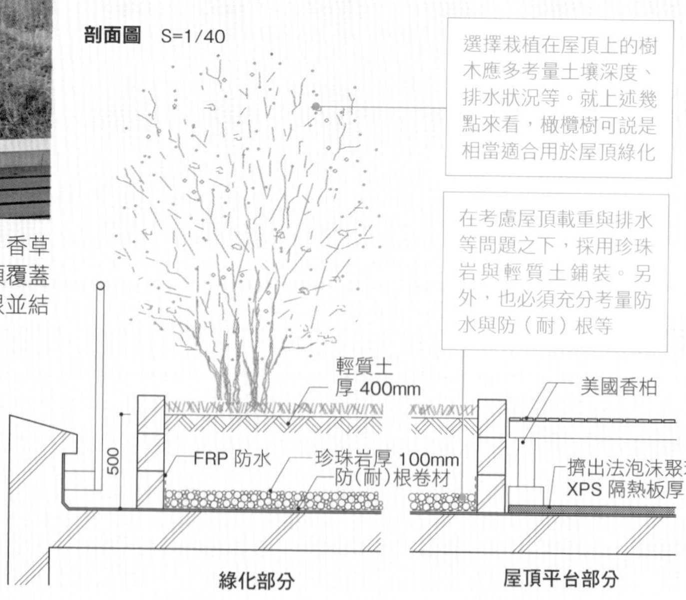
選擇栽植在屋頂上的樹木應多考量土壤深度、排水狀況等。就上述幾點來看，橄欖樹可說是相當適合用於屋頂綠化
在考慮屋頂載重與排水等問題之下，採用珍珠岩與輕質土鋪裝。另外，也必須充分考量防水與防（耐）根等
輕質土
厚 400mm
500
FRP 防水
珍珠岩厚 100mm
防(耐)根卷材
美國香柏
擠出法泡沫聚苯乙烯
XPS 隔熱板厚 40mm
綠化部分
屋頂平台部分

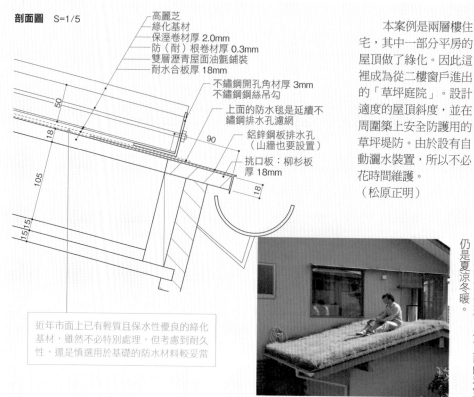

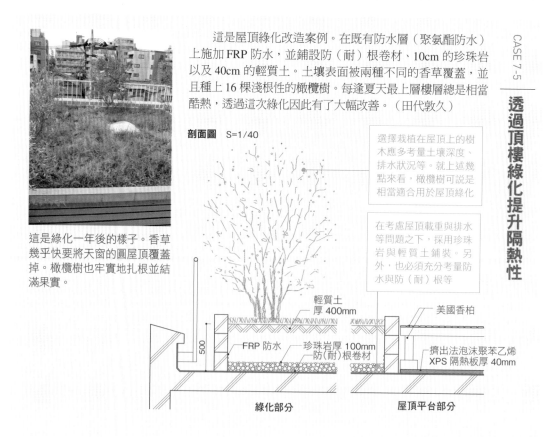

# CASE 7-6 與閣樓一體化的頂樓庭園

本案例是藉著改建三層樓住宅的閣樓之時，在南北邊設置一座頂樓庭院，以獲得通風和園藝樂趣。南側庭院是有景深感的露台，可做為房間的延伸空間。木製格柵支架強調室內外的連續性與一體感，減緩了頂樓的不安全感。而周圍的百葉板圍欄則具有遮蔽功能。另一方面，北側庭院則將既有瓦片埋入地面當做裝飾，為了不讓植栽根部過度生長，採用植栽盆栽整個埋入土裡的做法。（倉島和彌）

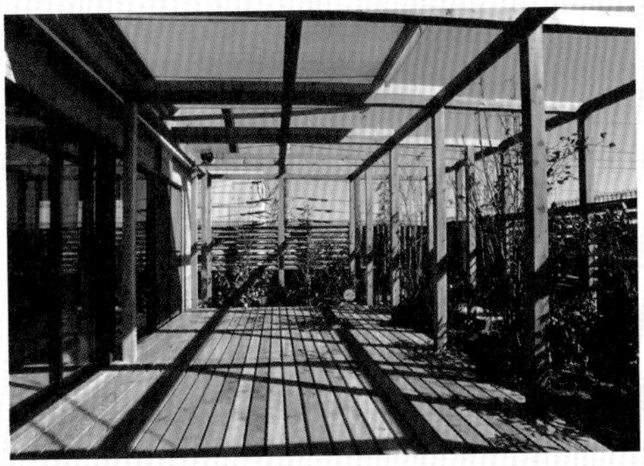

利用格柵棚架上的遮陽篷控制日照，讓室內或露台空間變得更加舒適。在空中庭園裡，甚至可安心地享受裸體日光浴。

由於露台這面是一大片落地窗，所以更強調出室內外的一體感。而且因為架設了格柵支架而使空間具有深度和寬敞感。不僅如此，這裡相當隱密，只看得到天空。

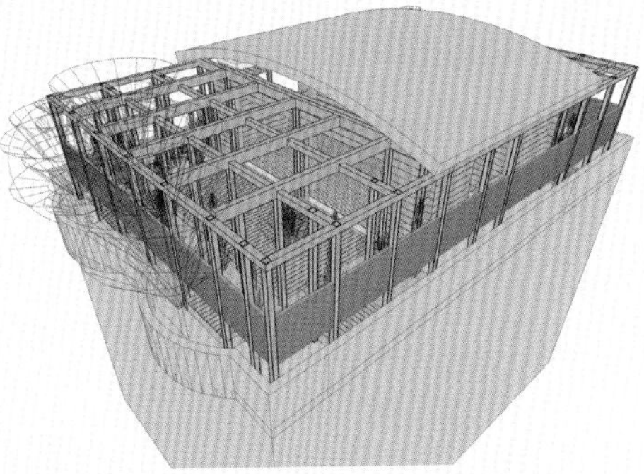

南北邊都有頂樓庭園。圖前方是南側庭園，是由木製格柵支架所架設起來的露台與植栽庭園。北側庭園則是利用既有瓦片與盆栽設計而成

**改造後的平面圖** S=1/200

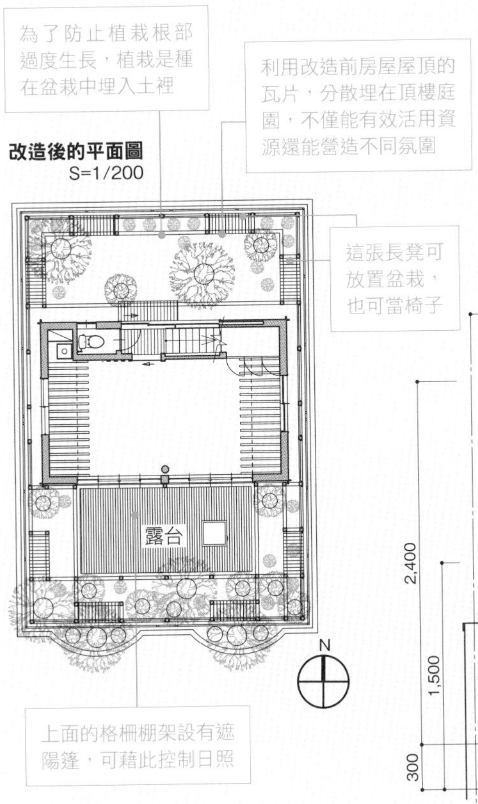
為了防止植栽根部過度生長，植栽是種在盆栽中埋入土裡
利用改造前房屋屋頂的瓦片，分散埋在頂樓庭園，不僅能有效活用資源還能營造不同氛圍
這張長凳可放置盆栽，也可當椅子
露台
N
上面的格柵棚架設有遮陽篷，可藉此控制日照

**遮蔽屏障：縱格子平面圖** S=1/20

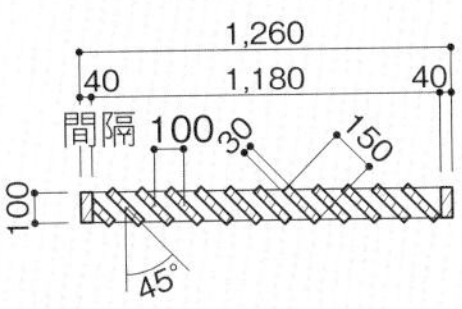
1,260
40
1,180
40
間隔 100
30
150
100
45°

這個百葉板材除了能遮蔽視線外，同時能確保通風。不管縱向或橫向都可視周圍視線調整方向，百葉像是帶有節奏般別具一番風情

**剖面圖** S=1/20

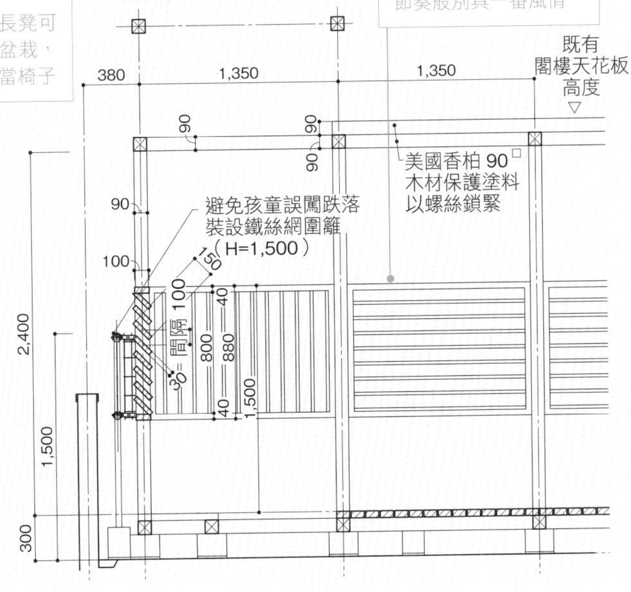
380
1,350
1,350
既有
閣樓天花板
高度
90
90
90
美國香柏 90□
木材保護塗料
以螺絲鎖緊
90
避免孩童誤闖跌落
裝設鐵絲網圍籬
（H=1,500）
100
150
100
間隔
30
40
800
880
40
1,500
2,400
1,500
300

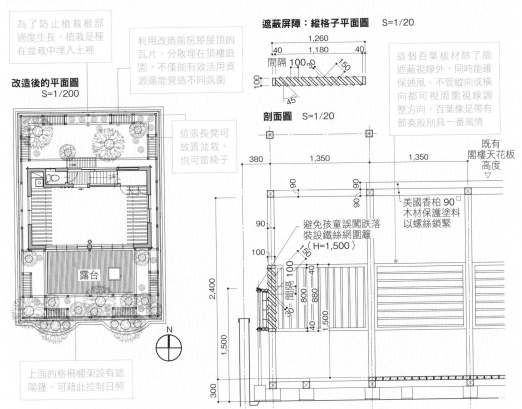

# 後院空間與設備區域

**調和建築物外觀、美化雜亂**
**空調室外機、熱水器周邊、廚房後門附近、室外盥洗台等設計**

## 1 空調室外機與熱水器區域巧妙隱藏

### CASE 1-1 利用矮牆與植栽美化

通道左邊是放置空調室外機與自行車的場所。道路那端設有木製推拉門，通道旁則是與建築物形成斜角的泥作矮牆，為了確保植栽空間，這裡在設計上下了一番工夫。雖然空間不大，卻足以遮蔽空調室外機與自行車，創造一個能夠迎接訪客的空間。（高野保光）

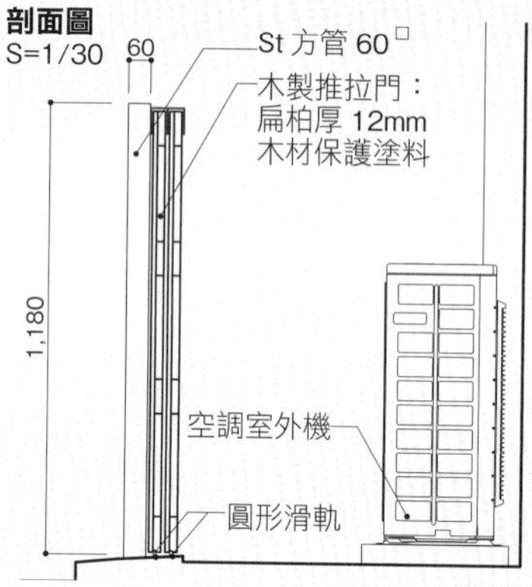
剖面圖
S=1/30
60
St 方管 60□
木製推拉門：
扁柏厚 12mm
木材保護塗料
1,180
空調室外機
圓形滑軌

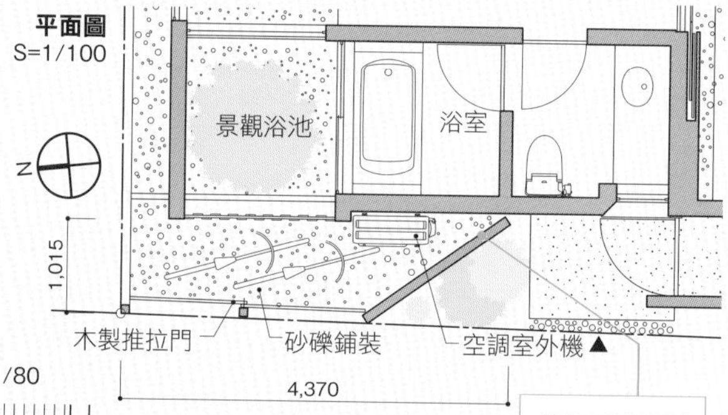
平面圖
S=1/100
景觀浴池
浴室
N
1,015
木製推拉門
砂礫鋪裝
空調室外機▲
4,370
將訪客引導到
玄關的斜牆

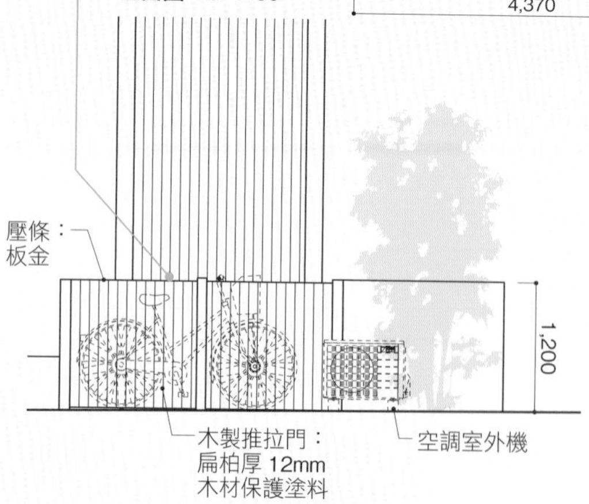
矮牆高度恰好足以
遮住自行車，是個
相當人性化的空間
立面圖 S=1/80
壓條：
板金
1,200
木製推拉門：
扁柏厚 12mm
木材保護塗料
空調室外機

空調室外機放在植栽前面的矮牆裡。在道路側設置推拉門，兼做自行車停放處。

CASE 1-2

# 利用木板圍牆營造不一樣的外觀

本案例將不規則建地裡的閒置空間，規劃成放置空調室外機與熱水器的場所。由於面向道路必須築圍牆以維持美觀，所以這裡使用乍看之下不太容易被發現的扁柏板建造一道圍牆。配合建築物外牆所設計的圍牆，可讓外觀有不一樣的變化。（松澤靜男）

玄關區域立面圖
S=1/100

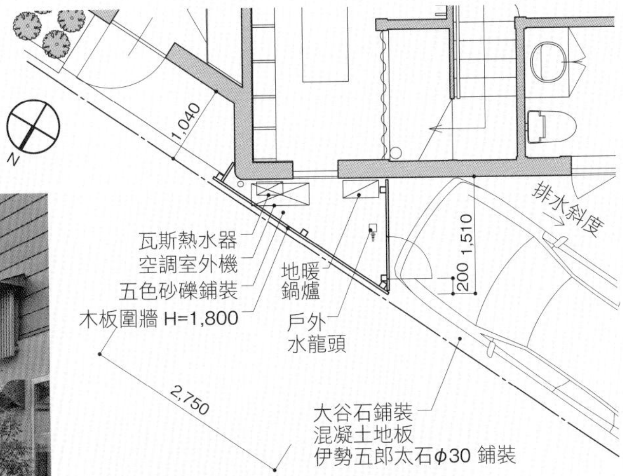
N
1,040
排水斜度
1,510
200
瓦斯熱水器
空調室外機
五色砂礫鋪裝
木板圍牆 H=1,800
地暖
鍋爐
戶外
水龍頭
2,750
大谷石鋪裝
混凝土地板
伊勢五郎太石φ30 鋪裝

這是利用拆卸下來的大谷石鋪設車庫、以及空調室外機與熱水器的放置場所地面。對行人來說，當沒有停放車輛時，這裡就是行人駐足的袖珍公園。

空調室外機與熱水器設置在木板圍牆內。

圍牆詳細圖 S=1/8

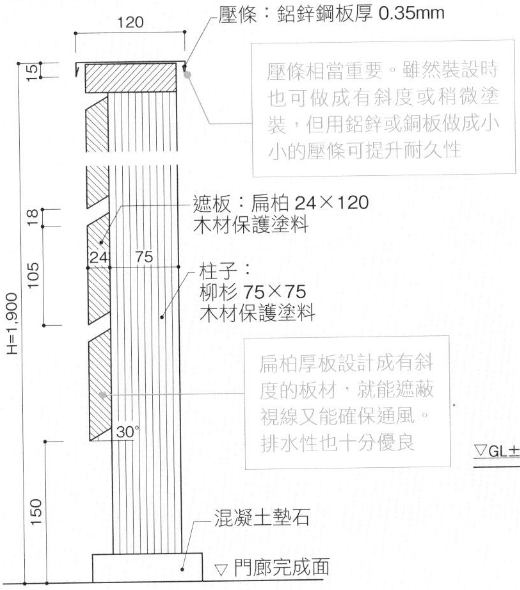
120
15
壓條：鋁鋅鋼板厚 0.35mm
壓條相當重要。雖然裝設時也可做成有斜度或稍微塗裝，但用鋁鋅或銅板做成小小的壓條可提升耐久性
18
遮板：扁柏 24×120
木材保護塗料
24
75
105
柱子：
柳杉 75×75
木材保護塗料
H=1,900
扁柏厚板設計成有斜度的板材，就能遮蔽視線又能確保通風。排水性也十分優良
30°
150
混凝土墊石
▽門廊完成面

圍牆立面圖
S=1/50

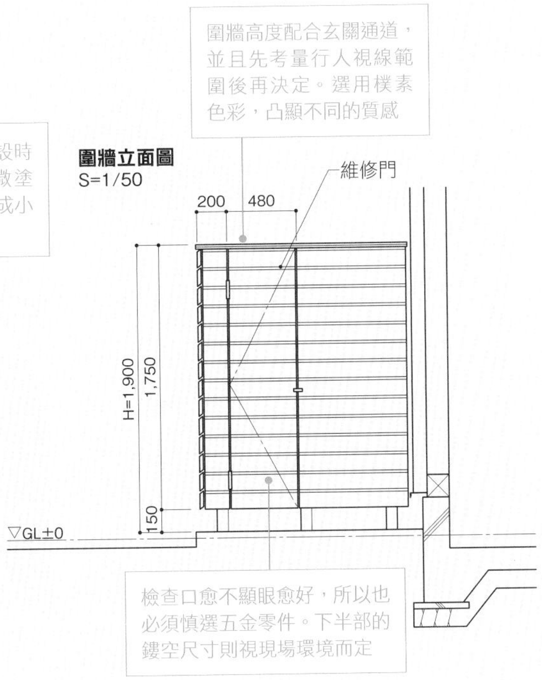
圍牆高度配合玄關通道，並且先考量行人視線範圍後再決定。選用樸素色彩，凸顯不同的質感
維修門
200
480
H=1,900
1,750
150
▽GL±0
檢查口愈不顯眼愈好，所以也必須慎選五金零件。下半部的鏤空尺寸則視現場環境而定

CASE 2-1

## 融入建築物的後院空間

在玄關前面設置前廳，連接到有屋頂的後院。這裡也能夠從廚房後門的通路進出，是用於收納戶外用具與暫放垃圾的空間。而且設有戶外水龍頭。這是通路本身就像一間「房間」的案例。

（田中NAOMI）

**後院立面圖** S=1/100

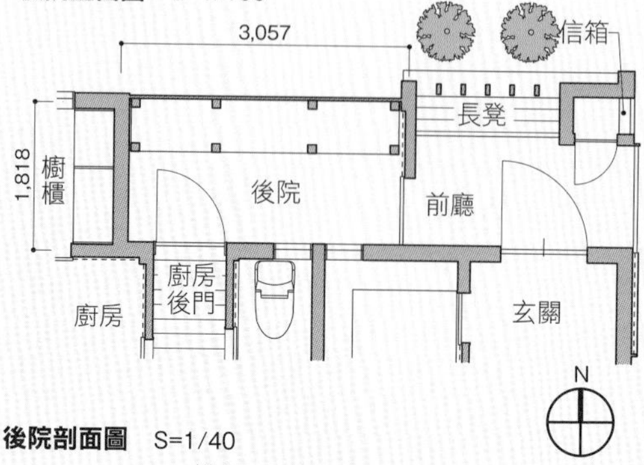
3,057
信箱
長凳
1,818
櫥櫃
後院
前廳
廚房後門
廚房
玄關
N

**後院剖面圖** S=1/40

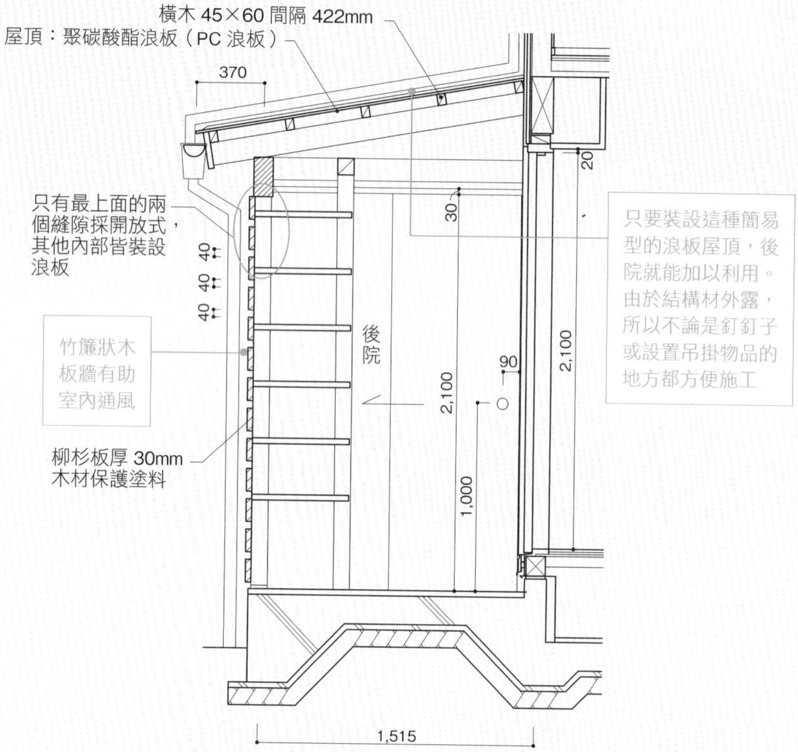
橫木 45×60 間隔 422mm
屋頂：聚碳酸酯浪板（PC 浪板）
370
20
只有最上面的兩個縫隙採開放式，其他內部皆裝設浪板
30
40
40
40
只要裝設這種簡易型的浪板屋頂，後院就能加以利用。由於結構材外露，所以不論是釘釘子或設置吊掛物品的地方都方便施工
竹簾狀木板牆有助室內通風
後院
90
2,100
2,100
柳杉板厚 30mm 木材保護塗料
1,000
1,515

由於屋頂採聚碳酸酯浪板，所以相當透光明亮。牆壁只使用貫材這種簡樸的完成面。

門的另一邊是玄關前廳，前方是通道。用於收納戶外用品也相當便利。

照片 山野健治

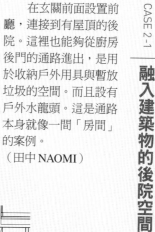

## CASE 2-2 連接有屋頂的露台

為了使露台具備多項功能，本案例加設屋頂並連接到廚房後門。動線規劃範圍不一定僅限於室內，室外區域也列入考慮的話會讓整體動線更加順暢，有助提升生活便利性。例如烤肉食材可直接從廚房後門端到露台。除此之外，還能夠從廚房後門到後院晒衣服、或撒混合肥料、或摘庭院裡的香草等，機動性相當良好。（田中 NAOMI）

經由廚房後門也能進出飯廳前的露台。

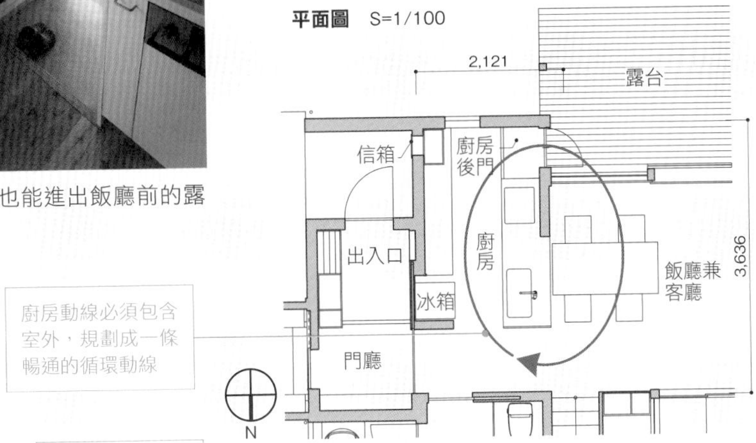
平面圖　S=1/100
2,121
露台
信箱
廚房後門
廚房
出入口
冰箱
飯廳兼客廳
3,636
門廳
N
廚房動線必須包含室外，規劃成一條暢通的循環動線

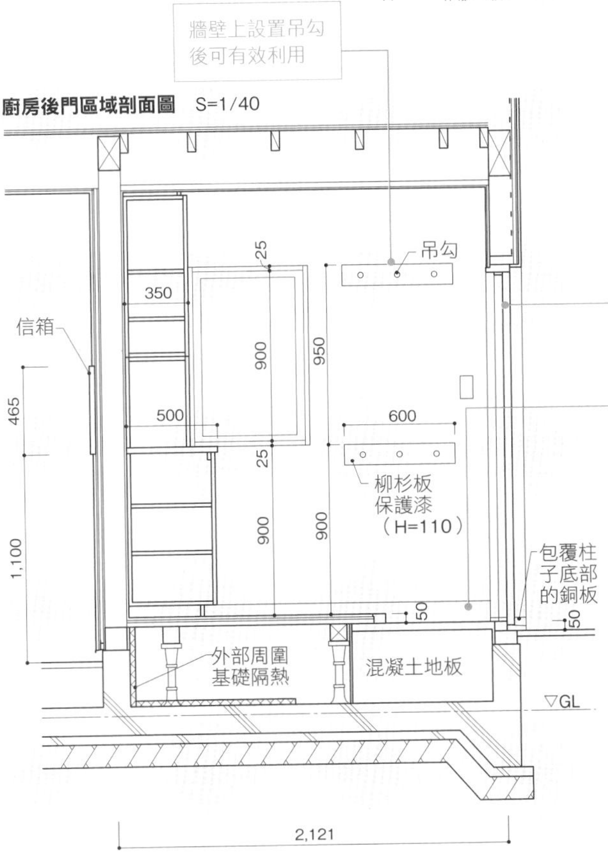
牆壁上設置吊勾後可有效利用
廚房後門區域剖面圖　S=1/40
由於從飯廳能清楚看見廚房後門，所以採用木製材質較為柔和
吊勾
25
350
信箱
900
950
465
500
600
這個地方是死角，適合當做垃圾暫放區
25
柳杉板保護漆（H=110）
900
900
1,100
包覆柱子底部的銅板
50
50
外部周圍基礎隔熱
混凝土地板
▽GL
2,121

餐桌前面隔著玻璃可看到廚房後門。形成一條循環飯廳、廚房、露台的動線。

照片 石井雅義

## CASE 3-1 規劃成戶外廚房

本案例在寬廣的露台上設置烤肉專用的水龍頭。想在露天環境下享用餐點時，戶外廚房就是個不錯的地點。

工作台與水龍頭採用混凝土一體成形，工作台高度適中，進行作業時不必彎腰便於清洗運動鞋、園藝用品等。（長濱信幸）

**平面圖** S=1/120

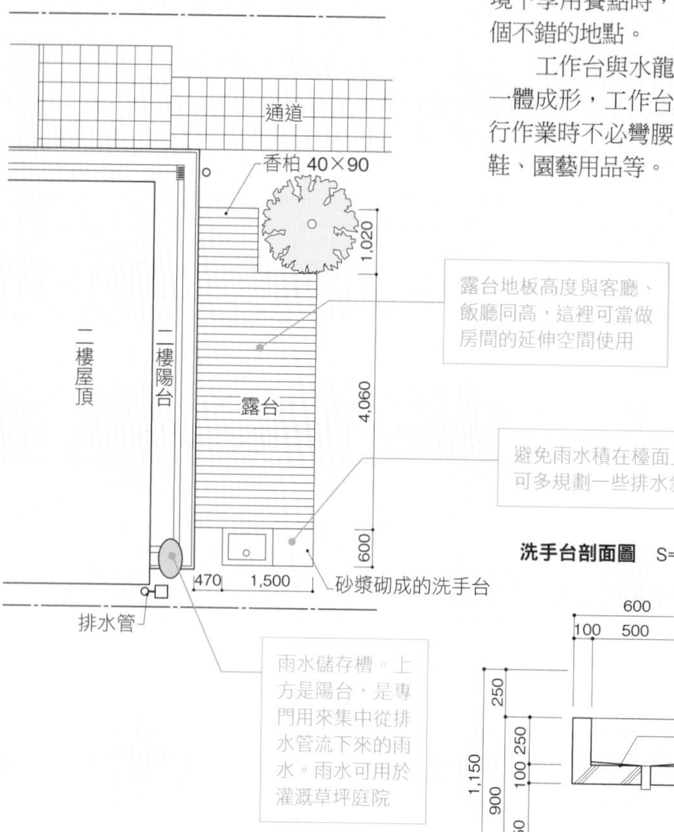
通道
香柏 40×90
1,020
露台地板高度與客廳、飯廳同高，這裡可當做房間的延伸空間使用
二樓屋頂
二樓陽台
露台
4,060
避免雨水積在檯面上，可多規劃一些排水斜度
600
470
1,500
砂漿砌成的洗手台
排水管
雨水儲存槽。上方是陽台，是專門用來集中從排水管流下來的雨水。雨水可用於灌溉草坪庭院

**洗手台剖面圖** S=1/40

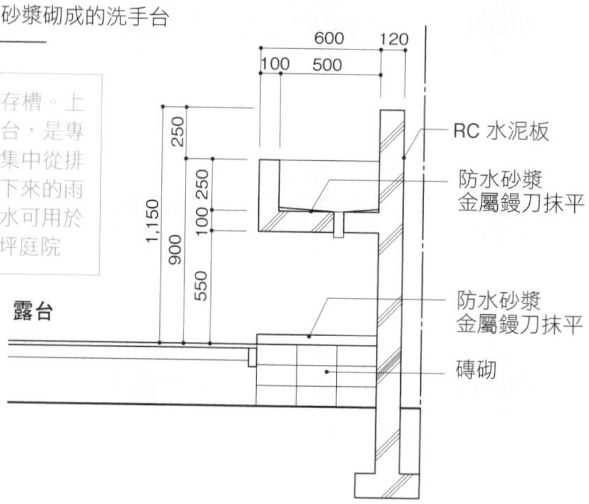
600
120
100
500
RC 水泥板
防水砂漿
金屬鏝刀抹平
250
1,150
900
250
100
550
露台
防水砂漿
金屬鏝刀抹平
磚砌

餐桌前面是戶外洗手台。這裡就好像是戶外廚房。

在露台一側設置戶外洗手台與雨水儲存槽。

CASE 3-2
## 安裝市售水龍頭

本案例在車庫角落設置可埋設的市售水龍頭。由於排水管埋入混凝土地板底下，所以就近設置一個維護用的集水井，做為排水管阻塞時的疏通對策。同時用於洗車、澆花，甚至也可在露台打水仗。（長濱信幸）

**平面圖** S=1/120

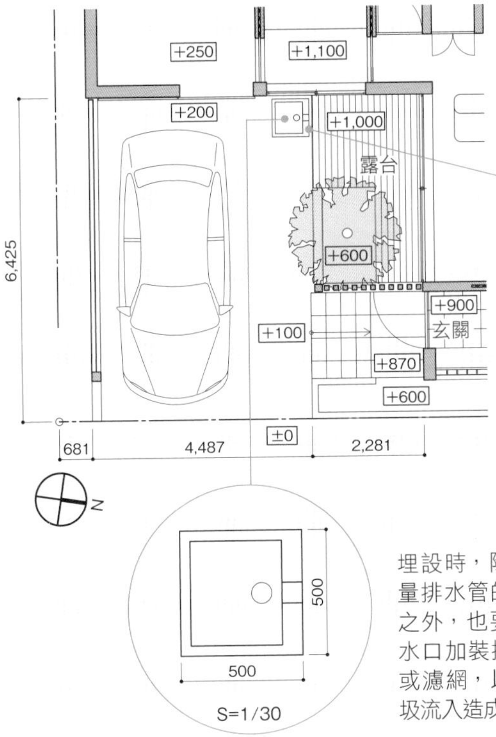
+250
+1,100
+200
+1,000
露台
+600
+900
玄關
+100
+870
+600
±0
6,425
681
4,487
2,281
N
500
500
S=1/30

水龍頭高度剛好在露台的陰影範圍內，所以從客廳望向露台時看不見

埋設時，除了考量排水管的維護之外，也要在排水口加裝排水蓋或濾網，以防垃圾流入造成阻塞

在車庫角落設置戶外水龍頭。由於是埋設市售水龍頭，所以要控制好水龍頭的高度不可過於醒目。

CASE 3-3
## 埋入露台地板

一般戶外水龍頭都設置在磚塊等建材上，但是木板張貼的露台可嵌入木地板內，使整體更加簡潔。由於設置位置偏低，所以不適合在這裡儲水清洗物品，但只要利用水桶等器皿盛水就能解決清洗問題。（松原正明）

**露台戶外水龍頭剖面圖** S=1/20

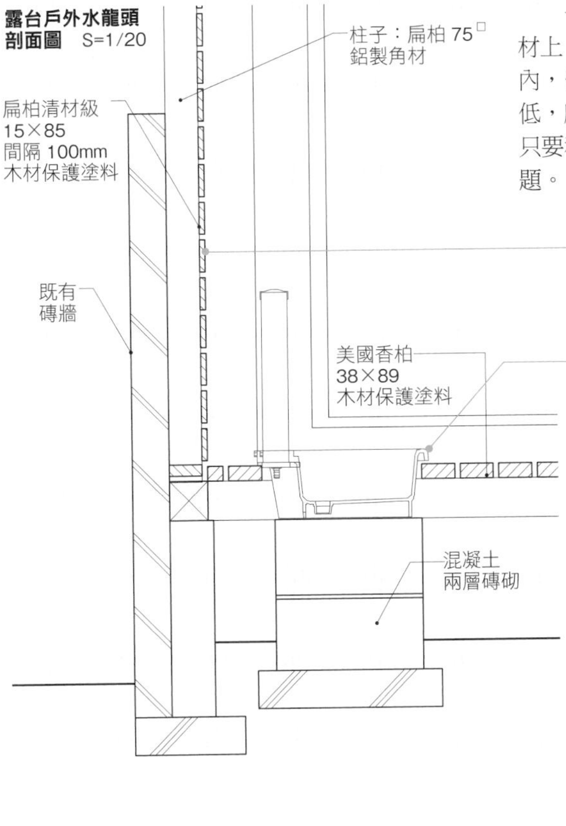
柱子：扁柏 75□
鋁製角材
扁柏清材級
15×85
間隔 100mm
木材保護塗料
既有
磚牆
美國香柏
38×89
木材保護塗料
混凝土
兩層磚砌

利用既有磚牆架起柱子並張貼扁柏板

這是量販店銷售的洗腳用水龍頭，這種盆緣夠深的洗腳盆很適合嵌入木地板

在洗衣間外面的露台上設置洗腳用的水龍頭。

# 儀錶箱的檢測對策

CASE 4-1

## 設計童趣的儀錶箱

這是以這棟建築物為模型，將設置在旗竿型建地入口處的信箱與儀錶箱，設計成建築物的縮小版，像是子建築依附在主建築旁。牆壁張貼有接合縫隙的柳杉板，裡面收納各式儀錶類。柳杉板上方採灰泥塗布牆，這裡設有信箱，上頭覆蓋鍍鋁鋅鋼板屋頂，整體設計與主建築形成一體化。

檢查儀錶類時，可掀開竹簾門板進行作業。姓氏門牌則是利用多餘木片，請書法家友人幫忙設計文字，然後以手工雕刻製成。（安井正）

獨立的小型建築物。彷彿主建築的孩子般隨側在旁，能夠感受到童趣的設計。

**信箱、儀錶箱立面圖** S=1/40

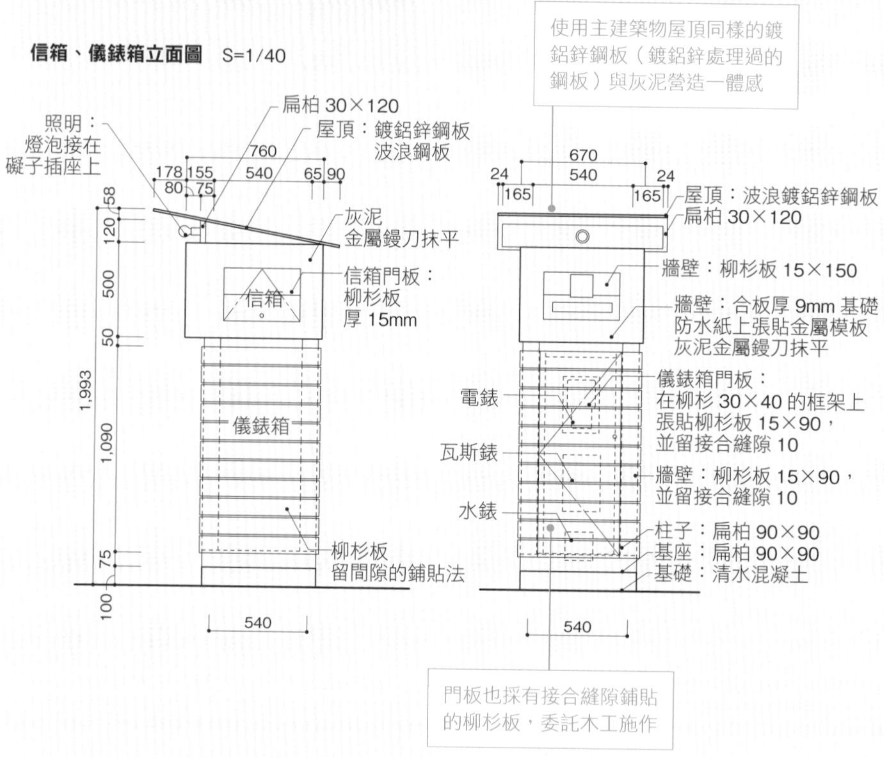
使用主建築物屋頂同樣的鍍鋁鋅鋼板（鍍鋁鋅處理過的鋼板）與灰泥營造一體感
照明：燈泡接在礙子插座上
扁柏 30×120
屋頂：鍍鋁鋅鋼板 波浪鋼板
760
178 155 540 65 90
80 75
灰泥 金屬鏝刀抹平
信箱門板：柳杉板 厚 15mm
信箱
儀錶箱
柳杉板 留間隙的鋪貼法
58
120
500
50
1,993
1,090
75
100
540
670
24 540 24
165 165
屋頂：波浪鍍鋁鋅鋼板
扁柏 30×120
牆壁：柳杉板 15×150
牆壁：合板厚 9mm 基礎防水紙上張貼金屬模板 灰泥金屬鏝刀抹平
儀錶箱門板：在柳杉 30×40 的框架上張貼柳杉板 15×90，並留接合縫隙 10
電錶
瓦斯錶
牆壁：柳杉板 15×90，並留接合縫隙 10
水錶
柱子：扁柏 90×90
基座：扁柏 90×90
基礎：清水混凝土
540
門板也採有接合縫隙鋪貼的柳杉板，委託木工施作

**儀錶箱平面圖** S=1/40

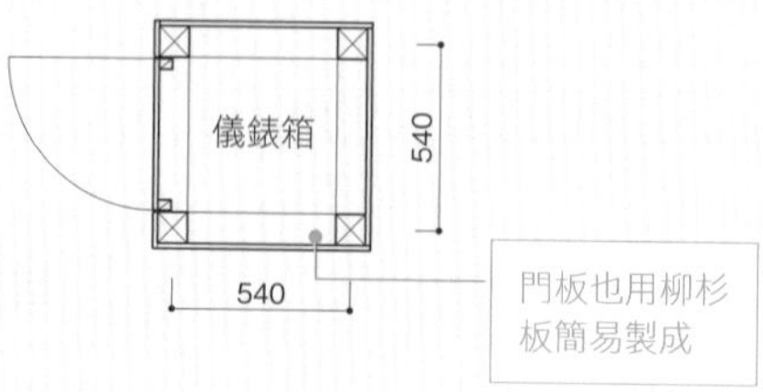
儀錶箱
540
540
門板也用柳杉板簡易製成

**信箱平面圖** S=1/40

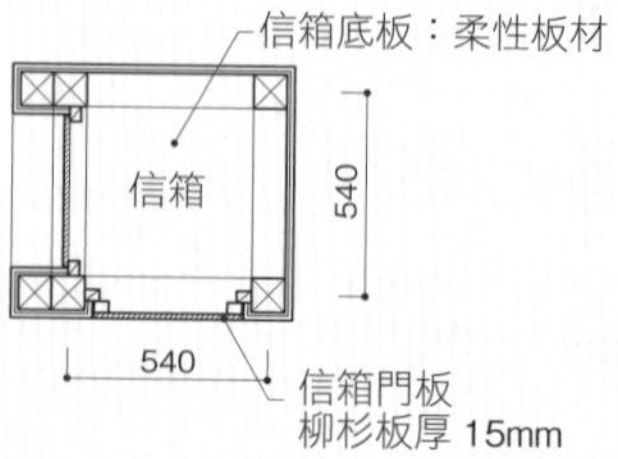
信箱底板：柔性板材
信箱
540
540
信箱門板 柳杉板厚 15mm

CASE 4-2

# 多機能的住宅信箱

不設置瓦斯錶的話，也能用於放置庭院或道路的打掃工具。裡面也可設置收納戶外水龍頭水管的箱子。

本案例將姓氏門牌、信箱、門鈴、戶外燈、瓦斯錶通通收納在這個多功能的箱子內。同時具有防盜對策，可防止訪客或儀錶檢測員進到玄關前。然後箱子後面種了一顆紀念樹，戶外照明則設置在地被植物當中。一到夜晚，被埋入植物叢裡頭的照明會將周圍照亮，營造出一條頗有氣氛的玄關通道。這種木製面板需要懸空設置，但若是善加利用改良成排水用的水井時，反而有助抑制成本。另外全電化住宅的話可以將瓦斯錶空間改成收納空間。（森博）

**多功能信箱剖面圖**
S=1/20

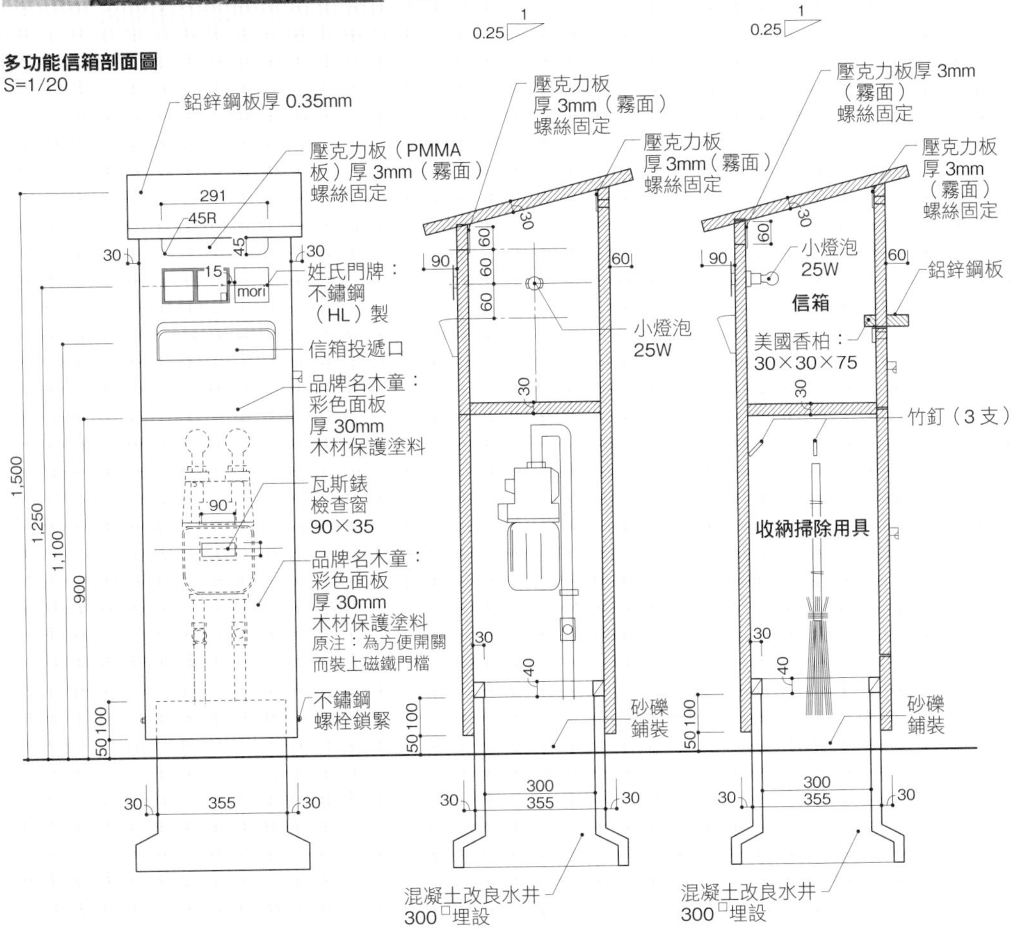
鋁鋅鋼板厚 0.35mm
壓克力板（PMMA板）厚 3mm（霧面）螺絲固定
291
45R
45
30
15
姓氏門牌：不鏽鋼（HL）製
mori
信箱投遞口
品牌名木童：彩色面板 厚 30mm 木材保護塗料
瓦斯錶 檢查窗 90×35
90
品牌名木童：彩色面板 厚 30mm 木材保護塗料
原注：為方便開關而裝上磁鐵門檔
不鏽鋼 螺栓鎖緊
1,500
1,250
1,100
900
100
50
355
0.25
1
壓克力板 厚 3mm（霧面）螺絲固定
壓克力板 厚 3mm（霧面）螺絲固定
小燈泡 25W
60
40
300
砂礫 鋪裝
混凝土改良水井 300□埋設
壓克力板厚 3mm（霧面）螺絲固定
壓克力板 厚 3mm（霧面）螺絲固定
小燈泡 25W
信箱
鋁鋅鋼板
美國香柏：30×30×75
竹釘（3 支）
收納掃除用具
砂礫 鋪裝
混凝土改良水井 300□埋設

整合設置姓氏門牌、門鈴、信箱。姓氏門牌的尺寸視門鈴機種而定。收納瓦斯錶時必須考慮後續更換，最好裝設在可簡易拆裝的位置

瓦斯錶固定在鍍鋅處理過的L型角材前面。裡頭的燈泡裝設在容易更換的位置

不設置瓦斯錶時裡頭可用於收納掃除用具。另外，信箱門板必須沿玄關通道方向設置，同時考慮易取件的位置和開啟方向

column

# 曖昧空間的設計——前川宅邸

## 1 北邊庭院與南邊庭院

前川國男於1942年蓋在東京品川的自宅，現在可到「江戶東京建築園」園內觀賞。當時的建築物因受到戰爭體制下的存貨管制，建築物受限於30坪內。因此我對這棟建築物的配置感到好奇。首先，北邊庭院比南邊庭院大，並且設有引導訪客通往玄關的寬敞通道，訪客可邊欣賞左側庭院邊前往玄關。再者這棟住宅的外觀相當特殊，現代主義的木造住宅卻有一面山牆大屋頂。從配置計畫來看，中央是挑空的客廳、南邊則全面設置窗戶使整個視野範圍都是庭院與天空。

北邊二樓是個多功能空間，下方開口部連接廣大的北邊庭院，這裡設有餐桌。綜觀整體規劃，南北視野能夠達到無限寬廣，而且坐在客廳能從北邊大開口部眺望沐浴在陽光底下滿是綠意的樹木。

## 2 翼牆與屋簷之間的空間

玄關前面利用大谷石翼牆輕柔地劃分開北邊庭院與通道，這道翼牆不但能維護屋主隱私，也藉由一部分翼牆巧妙使風景連續下去。

另一方面，這道高度適中的翼牆與深屋簷，將庭院與室內空間連結起來，創造出豐富的曖昧空間。就格局上的裝置而言，傳統的日本庭院最常使用竹籬、具有翼牆作用的竹籬、植栽或路緣石等不同地板完成面來劃分區域。前川先生將這道大谷石翼牆的高度設計得恰到好處，並且賦予開口部「通透」感，使日式格局昇華到意識形態境界。這棟住宅體現出格局在外觀上的重要性。（高野保光）

上——門前的大谷石圍牆將視線導向左邊，通過長長的大谷石通道便抵達玄關。
中——大屋頂與棟的支撐柱。
下——建築物與庭院如何設置看起來才自然？就是巧妙地利用深屋簷、凸出牆壁的翼牆和露台，連接起建築物與庭院。

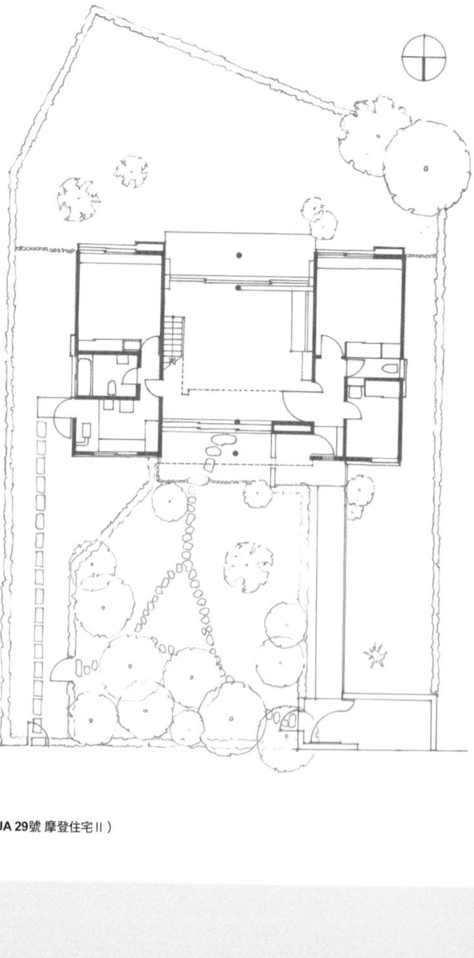

圖版 筆者（參考：JA 29號 摩登住宅II）

# 5 晒衣場

## 整頓家事環境

CASE 5-1

### 在露台上設置專用空間

設置在露台邊緣的晒衣場。屋頂材料是乳白色的聚碳酸酯浪板。邊緣全面設置通風門。

本案例在客廳外面的深屋簷底下規劃一個L型的露台，並且將其中一部分當做晒衣場使用，晒衣場屋頂換成聚碳酸酯浪板。然後，既然設置專用區域了，就得好好思量客廳的視野景觀。因此這裡設置一扇大型通風門，只要關上就看不到晾晒中的衣物。而且，晒衣場的鄰地側也設有格子推拉門。此外，由於屋簷深即使晾乾衣物沒收進屋內，也能放心出門。敞開通風門時能像翼牆一樣固定住，也能當做與鄰地之間的圍牆。

將晒衣場與盥洗室、洗衣間、浴室配置在同一直線上，就有實現縮短家事動線、確保用水區域和保持通風等可能性。

（田中 NAOMI）

外出時將通風門關閉，可減少晒衣物的存在感。

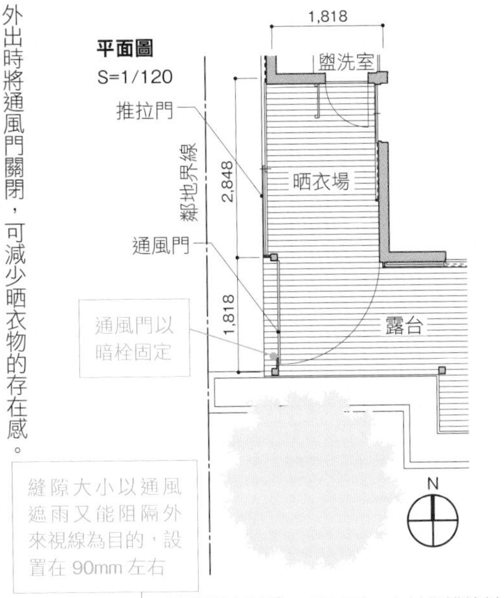
平面圖
S=1/120
1,818
盥洗室
推拉門
鄰地界線
2,848
晒衣場
通風門
1,818
露台
通風門以暗栓固定
N
縫隙大小以通風遮雨又能阻隔外來視線為目的，設置在 90mm 左右

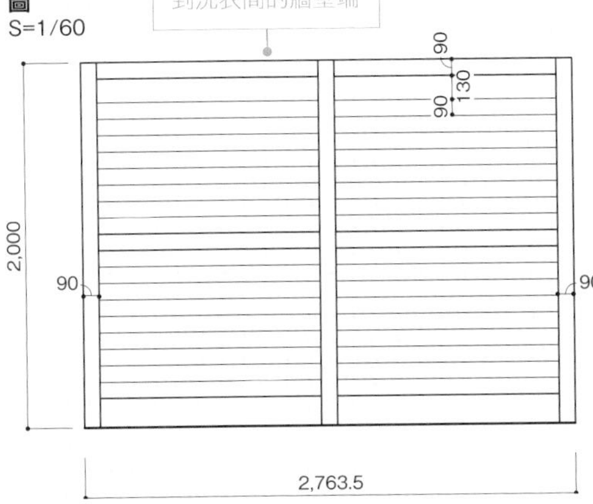
推拉門立面圖
S=1/60
兩片推拉門都能拉到洗衣間的牆壁端
90
130
90
2,000
90
90
2,763.5

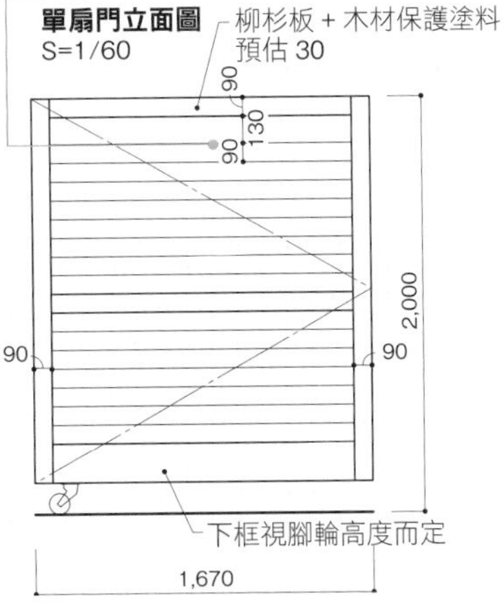
單扇門立面圖
S=1/60
柳杉板＋木材保護塗料預估 30
90
130
90
2,000
90
90
下框視腳輪高度而定
1,670

照片 山野健治

## CASE 5-2 安裝木製的晒衣架

本案例在完工後接到屋主想在屋簷底下安裝晒衣架的委託。由於屋簷天花板已經竣工，於是利用屋簷前端專門用來集熱的縫隙，製作兩組花旗松的晒衣架，只要架上晒衣竿後便可使用。（松原正明）

**木製晒衣架詳細圖**
S=1/20

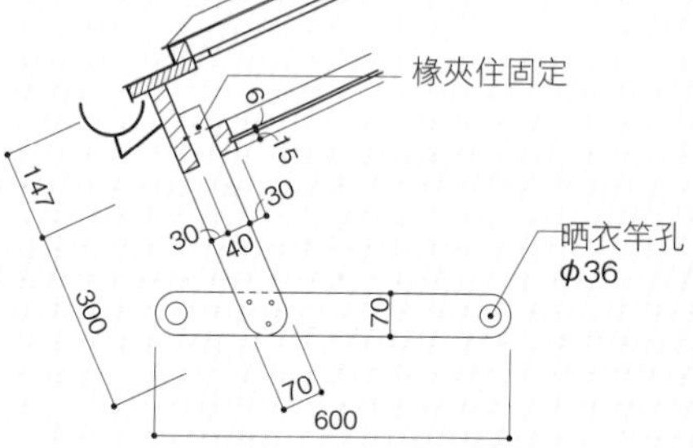

椽夾住固定
6
15
30
147
30
40
300
晒衣竿孔
φ36
70
70
600


市售金屬晒衣架與木造住宅格格不入。木製晒衣架不僅別具一番風情，設置在屋簷下也不必擔心劣化問題

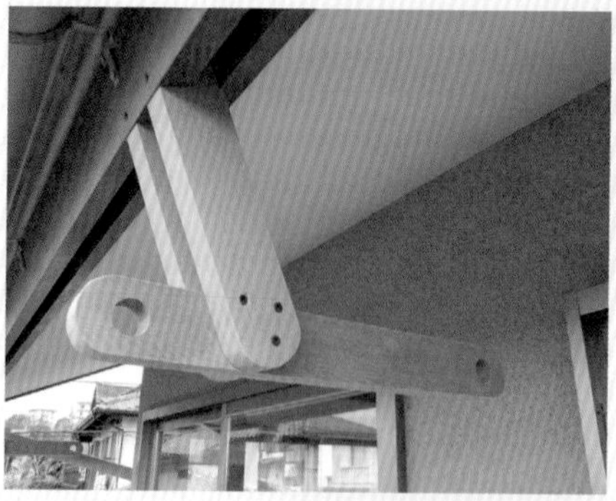

完工後再加裝會破壞天花板，所以利用破風板來安裝。

**木製晒衣架詳細圖**
S=1/20

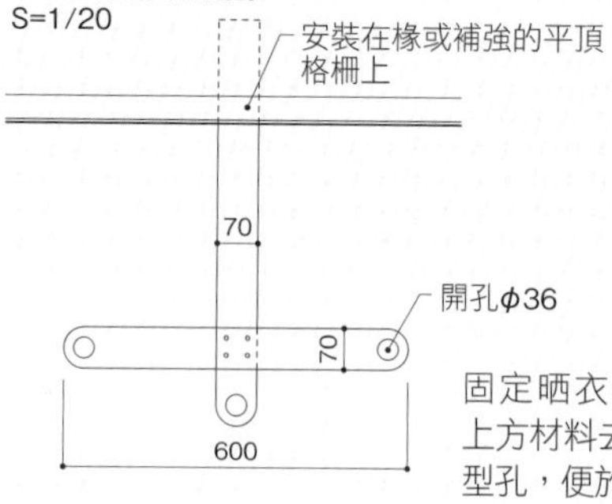

安裝在椽或補強的平頂格柵上
70
開孔φ36
70
600


固定晒衣竿的圓孔若把上方材料去除就會形成U型孔，便於收取晒衣竿

其他案例是在張貼屋簷天花板前置入基礎材料。

## CASE 5-3 晒衣場規劃在浴室旁

這是以窗簾隔開浴室與盥洗室、更衣間的一體空間。浴室的另一邊設有晒衣場。由於打開浴室的落地窗就能通到晒衣場，所以能縮短動線相當方便。不晾衣物時，就能享受浴室與室外露台融為一體化寬敞空間。（根來宏典）

**晒衣場與浴室剖面圖**
S=1/50

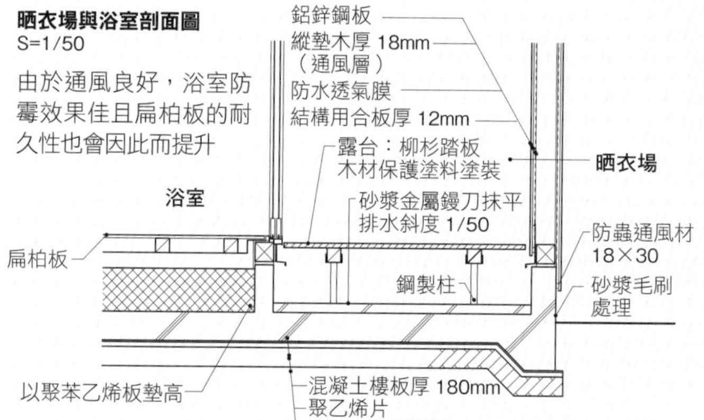

由於通風良好，浴室防霉效果佳且扁柏板的耐久性也會因此而提升
鋁鋅鋼板
縱墊木厚 18mm（通風層）
防水透氣膜
結構用合板厚 12mm
露台：柳杉踏板
木材保護塗料塗裝
晒衣場
浴室
砂漿金屬鏝刀抹平
排水斜度 1/50
扁柏板
防蟲通風材
18×30
鋼製柱
砂漿毛刷處理
以聚苯乙烯板墊高
混凝土樓板厚 180mm
聚乙烯片
混凝土整平層厚 40mm
砂礫鋪裝厚 120mm


**晒衣場平面圖** S=1/150

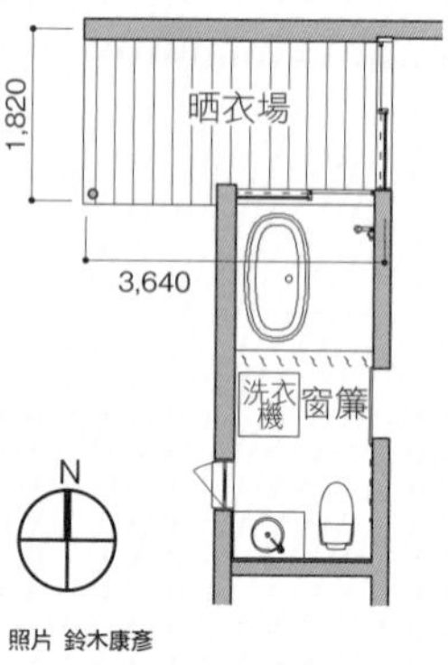

1,820
晒衣場
3,640
洗衣機
窗簾
N

LDK的左邊是浴室。從右邊內側的開口部也能進出晒衣場。

浴室地板採扁柏板鋪裝，裡頭晒衣場則是柳杉踏板。屋頂裝設透明的聚碳酸酯浪板。

照片 鈴木康彥

# 兼具易晾晒與防掉落的優點

平日做為晒衣場使用。由於家事空間、室內晒衣空間、室外晒棉被的位置在同一直線上，使家事效率得以提升。

本案例在庭院裡，站在露台上就能伸手碰觸到的位置，設置一組直徑45mm的不鏽鋼管材，並架設成不同高度的晒衣竿。高度是以屋主身高和棉被不落地為原則。為了使衣物容易晾乾，而採取兩根橫管的一側凸出縱管的設置方法，另一方面也考慮到滑落問題，所以也採用相同手法將對側的兩根縱管向上凸出。此外，已設想衣物可能掉落的情況，所以在底下鋪設砂礫。

還記得以前很多人常會在冬天放晴的時候，將家中棉被拿出來緣廊晾晒，然而現在已很少見。特別是沒有陽台的住宅，從二樓搬棉被到一樓庭院是很吃力的勞動。因此本案例能夠減輕身體負擔，同時充分晾晒棉被。（川崎君子）

**晒被場西側剖面圖** S=1/50

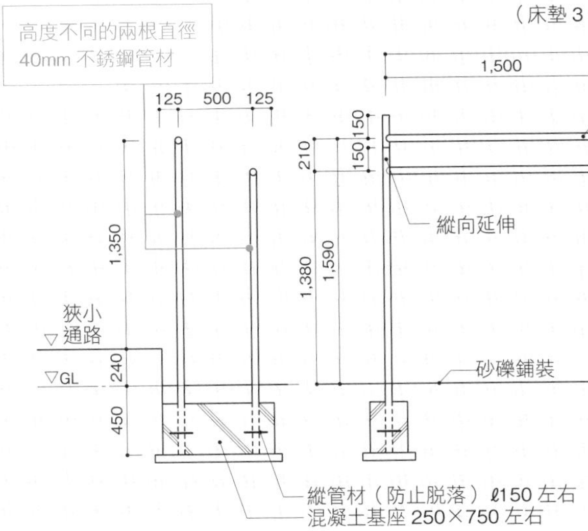
高度不同的兩根直徑40mm不銹鋼管材
125 500 125
1,350
狹小通路
GL
240
450
縱管材（防止脫落）ℓ150左右
混凝土基座250×750左右

**晒被場南側剖面圖** S=1/50

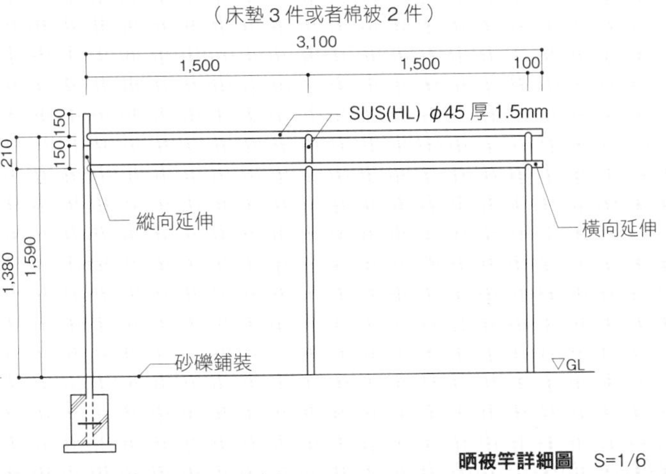
（床墊3件或者棉被2件）
3,100
1,500
1,500
100
SUS(HL) ϕ45 厚1.5mm
150
150
210
1,380
1,590
縱向延伸
橫向延伸
砂礫鋪裝
GL

**晒被竿詳細圖** S=1/6

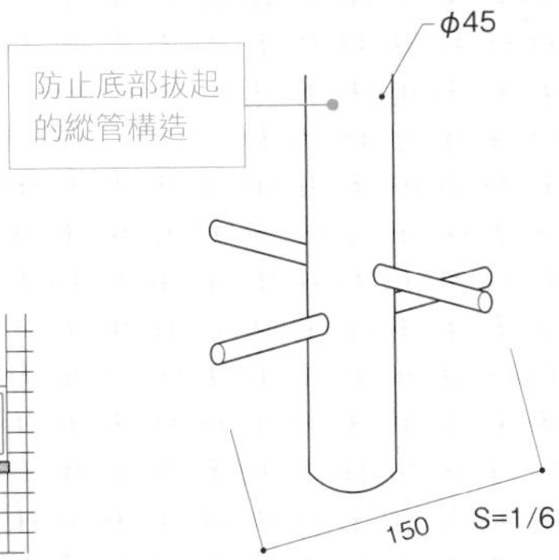
ϕ45
防止底部拔起的縱管構造
150
S=1/6

**晒被場平面圖** S=1/120

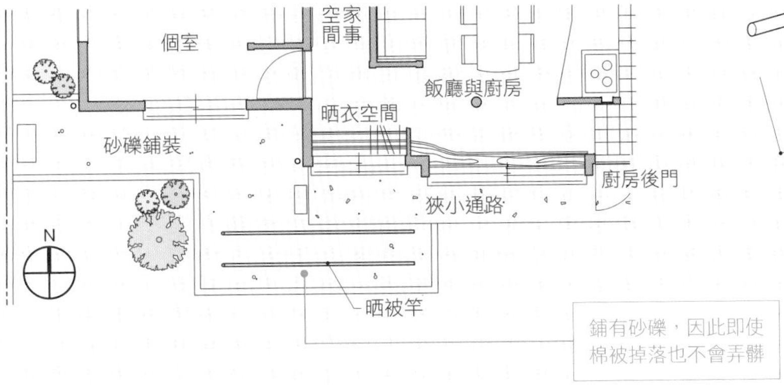
個室
家事空間
飯廳與廚房
晒衣空間
砂礫鋪裝
狹小通路
廚房後門
N
晒被竿
鋪有砂礫，因此即使棉被掉落也不會弄髒

## CASE 6-1 慎選出入口的設置場所

在戶外平台與客廳、飯廳之間設置貓咪專用的出入口。然後貓咪自然而然會從這個開口進出。由於每個家庭的情況不同，所以應該觀察室內（屋主）的使用直覺性與貓咪的行動後，仔細檢討再選擇適當的場所。

寬廣的平台是孩子們的遊樂場所，同時也是最適合貓狗晒日光浴的地方。而且，對大人來說更是能夠放鬆身心的空間。因此，想將這裡打造成半個室外感的「生活」空間。（松澤靜男）

設置位置根據建築物本體的牆壁厚度而定。並且防止雨水滲入，必須做好板金處理等工程

**貓出入口平面圖**
S=1/12

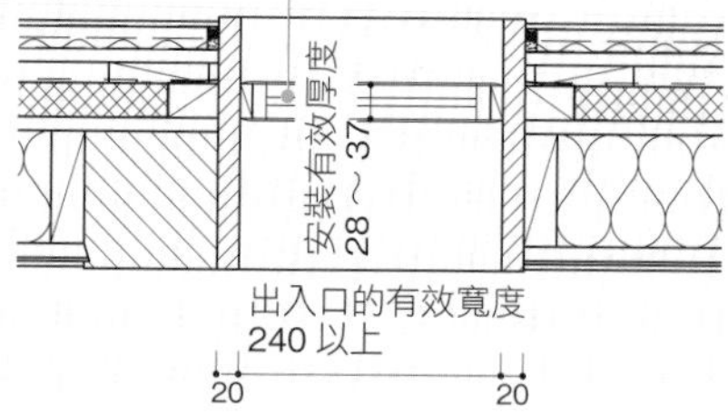
安裝有效厚度
28～37
出入口的有效寬度
240 以上
20
20

貓咪出入口。

**貓咪出入口剖面圖** S=1/12

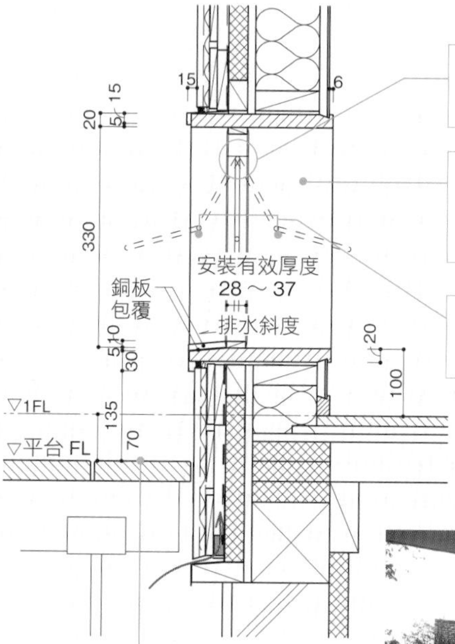
15
6
20
5
15
330
安裝有效厚度
28～37
銅板
包覆
排水斜度
5
10
30
20
100
▽1FL
135
▽平台 FL
70

使用市售品設置的「寵物出入口」。以螺絲固定上部四個角

仔細檢討從室內或從室外穿越時所需的高度。為了讓貓咪容易適應，內部框架維持使用柳杉板

在塑膠門的橫向對半地方裝設丁雙，形成可左右掀開的構造

當室外不是木地板時，應視需求設置腳踏板

在木製格子窗下方設置貓咪進出室外平台或飯廳的專用出入口。木格子是為了防盜而設置，所以夜間不必關窗相當便利。

CASE 6-2

# 在景觀浴池設置愛犬的洗澡間

本案例在玄關旁的景觀浴池設置洗澡間，供散步回來的愛犬沖澡。從道路通往玄關的斜坡通道上，左側是玄關；正面就是景觀浴池的入口。愛犬可在這裡沖完澡再從浴室進入室內。（高野保光）

將一半景觀浴池規劃成平台，做為愛犬的洗澡間。

木板圍牆後面就是景觀浴池。可直接從玄關門廊進出。

景觀浴池平面圖
S=1/100

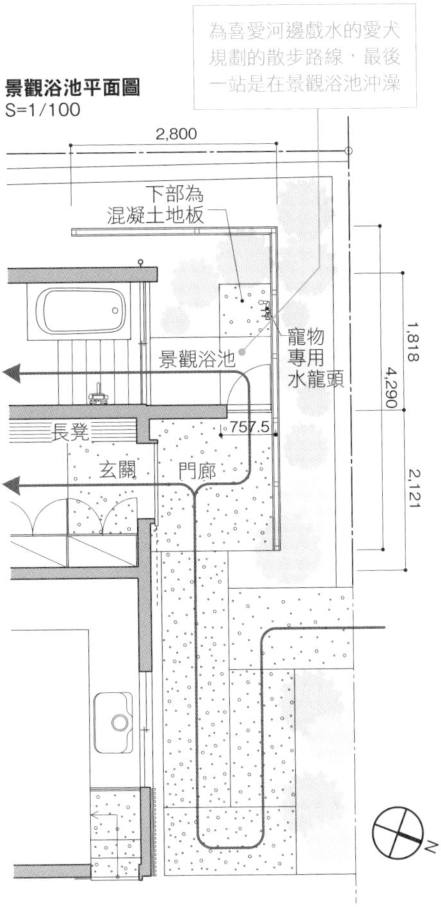
為喜愛河邊戲水的愛犬規劃的散步路線，最後一站是在景觀浴池沖澡
2,800
下部為混凝土地板
景觀浴池
寵物專用水龍頭
1,818
4,290
2,121
757.5
長凳
玄關
門廊
N

景觀浴池剖面圖　S=1/40

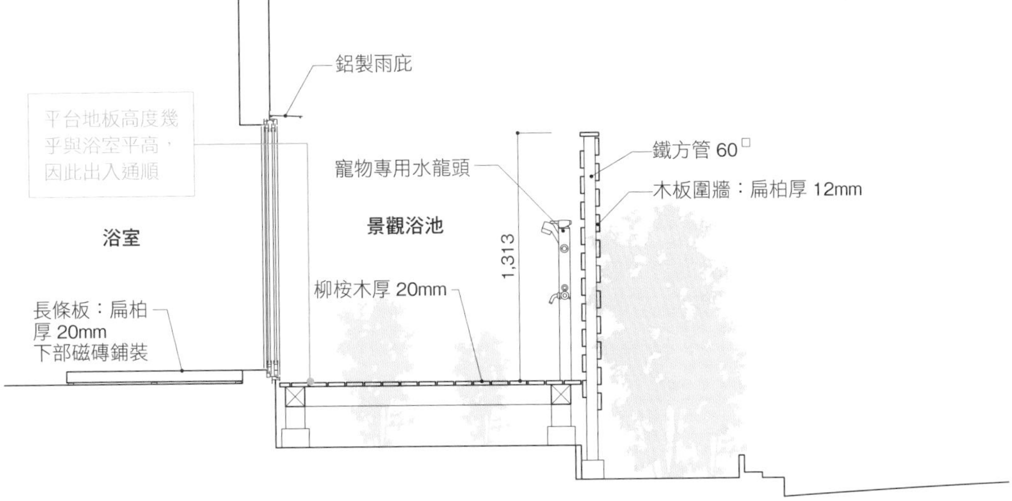
鋁製雨庇
平台地板高度幾乎與浴室平高，因此出入通順
寵物專用水龍頭
鐵方管 60□
木板圍牆：扁柏厚 12mm
浴室
景觀浴池
1,313
柳桉木厚 20mm
長條板：扁柏厚 20mm 下部磁磚鋪裝

左上照片：石井雅義

# 設法使電線融入景觀

CASE 7-1

## 利用H型鋼燈桿與陽台相互調和

日本街道上頭數公尺高的地方，常見布滿許多電線的景象。這些無疑是市景的殺手，想創造完美住宅就得先排除破壞景觀的因素。本案例以H型鋼電線桿收整一部分的電線，然後將接入建築物內的電線埋入地下，使建築物看起來既簡潔又美觀。有朝一日電線全面地下化之前，都會採取這樣的做法。（荒木毅）

**燈桿詳細圖** S=1/40

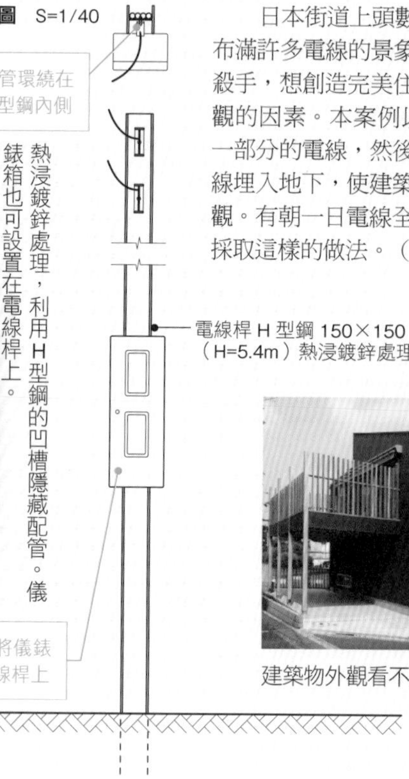
配管環繞在
H型鋼內側
電線桿H型鋼 150×150
（H=5.4m）熱浸鍍鋅處理
這棟住宅將儀錶
箱設在電線桿上

熱浸鍍鋅處理，利用H型鋼的凹槽隱藏配管。儀錶箱也可設置在電線桿上。

建築物外觀看不到雜亂的電線。

CASE 7-2

## 區分電線拉線與儀錶箱的位置

以本案例來說，由於不得不在階梯末端前方設置電線桿，所以選用H型鋼，利用H型鋼的凹槽將電線接到地底。儀錶類則嵌入階梯下的擋土牆內。（諸角敬）

將電線桿設置在離建築物稍遠的位置，能不破壞建築物外觀的美感。

儀錶箱嵌入擋土牆內。好處是既防風防雨又美觀。

**儀錶箱立面圖** S=1/50

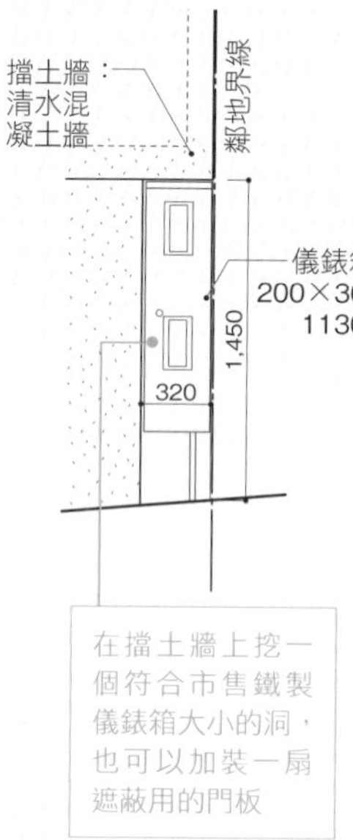
擋土牆：
清水混
凝土牆
鄰地界線
儀錶箱
200×300×
1130
1,450
320
在擋土牆上挖一
個符合市售鐵製
儀錶箱大小的洞，
也可以加裝一扇
遮蔽用的門板

**儀錶箱剖面圖** S=1/50

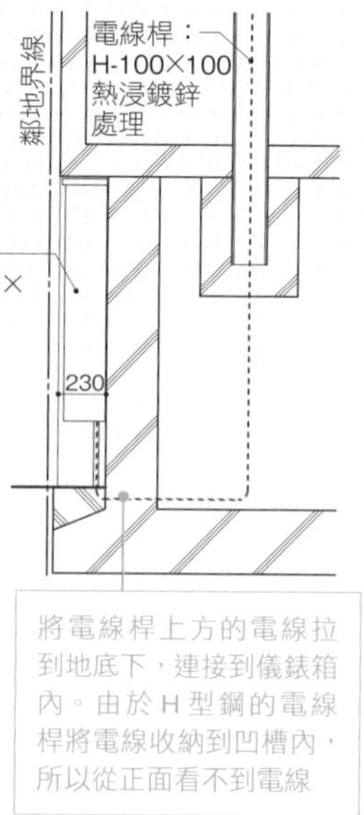
鄰地界線
電線桿：
H-100×100
熱浸鍍鋅
處理
230
將電線桿上方的電線拉
到地底下，連接到儀錶箱
內。由於H型鋼的電線
桿將電線收納到凹槽內，
所以從正面看不到電線

column

# 絕妙的卡萊宅邸外觀

## 1 奧圖和路易士‧卡萊宅邸

「阿瓦‧奧圖（Alvar Aalto）」（以下簡稱「奧圖」）畢生所有作品的三分之一，都在1949年後的這十年間完成。卡萊宅邸是奧圖的身心都處於最顛峰時期下的作品之一。

奧圖擅長將土地環境巧妙地發揮至淋漓盡致。他為畫商路易士‧卡萊（Maison Louis Carré）打造的這棟住宅，就位於可眺望橡木林的山丘上。而且不只住宅，從建地整頓到庭園計畫、家具、照明器具、窗簾、草坪全都由奧圖一手設計。正因為如此，卡萊宅邸豐富的外觀得以融入周邊廣大的風景，從建築物主體到家具才會有令人驚豔的協調感。

建築師就像鳥兒居高臨下般，是帶著確切的視點盡收土地全貌，並以具實踐性且微觀視點，打造舒適、美觀的生活空間。筆者深刻體會到這是親身體會並且對素材瞭若指掌才辦得到的境界。從這點可證明奧圖實在是一位出色的建築師。越過白色大門，爬上高聳樹林中坡緩而彎曲小路，就能看到佇立在樹林中的卡萊宅邸。這條朝向建築物主體的斜面通道必定經過縝密設計。

## 2 豐富多樣的外觀

比起站在原地，繞行建築物一周更會為建築物的不同面貌而驚嘆不已。這個大膽又纖細的外觀融合了各種不同的風景與光線。北邊斜向的大屋頂搭配白色牆壁和木頭調和感，帶來舒適的視覺效果，並且絕妙地與建地西側沉穩的綠色坡地相呼應。然後，在視野遼闊的客廳西邊就近栽植矮樹，再強調出遠近感。南邊規劃兩個平台，平台前面是連綿不斷的梯田綠地。東北邊的高聳樹林是卡萊宅邸的背景，剛好與西南邊的景色形成強烈對照。

## 3 親近大自然的絕妙外觀

南邊是卡萊夫婦的臥室與浴室，由室內延伸到室外平台與平台前的庭院，是極富音律感的梯田狀設計。

卡萊宅邸在這面陡峭斜面上下足工夫，在自然的等高線上大膽變換大大小小的直線，將這裡打造成人們可爬坡、下坡的場所，絲毫沒有突兀感完全融入大自然裡。這正是外觀設計的奇妙之處。（高野保光）

上右—通過橡木林中的彎曲小路就能看到北邊的外觀。
上左—融入林中的潔白牆壁與格子，是帶有清新感的卡萊宅邸大門。
下—只有這面較陡的山坡採用直線梯田狀的設計。這也是為什麼要用心設計使建築物更親近大自然。

CASE 8-1

## 設計富有情調的接雨處

本案例對於簷槽是不可或缺的想法將有所改觀。屋簷前端的延伸設計對於整體外觀的美醜有著極大的影響。因此，一旦裝上簷槽，屋簷水平邊緣設計再好也是枉費。雖然也有方法可將簷槽隱藏在屋簷前端，但缺點是萬一雨水過量溢出時，反而會造成屋頂損壞。

本案例這種做法是不設置簷槽，而在水滴落的地方下工夫。不僅使屋簷看起來更俐落，而且自成一景的接雨處還有修飾建築物腳邊的效果。另一項優點是，雨天時可在室內欣賞落雨美景，可說是一舉數得。（川崎君子）

在雨水滴落的地方埋設透水性佳的磚塊，並在草坪連接處豎立瓦片以示區隔兩地。當磚塊被雨水浸溼時顏色會變深，也為環境帶來不一樣的風情。

在建築物轉角的接雨處放些小塊那智石增添變化。

**接雨處平面圖** S=1/100

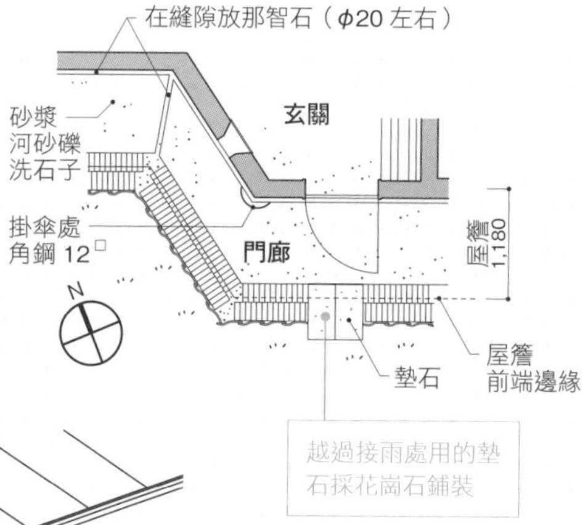
在縫隙放那智石（ϕ20 左右）
砂漿
河砂礫
洗石子
玄關
掛傘處
角鋼 12□
門廊
屋簷 1,180
N
墊石
屋簷
前端邊緣
越過接雨處用的墊石採花崗石鋪裝

**接雨處詳細圖** S=1/20

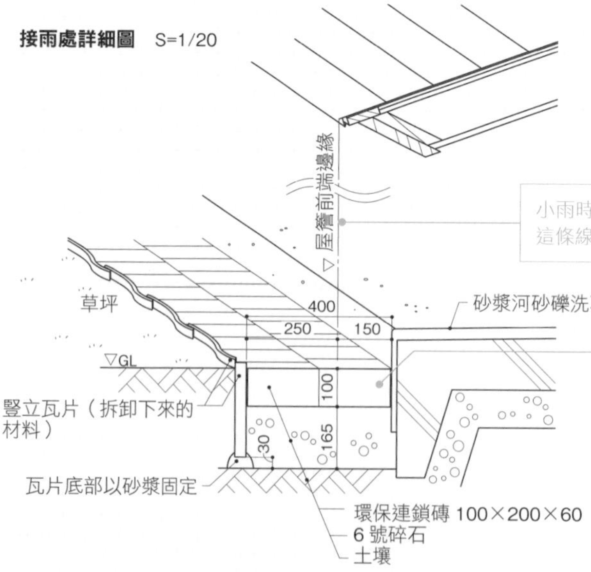
屋簷前端邊緣
小雨時雨水會沿著這條線滴落到地面
草坪
400
250
150
▽GL
100
165
30
砂漿河砂礫洗石子
以透水性佳的連鎖日本瓦製成再生磚
豎立瓦片（拆卸下來的材料）
瓦片底部以砂漿固定
環保連鎖磚 100×200×60
6 號碎石
土壤

## CASE 8-2 可調整高度的烤肉爐

本案例在露台前面設置大谷石堆疊的烤肉爐。使用篝火和炭就能在這裡享受烤肉樂趣。當直接將鍋爐放置在火源上烹煮時，為了墊高耐火磚，爐台必須設置得低些。還有，放網子與鍋具的支撐鐵棒須經過鋼筋加工，可視火的強度兩段式調整高低。由於鋼筋採個別裝設，所以不管是拆除或替換都十分方便。（松原正明）

**爐台平面圖** S=1/25

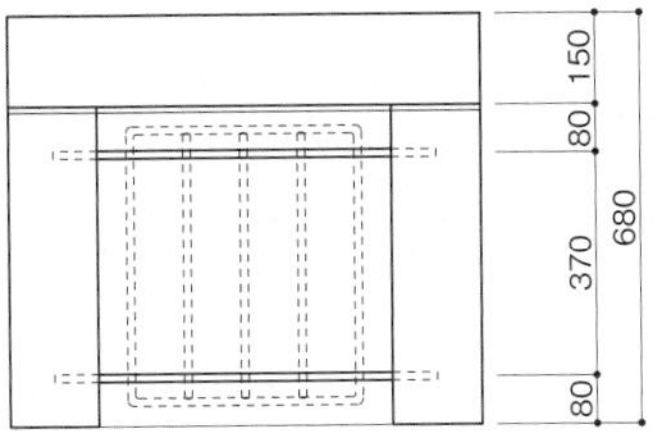
150
80
370
80
680

**網子詳細圖** S=1/25

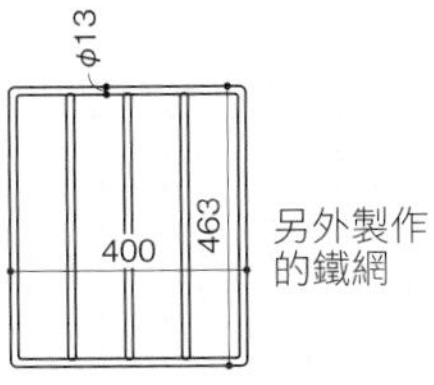
φ13
400
463
另外製作的鐵網

以圓鋼筋製成的網子。十分堅固，即使放上重量重的鍋具也沒問題

**爐台正面剖面圖** S=1/25

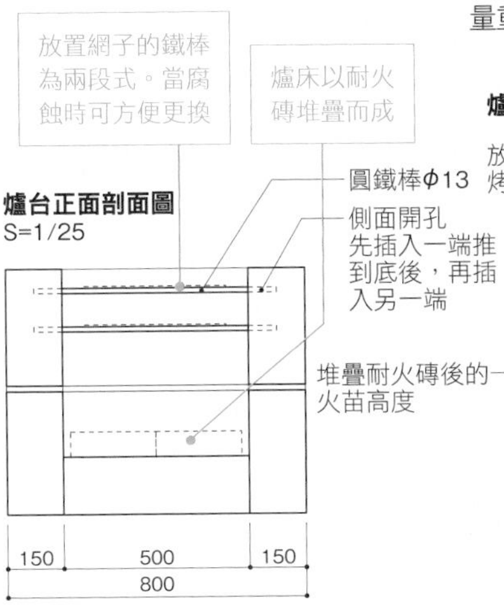
放置網子的鐵棒為兩段式。當腐蝕時可方便更換
爐床以耐火磚堆疊而成
圓鐵棒φ13
側面開孔
先插入一端推到底後，再插入另一端
堆疊耐火磚後的火苗高度
150
500
150
800

**爐台橫向剖面圖** S=1/25

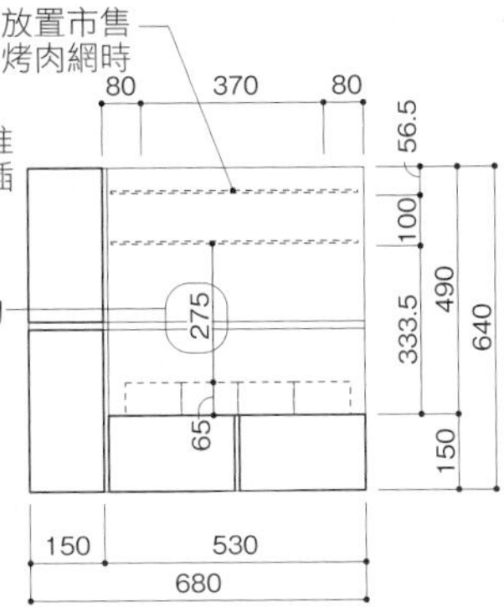
放置市售烤肉網時
80
370
80
56.5
100
275
333.5
490
640
65
150
150
530
680

烤肉爐設置在有屋頂的露台上。

## CASE 8-3 狗屋設計採模擬主建築的居住環境

本案例在主建築南邊的屋簷下，建造一間配合住宅外觀氛圍、大小約 1x1m 寬的狗屋。狗屋屋頂採用柳杉樹皮鋪裝，營造日式風情，鋁柱外面加裝木格子，出入口則以枕木鋪成兩階式階梯。飼主對於這樣的設計感到相當滿意。而且為了取悅狗屋主人（拉布拉多獵犬），也特別下了一番工夫。首先設置位置考量夏天能保持通風，所以與主建築保有一段距離。然後，為了阻擋冬天的北風，狗屋的西邊與北邊設有鐵絲網，冬天時就能在兩個方向立起混凝土板材禦寒。此外，具翼牆作用的竹籬外側設有水龍頭，方便灑水或清掃時使用。（川崎君子）

**狗屋立面圖** S=1/50

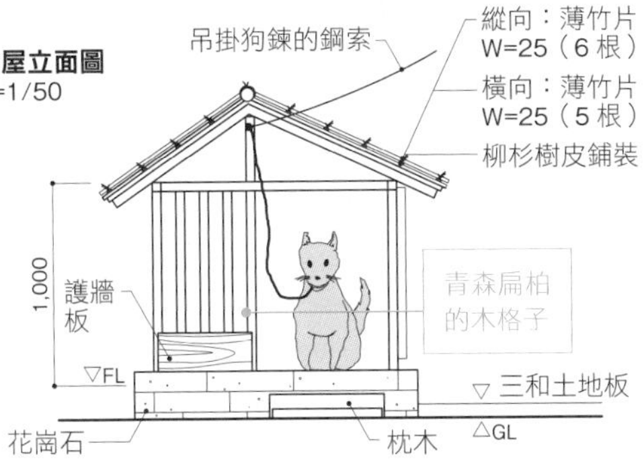
吊掛狗鍊的鋼索
縱向：薄竹片 W=25（6 根）
橫向：薄竹片 W=25（5 根）
柳杉樹皮鋪裝
1,000
護牆板
青森扁柏的木格子
▽FL
▽ 三和土地板
花崗石
枕木
△GL

**狗屋平面圖** S=1/50

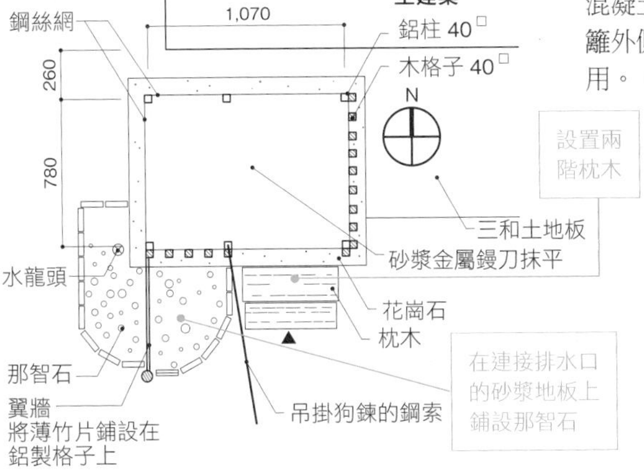
主建築
鋼絲網
1,070
鋁柱 40□
木格子 40□
260
780
N
設置兩階枕木
三和土地板
砂漿金屬鏝刀抹平
水龍頭
花崗石
枕木
那智石
翼牆
將薄竹片鋪設在鋁製格子上
吊掛狗鍊的鋼索
在連接排水口的砂漿地板上鋪設那智石

與主建築互相調和的狗屋。

# 車輛與自行車的停放空間

**方便人車通行、沒有停放車輛時也能做為景物的地面、鐵捲門、屋頂等設計**

## 1 停車空間地板 便於人車通行

### CASE 1-1 鋪設公主草與枕木

**車庫平面圖** S=1/200

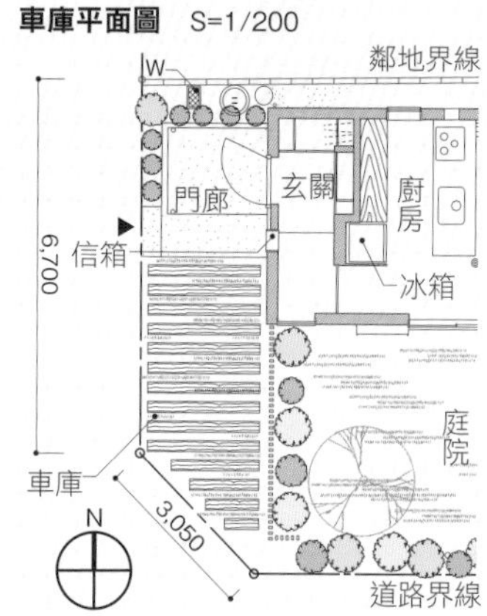

鄰地界線
W
門廊
玄關
廚房
信箱
6,700
冰箱
庭院
車庫
N
3,050
道路界線


停車空間全面用碎石鋪設，輾壓平均後每隔 15cm 排列一塊寬 20cm 的枕木（注入防腐劑的海灘松），間隔之間則栽植耐壓的公主草（生長於韓國的矮性百慕達草）。由於輪胎是壓在枕木上，所以不會傷及草坪，排水性也良好。而且，夏天時從地面反射的陽光也能藉由草坪與枕木變得比較柔和。

因為主庭院也是栽植公主草，所以庭院的綠景與停車空間的綠景具有連續性，讓庭院看起來更加遼闊。（藤田辰男）

**車庫剖面詳細圖** S=1/15

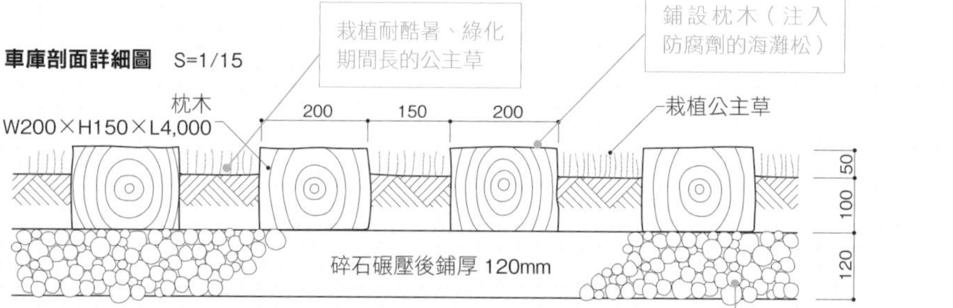

栽植耐酷暑、綠化期間長的公主草
鋪設枕木（注入防腐劑的海灘松）
枕木
W200×H150×L4,000
200
150
200
栽植公主草
50
100
120
碎石碾壓後鋪厚 120mm
鋪設碎石後碾壓成厚度 120mm

平行排列的枕木與綠色草坪柔和折射夏日陽光。營造出對車輛、對家人都適宜的環境。

## CASE 1-2 注重材料與配置

車庫地面也需要顧慮到沒停放車輛時的景觀。本案例在建築物一側栽植一排植栽，地面採交錯鋪設卵石和草。並且衡量輪胎的停放位置，將卵石鋪排成 50cm 寬的輪胎軌道。卵石間栽植玉龍草，並在植栽部分裝設自動灑水裝置。這種設計不但搭配兩種完成面材料而且採用錯開鋪設三排卵石，因此當車庫內沒有停放車輛時，就會飄散出濃厚的前庭風情。（川口通正）

由於縱向停車會使建地連接道路的邊界顯得較長，所以更應該重視景觀、慎選材料與設計。

**通道、車庫區域詳細圖** S=1/120

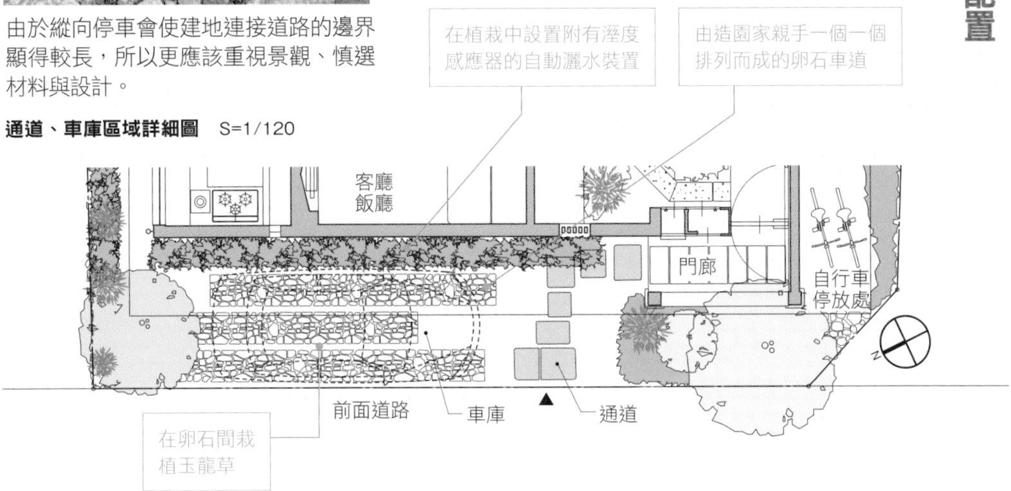
在植栽中設置附有溼度感應器的自動灑水裝置
由造園家親手一個一個排列而成的卵石車道
客廳
飯廳
門廊
自行車停放處
N
前面道路
車庫
通道
在卵石間栽植玉龍草

## CASE 1-3 便於上下車的門廊地板

這個緊鄰玄關的車庫除了必須便於搬運行李、上下車之外，也不能損及建築物外觀。

本案例將玄關區域的基礎提升到 85cm 高，使其與清水混凝土牆一體化，階梯部分則配合建築物曲線，並以鏝刀壓平混凝土處理。然後，在門廊地面上沿圓弧形埋入大顆碎石，為這個家打造精緻的門面。至於雜亂的自行車停放處則設置在圍牆內側。（長谷部綠）

混凝土牆壁內側是自行車停放處。牆壁高度是 180cm，既看不見自行車停放處的屋頂也不會產生壓迫感。

設有信箱與對講機的門牆也是混凝土造，形成整體感的外觀。

**平面圖** S=1/150

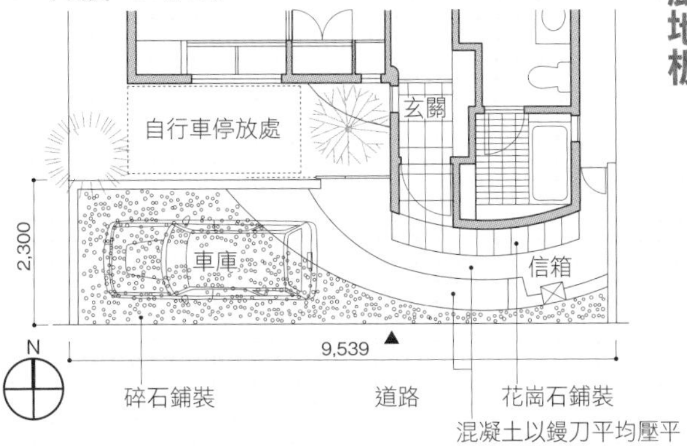
自行車停放處
玄關
車庫
信箱
2,300
9,539
N
碎石鋪裝
道路
花崗石鋪裝
混凝土以鏝刀平均壓平

## CASE 1-4 以綠景點綴

本案例是設置兩台車的停放空間。一個車位以混凝土與玉龍草打造的實用性車位，另一個車位則多了觀賞機能，採枕木與地被植物鋪設地面並在周邊栽植會開花結果的植物，當沒有車輛時這裡就是一個庭院。這個充滿綠景的車庫能調和周邊環境。（松澤靜男）

常用的停車空間。混凝土縫隙間種有玉龍草。

配置枕木與地被植物的庭院。兼當訪客停車空間。

**車庫剖面詳細圖**
S=1/40

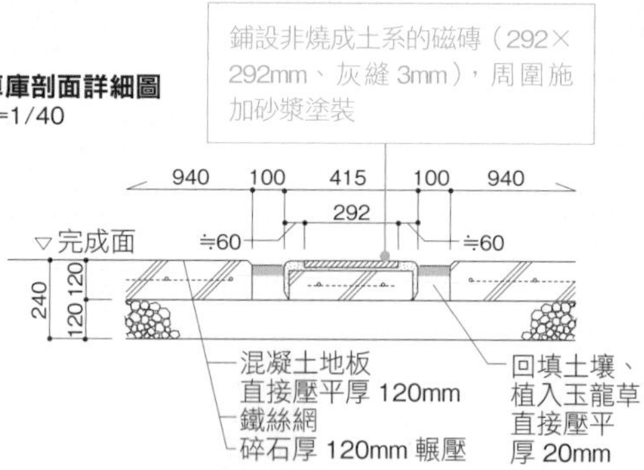

鋪設非燒成土系的磁磚（292×292mm、灰縫 3mm），周圍施加砂漿塗裝
940
100
415
100
940
292
▽完成面
≒60
≒60
240
120
120
混凝土地板
直接壓平厚 120mm
鐵絲網
碎石厚 120mm 輾壓
回填土壤、
植入玉龍草
直接壓平
厚 20mm


**訪客用車庫剖面詳細圖**
S=1/40

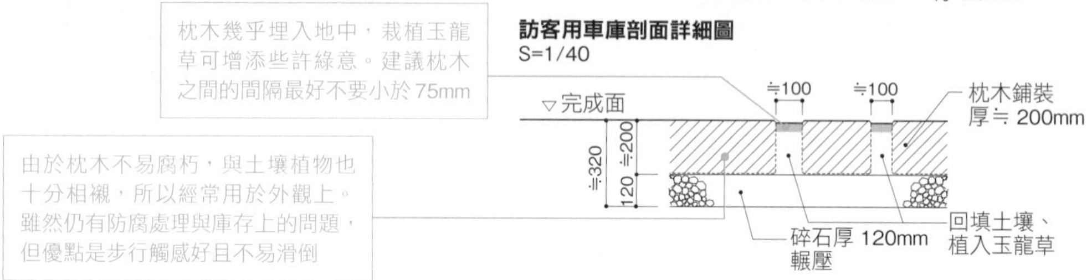

枕木幾乎埋入地中，栽植玉龍草可增添些許綠意。建議枕木之間的間隔最好不要小於 75mm
由於枕木不易腐朽，與土壤植物也十分相襯，所以經常用於外觀上。雖然仍有防腐處理與庫存上的問題，但優點是步行觸感好且不易滑倒
▽完成面
≒100
≒100
枕木鋪裝
厚≒ 200mm
≒320
≒200
120
碎石厚 120mm
輾壓
回填土壤、
植入玉龍草


## CASE 1-5 設計高低差

屋主是名貝斯手，出門工作需要以車代步裝載頗有重量的揚聲器或擴音器等。因此，本案例將玄關門廊設計成有如大廳進出口的寬敞平台，盡可能便於掀背車搬運行李。這樣當停放兩台車時，也能同時進行裝卸。

車庫到門廊的正中央設有階梯通道，與方便自行車出入的緩坡道。（安井正）

位於車庫中央的植栽與 H 型鋼，具有指示車輛停放位置的功能。

**平面圖**
S=1/150

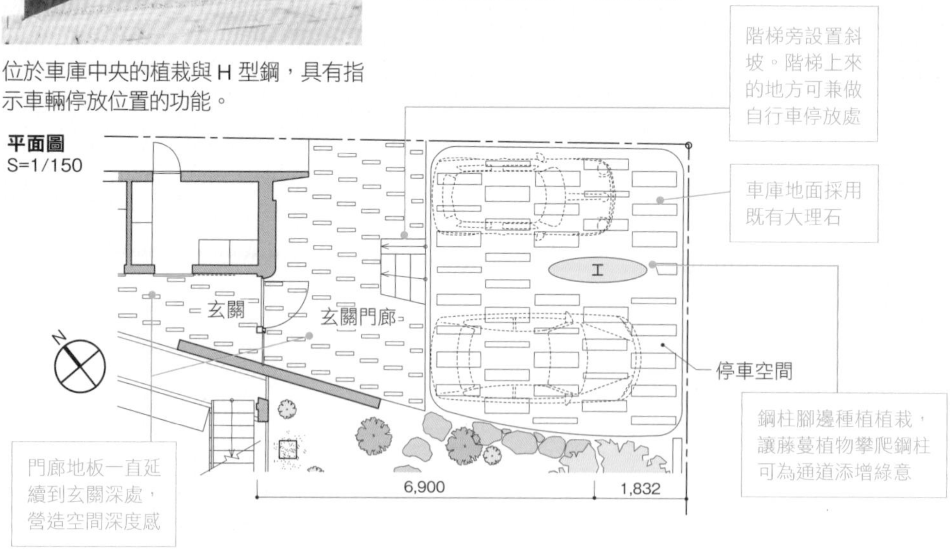

階梯旁設置斜坡。階梯上來的地方可兼做自行車停放處
車庫地面採用既有大理石
玄關
玄關門廊
停車空間
N
鋼柱腳邊種植植栽，讓藤蔓植物攀爬鋼柱可為通道添增綠意
門廊地板一直延續到玄關深處，營造空間深度感
6,900
1,832

## CASE 1-6 講究角度的平板磚鋪裝

同個角度的石板鋪成極富趣味的通道。

車庫地面鋪設混凝土平板磚（300×300×60mm）。稍微剷除地表土壤後以砂子填補壓實，再鋪上平板磚。鋪設時，微微地轉向使四塊磚拼組後中間形成一個正方形空隙，小草就能從空隙長出來。經過一段時間以後，混凝土平板磚與植物會融為一體，營造出沉穩氣氛。（安井正）

**平面圖** S=1/100

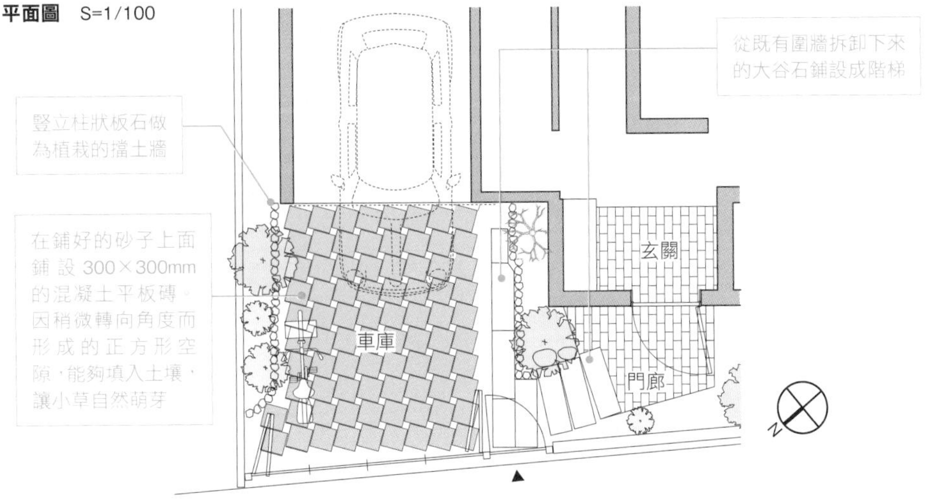
從既有圍牆拆卸下來的大谷石鋪設成階梯
豎立柱狀板石做為植栽的擋土牆
在鋪好的砂子上面鋪設300×300mm的混凝土平板磚。因稍微轉向角度而形成的正方形空隙，能夠填入土壤，讓小草自然萌芽
玄關
車庫
門廊
N

## CASE 1-7 石板形狀與顏色的調和

在大塊的大谷石周圍埋入同色系的小顆伊勢五郎太石。當沒有車輛停放時，能為里民帶來視覺享受。

利用既有圍牆拆下來的大谷石鋪設地面，然後周圍埋入同色系的小顆伊勢五郎太石，這裡除了能停放車輛外，也方便居民召開井邊會議（茶餘飯後閒話家常的場所）。

在角落栽植綠景，石頭色澤歷經風雨後會慢慢散發韻味，不只為聚集於此地的人們，也為路人帶來視覺饗宴。（松澤靜男）

**車庫地面詳細圖** S=1/30

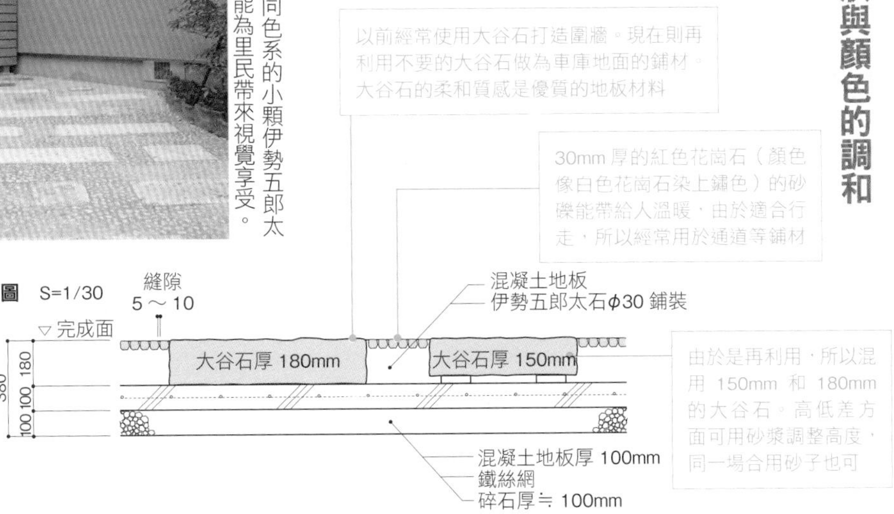
以前經常使用大谷石打造圍牆。現在則再利用不要的大谷石做為車庫地面的鋪材。大谷石的柔和質感是優質的地板材料
30mm厚的紅色花崗石（顏色像白色花崗石染上鏽色）的砂礫能帶給人溫暖，由於適合行走，所以經常用於通道等鋪材
縫隙 5～10
▽完成面
混凝土地板
伊勢五郎太石φ30 鋪裝
大谷石厚 180mm
大谷石厚 150mm
380
180
100
100
由於是再利用，所以混用150mm和180mm的大谷石。高低差方面可用砂漿調整高度，同一場合用砂子也可
混凝土地板厚 100mm
鐵絲網
碎石厚≒ 100mm

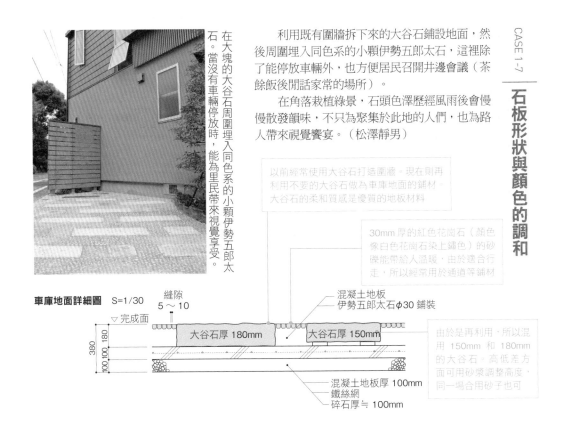

CASE 1-8

## 設計四種不同材質的地面

從道路觀點來看，為了不使兩台車輛過於明顯必須分開設置停車場。本案例在面寬的中央空間設置出入口通道，同時做為停車空間。地面則企圖營造迎接訪客的氛圍，以四種平滑且不單調的材料鋪設而成。並且將大門前的地面改成扇狀，藉此將訪客引導至曲面大門。（高野保光）

**平面圖**　S=1/120

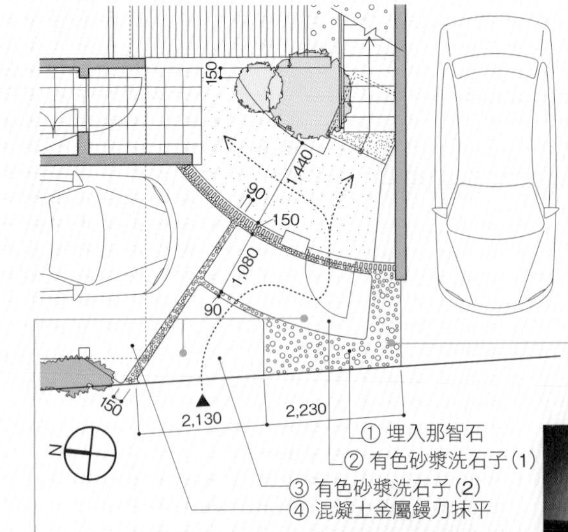

150
1,440
90
150
1,080
90
150
2,130
2,230
N
① 埋入那智石
② 有色砂漿洗石子(1)
③ 有色砂漿洗石子(2)
④ 混凝土金屬鏝刀抹平
埋入 20mm 左右的黑色那智石，可加強地板表面的區域感
利用砂、砂礫、水泥、色粉等種類的變化，做出兩種表面紋理

三種材質的完成面細部。

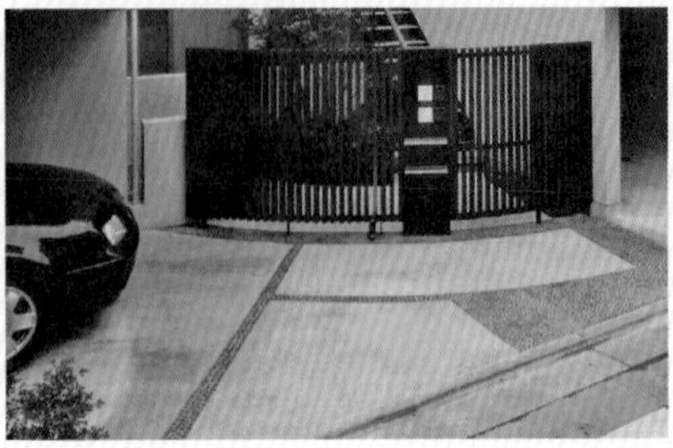

四種材質的地面完成面，賦予通道路面變化可使空間看起來更加生動。

CASE 1-9

## 埋設空心植草磚

停車空間與道路邊緣也算是住宅的門面，所以只有混凝土未免太過單調乏味。這種情況就相當適合埋設能夠生長的空心植草磚。在洞裡填入黑土並栽植玉龍草。玉龍草不但耐壓也很平價。即使是不擅長園藝的屋主，這種草也比較好照顧。一般一組有五株，但可拆開使用，一個空心磚分別植入三株。

（森博）

通往玄關的通道與鄰地之間不鋪設地面，而用綠籬與紀念樹自然劃分。停車空間看起來像是浮在綠景當中。

**磚塊詳細圖**　S=1/12

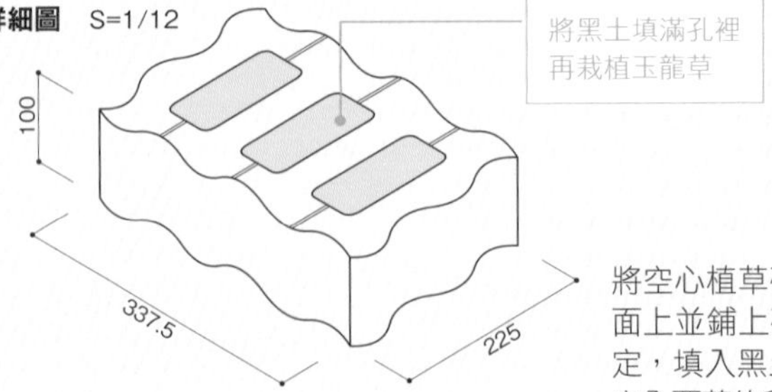

將黑土填滿孔裡再栽植玉龍草
100
337.5
225


將空心植草磚排列整齊固定在地面上並鋪上砂子。周圍以砂漿固定，填入黑土時必須讓植栽能夠完全覆蓋的程度

# 2 推拉門與鐵捲門

## 做為牆壁、圍牆使用的設計

### CASE 2-1 同系列的木板大小門

在停車空間與通道周圍張貼竹簾狀長條板，能兼具防盜與維護隱私的作用。由於道路側是車輛出入口，所以設置一扇大吊門。輕輕一推就會滑向外牆壁。住戶進出的小門與大門並排設置，這面小門上設有對講機、信箱、照明器具。（松原正明）

車輛進出時，車庫的吊門與住戶進出的小門會同時移動到一側。

這是兩扇門都關閉的狀態。住戶出入可利用左邊的小門。

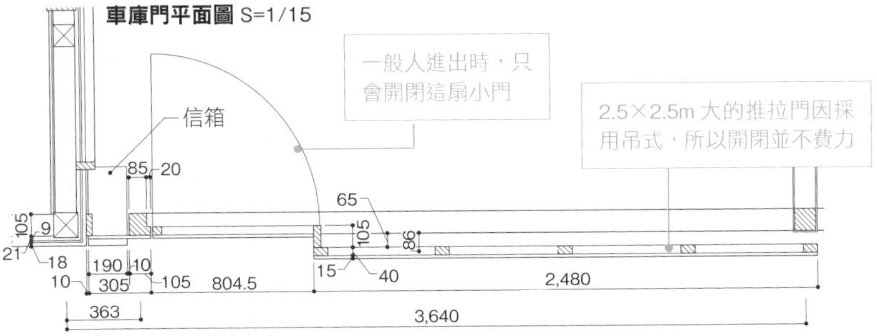
車庫門平面圖 S=1/15
一般人進出時，只會開閉這扇小門
2.5×2.5m 大的推拉門因採用吊式，所以開閉並不費力
信箱
85
20
65
105
105
86
9
21
18
190
10
10
305
105
804.5
15
40
2,480
363
3,640

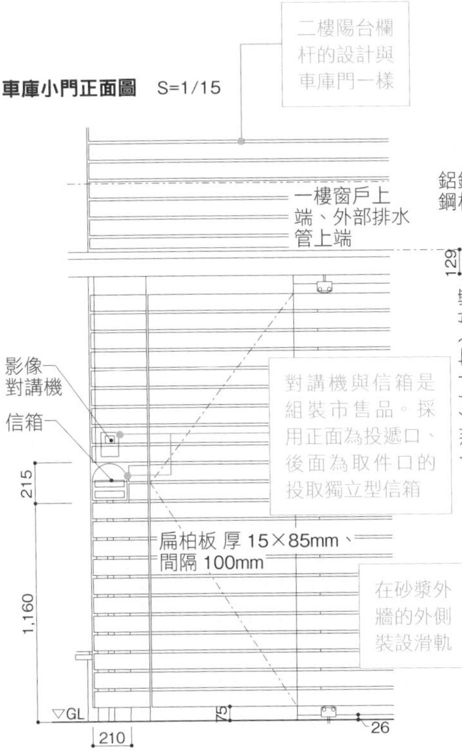
車庫小門正面圖 S=1/15
二樓陽台欄杆的設計與車庫門一樣
一樓窗戶上端、外部排水管上端
影像對講機
信箱
對講機與信箱是組裝市售品。採用正面為投遞口、後面為取件口的投取獨立型信箱
215
扁柏板 厚 15×85mm、間隔 100mm
1,160
▽GL
75
26
210

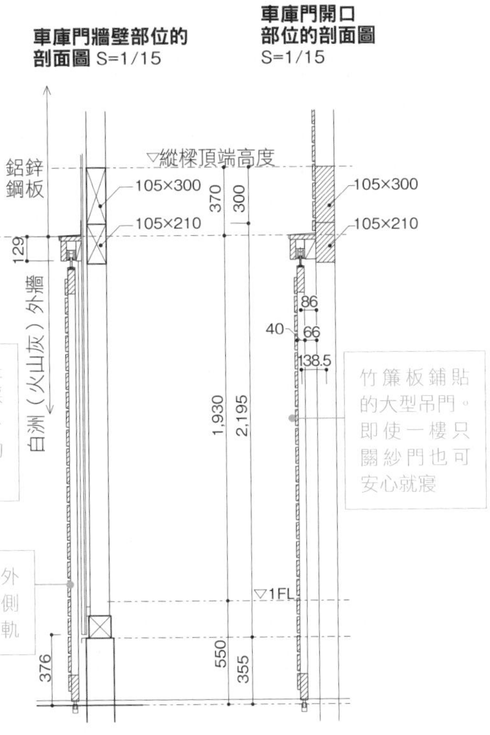
車庫門牆壁部位的剖面圖 S=1/15
車庫門開口部位的剖面圖 S=1/15
鋁鋅鋼板
▽縱樑頂端高度
105×300
105×210
370
300
129
白洲（火山灰）外牆
86
40
66
138.5
竹簾板鋪貼的大型吊門。即使一樓只關紗門也可安心就寢
1,930
2,195
在砂漿外牆的外側裝設滑軌
▽1FL
376
550
355

右邊的單扇門板是住戶通行用的小門。左邊則是裝有滑輪的四扇式折門。

在面寬4.3m範圍內，設置住戶通行用的小門以及車輛出入用的折門。配合建築物的設計，大門採用銀色塗裝的鐵片與木頭的組合。由於車庫內沒有足夠的空間裝設推拉門，所以本案例設計成四扇式折門，並採取滑輪支撐的構造。因講求簡潔所以不設置滑軌，關閉時是將不鏽鋼鋼管橫掛在門板上方做為「門閂」。（安井正）

**車庫側立面圖** S=1/50

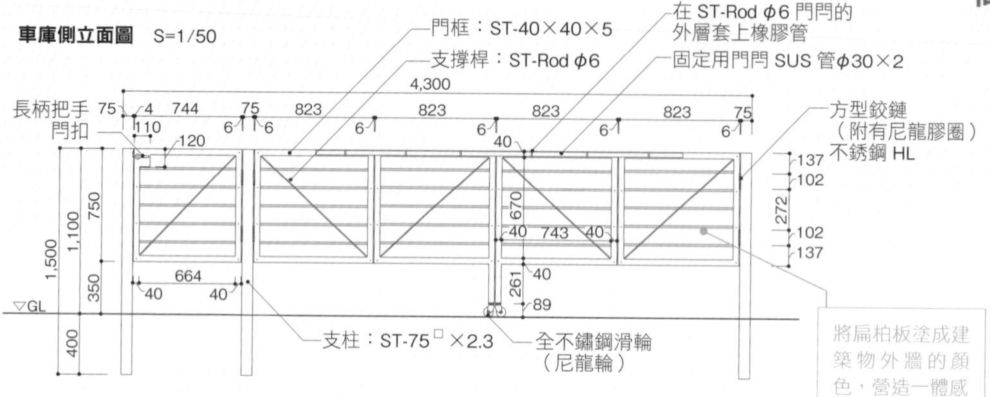
門框：ST-40×40×5
支撐桿：ST-Rod φ6
在 ST-Rod φ6 門閂的外層套上橡膠管
固定用門閂 SUS 管φ30×2
長柄把手
門扣
方型鉸鏈（附有尼龍膠圈）不銹鋼 HL
支柱：ST-75□×2.3
全不鏽鋼滑輪（尼龍輪）
▽GL
4,300
75 4 744 75 823 823 823 823 75
110 120 664 40 40 743
1,500 1,100 750 350 400
137 102 272 102 137
670 261 89

將扁柏板塗成建築物外牆的顏色，營造一體感

**門板平面圖** S=1/50

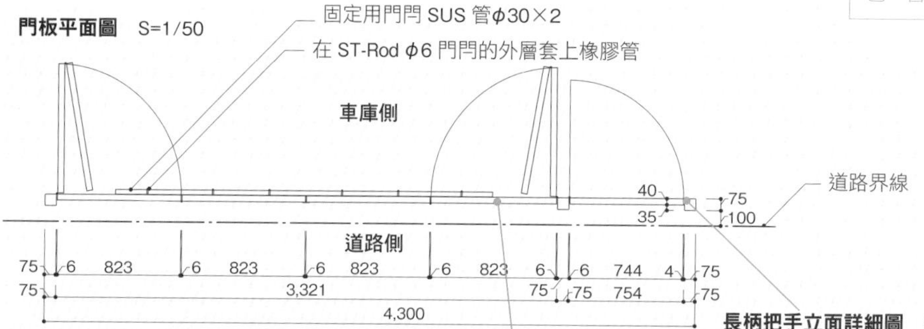
固定用門閂 SUS 管φ30×2
在 ST-Rod φ6 門閂的外層套上橡膠管
車庫側
道路側
道路界線
75 6 823 6 823 6 823 6 823 6 6 744 4 75
75 3,321 75 75 754 75
4,300
40 35 75 100

**剖面詳細圖** S=1/8

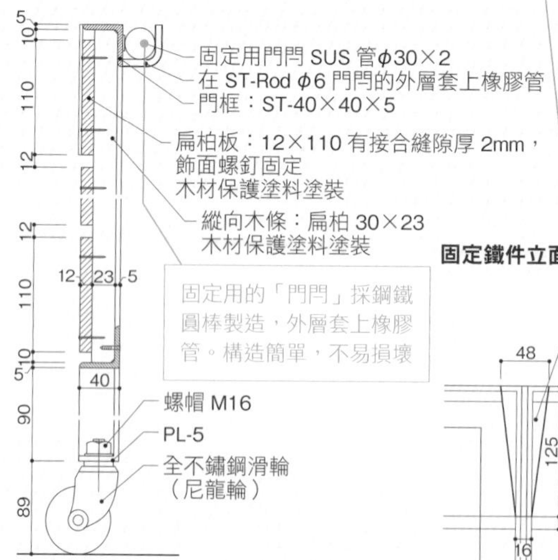
固定用門閂 SUS 管φ30×2
在 ST-Rod φ6 門閂的外層套上橡膠管
門框：ST-40×40×5
扁柏板：12×110 有接合縫隙厚 2mm，飾面螺釘固定
木材保護塗料塗裝
縱向木條：扁柏 30×23
木材保護塗料塗裝
螺帽 M16
PL-5
全不鏽鋼滑輪（尼龍輪）
5 10 110 12 12 110 10 5 90 89
12 23 5 40

固定用的「門閂」採鋼鐵圓棒製造，外層套上橡膠管。構造簡單，不易損壞

**長柄把手立面詳細圖** S=1/8

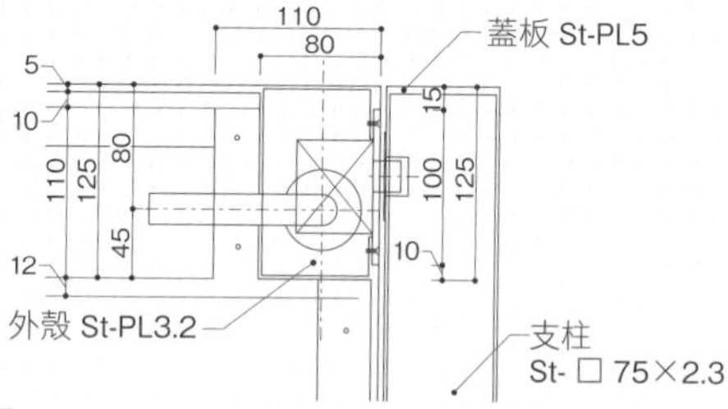
蓋板 St-PL5
外殼 St-PL3.2
支柱
St-□75×2.3
110 80
5 10 110 125 80 45 12
15 100 125 10

**固定鐵件立面詳細圖** S=1/8

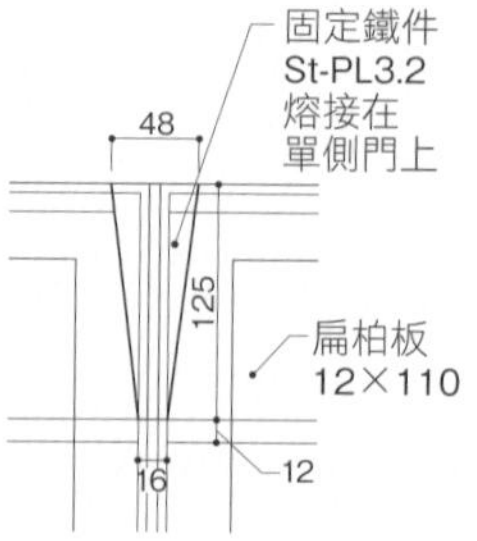
固定鐵件
St-PL3.2
熔接在
單側門上
扁柏板
12×110
48 125 16 12

車輛進出時開啟折門。

CASE 2-3

# 格子推拉門與女兒牆形狀的屏障

通道與車庫的入口處設有鋼製格子推拉門、屏障。上方則設置如女兒牆外觀的屏障。

住宅密集地的房屋通常都會築起用於遮蔽外來視線的圍牆，因此建造時會盡量避免給內外帶來壓迫感。本案例沿著正面道路側設置堅固的鐵格子推拉門與固定式屏障，內側配有通道與車庫。這種設計不但能維護隱私與安全，也不會有壓迫感，甚至能將內部打造成明亮通風的空間。格子推拉門與固定式屏障的高度約 1.2m，其上方設有如女兒牆外觀約 2m 的屏障，並環繞著整塊建地。（濱田昭夫）

穿越格子推拉門、屏障就能到達通道與車庫。打開推拉門入內，抬頭可仰望天空。

**平面圖** S=1/250

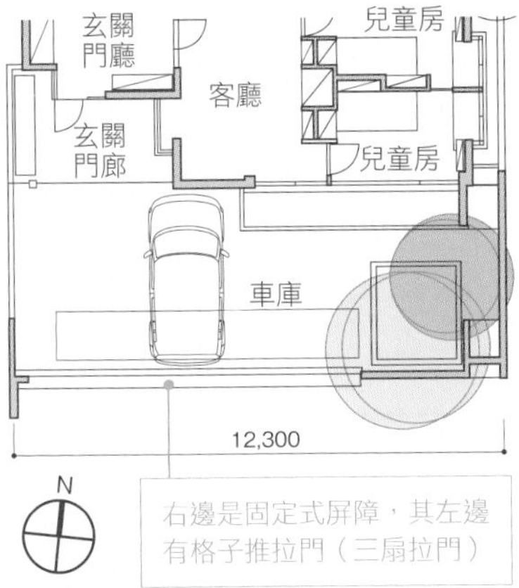
玄關門廳
兒童房
客廳
玄關門廊
兒童房
車庫
12,300
N
右邊是固定式屏障，其左邊有格子推拉門（三扇拉門）

兩支為一組的橫條隔間框架配置兩種不同的樣式，一是鏤空式設計（照片左），二是在橫條間設置鋼板（照片右），為整體設計增添節奏感。

**女兒牆形狀的屏障**
**剖面詳細圖** S=1/10

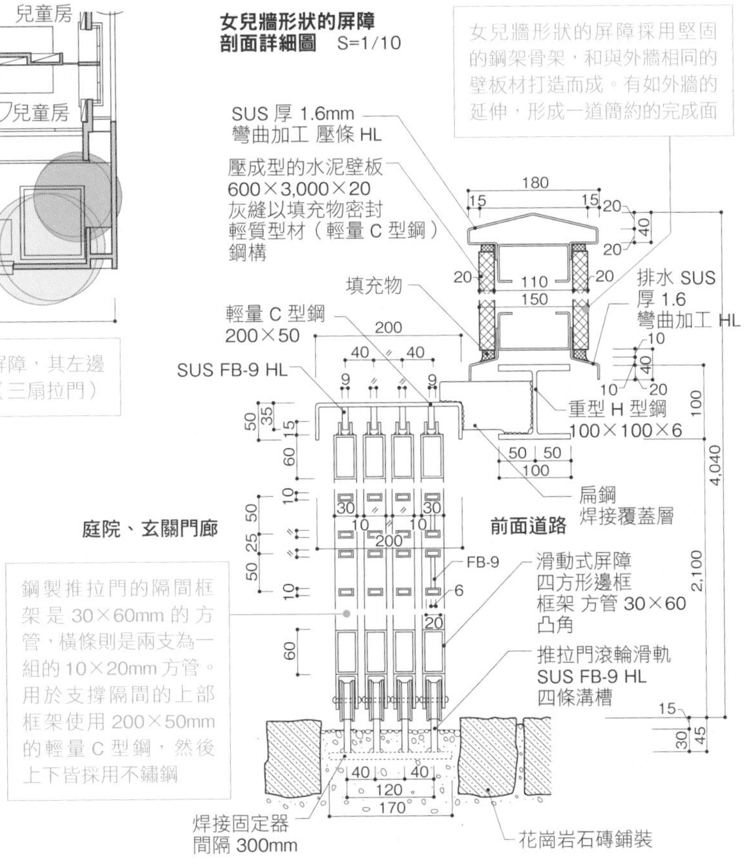
女兒牆形狀的屏障採用堅固的鋼架骨架，和與外牆相同的壁板材打造而成。有如外牆的延伸，形成一道簡約的完成面
SUS 厚 1.6mm
彎曲加工 壓條 HL
壓成型的水泥壁板
600×3,000×20
灰縫以填充物密封
輕質型材（輕量 C 型鋼）
鋼構
填充物
輕量 C 型鋼
200×50
SUS FB-9 HL
180
15
15
20
40
20
20
110
20
150
排水 SUS
厚 1.6
彎曲加工 HL
200
40
40
10
40
10
20
9
9
重型 H 型鋼
100×100×6
50
50
100
100
4,040
扁鋼
焊接覆蓋層
庭院、玄關門廊
前面道路
30
30
10
10
200
FB-9
6
滑動式屏障
四方形邊框
框架 方管 30×60
凸角
20
2,100
推拉門滾輪滑軌
SUS FB-9 HL
四條溝槽
15
30
45
鋼製推拉門的隔間框架是 30×60mm 的方管，橫條則是兩支為一組的 10×20mm 方管。用於支撐隔間的上部框架使用 200×50mm 的輕量 C 型鋼，然後上下皆採用不鏽鋼
40
40
120
170
焊接固定器
間隔 300mm
花崗岩石磚鋪裝

# 收整到翼牆內側的木製推拉門

質感厚重的木頭搭配清水混凝土牆可營造沉穩氣氛。

這是可縱向停放兩台車輛的車庫推拉門。由於車輛進出時需要較大的空間，所以推拉門設計成可敞開到底，收整到混凝土翼牆內側。

由於車庫位於住宅後門，所以採用樸實設計，質感厚重的木頭與堅固的混凝土牆散發出捍衛私領域的氣氛，能使入侵者望之卻步。（長濱信幸）

**平面圖** S=1/200

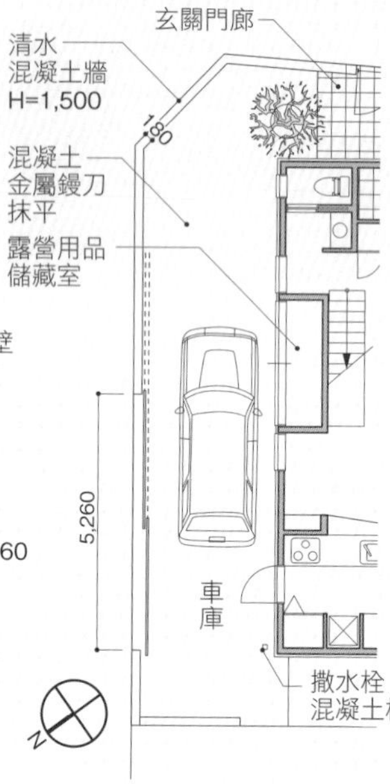

玄關門廊
清水
混凝土牆
H=1,500
180
混凝土
金屬鏝刀
抹平
露營用品
儲藏室
5,260
車庫
撒水栓
混凝土柱
N


**推拉門剖面圖**
S=1/20

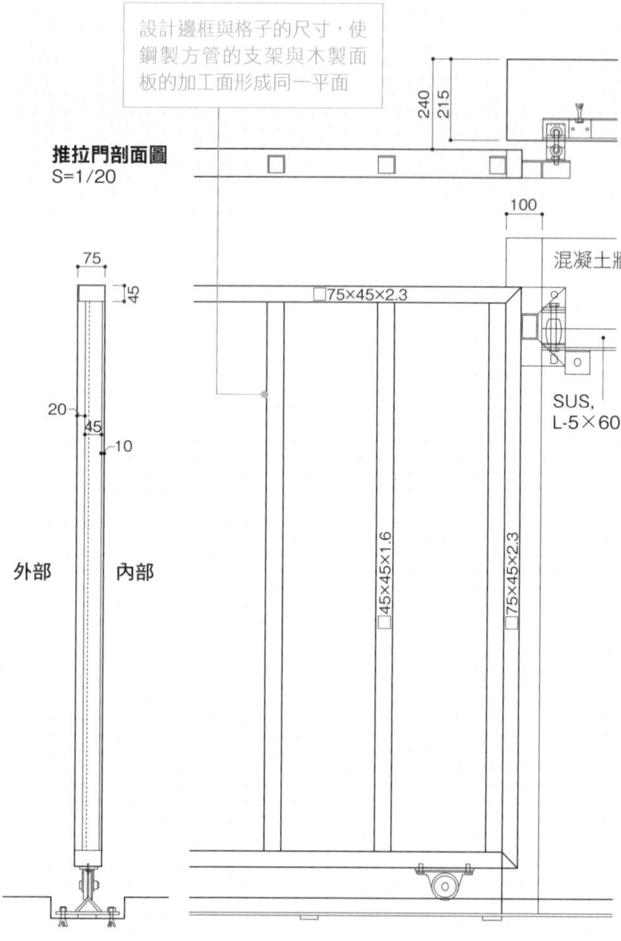

設計邊框與格子的尺寸，使鋼製方管的支架與木製面板的加工面形成同一平面
240
215
100
混凝土牆壁
75
45
□75×45×2.3
SUS,
L-5×60×60
20
45
10
外部
內部
□45×45×1.6
□75×45×2.3

除了車庫以外，為了方便把車開進備用停車空間的庭院，大開口部設有推拉門，可推到底至混凝土牆內側。

**平面圖** S=1/30

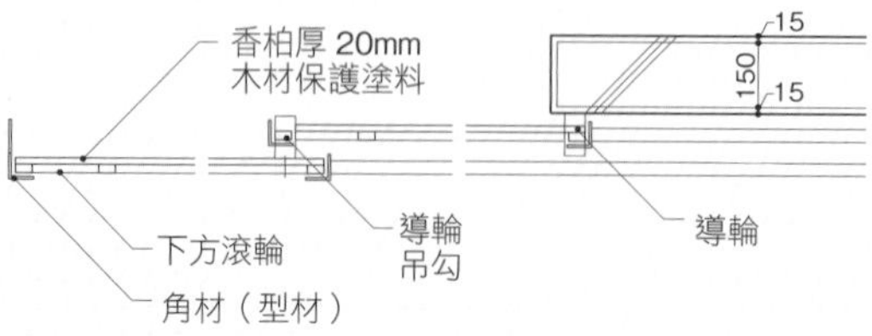

香柏厚 20mm
木材保護塗料
15
150
15
下方滾輪
導輪
吊勾
導輪
角材（型材）

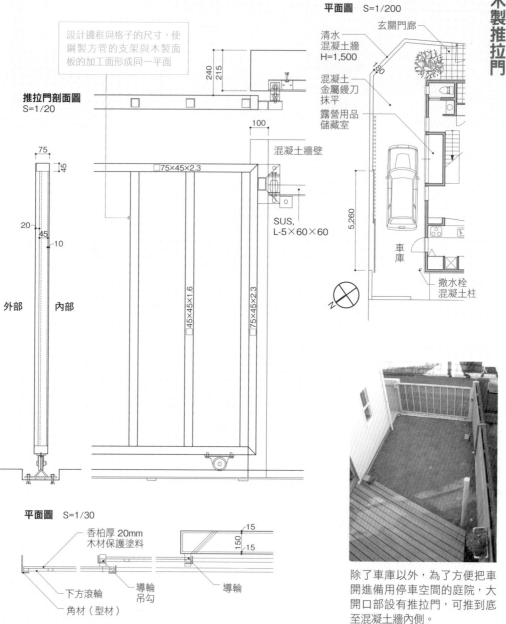

CASE 2-5

# 以大小兩扇推拉門組成

當敞開室內車庫的推拉門時，推拉門會被推到玄關門廊近處，擋住書房的窗戶。

這扇寬度將近 4m 的寬幅吊式推拉門考慮到車輛以外的出入需求，因此以大小推拉門搭配使用。上冒頭、下冒頭、中冒頭、縱框是以方管組成，兩面則是縱向張貼香柏壁板。吊軌收納在屋簷裡，推拉門以吊掛方式設置，然後在門下方安裝導輪，藉由導輪抑制門板晃動。（十文字豐）

**詳細圖** S=1/60

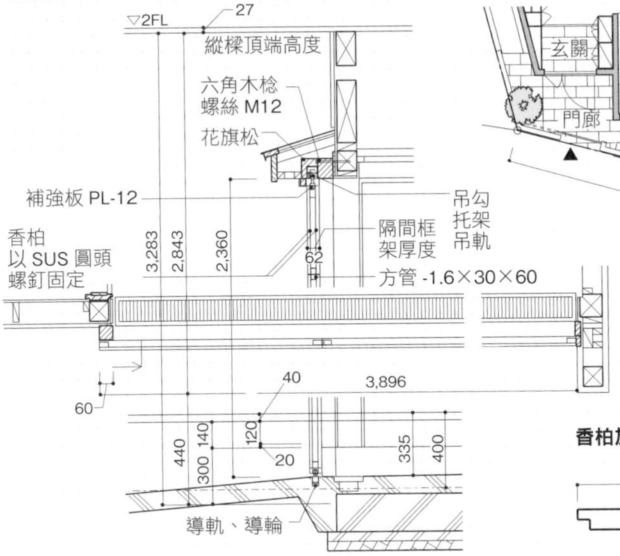
▽2FL
27
縱樑頂端高度
六角木栓
螺絲 M12
花旗松
補強板 PL-12
香柏
以 SUS 圓頭
螺釘固定
吊勾
托架
吊軌
隔間框
架厚度
62
方管 -1.6×30×60
3,283
2,843
2,360
40
3,896
60
120
20
440
140
300
335
400
導軌、導輪

**平面圖** S=1/200

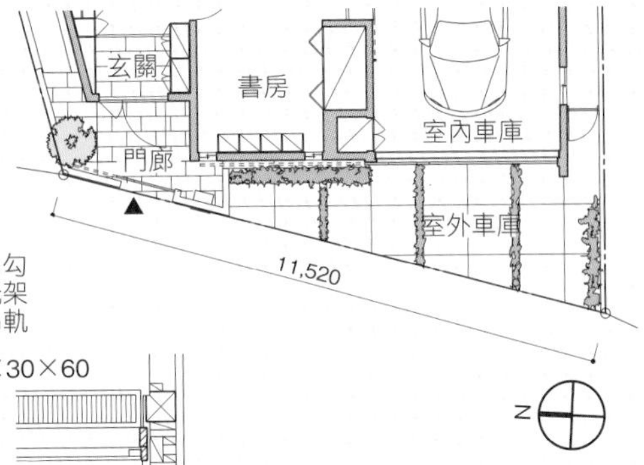
玄關
書房
門廊
室內車庫
室外車庫
11,520
N

**香柏加工圖** S=1/6

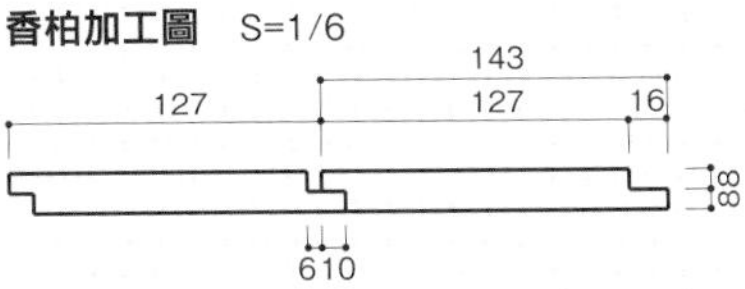
143
127
127
16
8
8
6
10

大小推拉門的壁板尺寸必須先確定位置與機能後再決定

**詳細圖** S=1/40

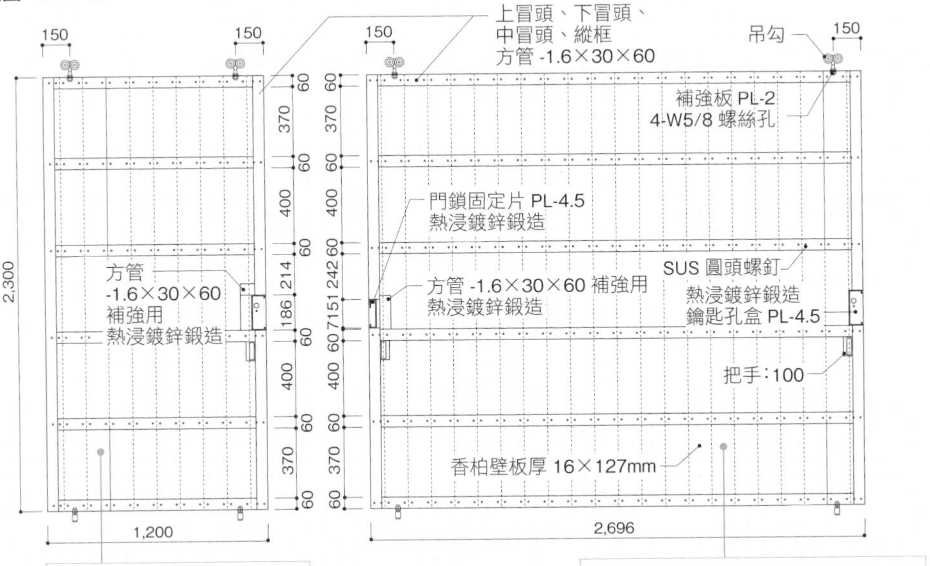
150
150
150
150
上冒頭、下冒頭、
中冒頭、縱框
方管 -1.6×30×60
吊勾
補強板 PL-2
4-W5/8 螺絲孔
60
370
60
400
60
214
186
60
400
60
370
60
60
370
60
400
60
242
151
7
60
400
60
370
60
2,300
門鎖固定片 PL-4.5
熱浸鍍鋅鍛造
方管
-1.6×30×60
補強用
熱浸鍍鋅鍛造
方管 -1.6×30×60 補強用
熱浸鍍鋅鍛造
SUS 圓頭螺釘
熱浸鍍鋅鍛造
鑰匙孔盒 PL-4.5
把手：100
香柏壁板厚 16×127mm
1,200
2,696

在寬大的室內車庫上方規劃一個富趣味的滑板收納架。出入用的小推拉門相當方便

考量到耐久性、翹曲等問題，骨架以 1.6×30×60mm 的方管組裝，兩面張貼香柏壁板並以 SUS 圓頭螺釘固定

# 收進室內車庫的縱格子門

室內車庫門的材料是阿拉斯加扁柏，採光處貼有兩塊聚碳酸酯板（PC 板）。

從車輛與住戶進出考量室內車庫門的設置時，就會發現盡量分做兩扇門較為便利。本案例從道路端看，住戶出入用的單扇門是位於右邊，左邊則是車輛出入用的隱藏式推拉門（吊式拉門）。隱藏式推拉門可折疊至角落，收納到車庫內部的混凝土外牆前面。（川口通正）

**平面圖**
S=1/150

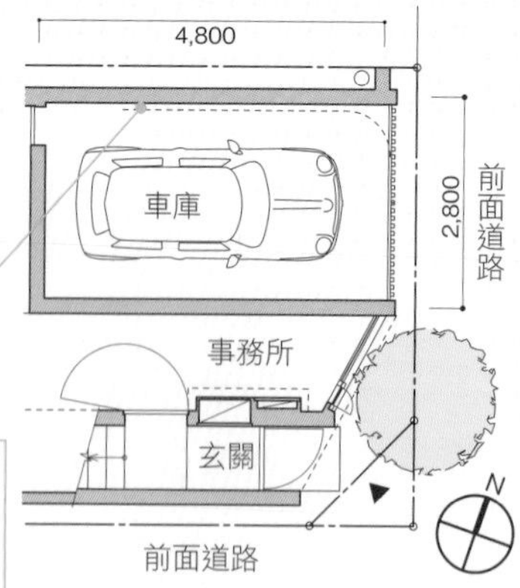
4,800
2,800
前面道路
車庫
事務所
玄關
N
前面道路
當打開車庫門時，就能看到美麗的木製格子牆面
縱格子的設計給人摩登印象。優點是不易囤積灰塵

採用輕質且不易破損的聚碳酸酯板。由於內側沒有設置木條，所以擦拭上相當方便

**車庫側立面圖**
S=1/60

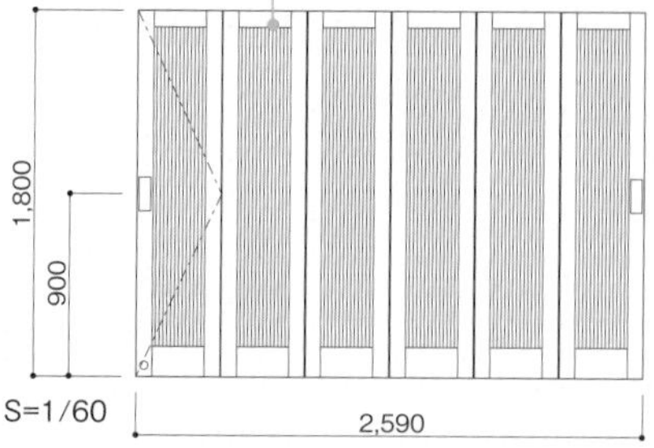
1,800
900
S=1/60
2,590

**外觀側立面圖**
S=1/60

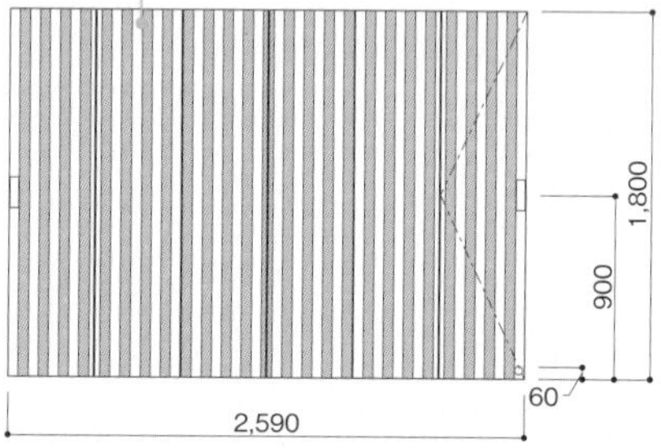
1,800
900
60
2,590

**平面圖** S=1/40

**剖面圖** S=1/15

**詳細圖** S=1/15

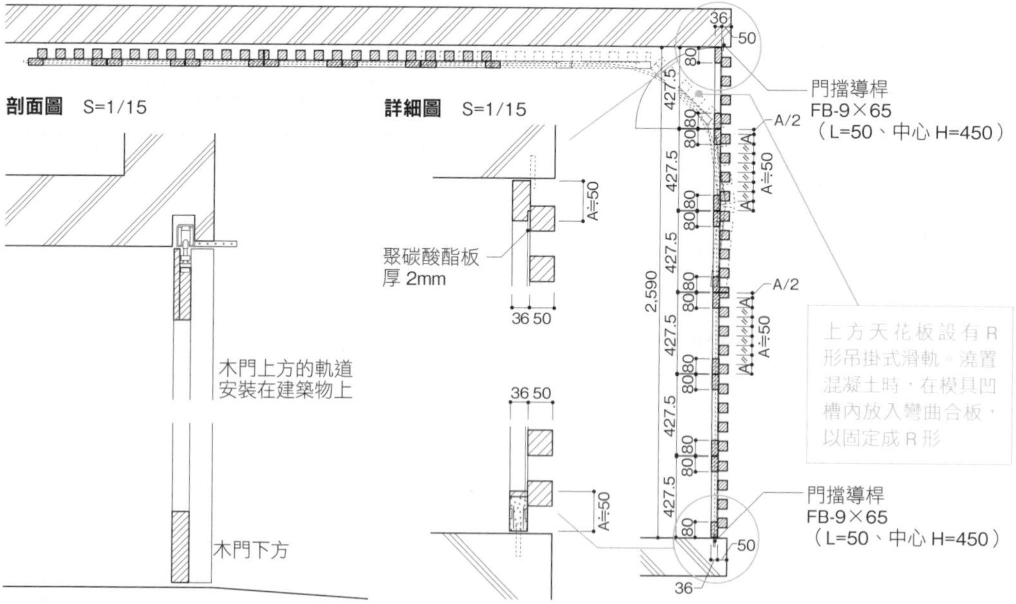
36
50
80
427.5
A/2
A≑50
2,590
36 50
聚碳酸酯板
厚 2mm
木門上方的軌道
安裝在建築物上
木門下方
門擋導桿
FB-9×65
（L=50、中心 H=450）
上方天花板設有 R 形吊掛式滑軌。澆置混凝土時，在模具凹槽內放入彎曲合板，以固定成 R 形

# 3 車庫屋頂 確保採光

## CASE 3-1 利用鋼骨與木頭打造輕質柔和的屋頂

可停放兩台車的車庫。由於必須架設 5m 以上的跨距，所以柱子與樑採用 H 型鋼，上方再架設椽。

當停車空間寬敞到足以停放兩台車時，通常需要 5m 以上的跨距架構。

以木造組構的話，需要用比較粗的樑來支撐。但是若以鋼骨打造，素材又會顯得生硬。於是，本案例採用 100×100mm 的 H 型鋼做為樑與柱，並每隔 300mm 架設一根椽組合成屋頂形狀。屋頂斜度是順著行人仰頭看的角度來設定，避免讓人有屋頂很大的感覺，因此在屋頂前端加設內側為鋁鋅鋼板的木製排水管，利用木頭質感營造輕快感。此外，屋面則採透明 PVC 浪板與 PC 浪板拼裝鋪設，以利採光。（安井正）

**室內車庫平面圖** S=1/200

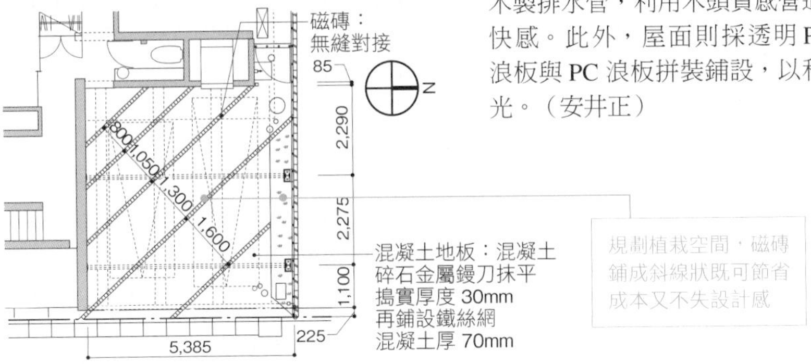
磁磚：
無縫對接
85
N
2,290
2,275
1,100
225
5,385
800
1,050
1,300
1,600
混凝土地板：混凝土
碎石金屬鏝刀抹平
搗實厚度 30mm
再鋪設鐵絲網
混凝土厚 70mm
規劃植栽空間，磁磚
鋪成斜線狀既可節省
成本又不失設計感

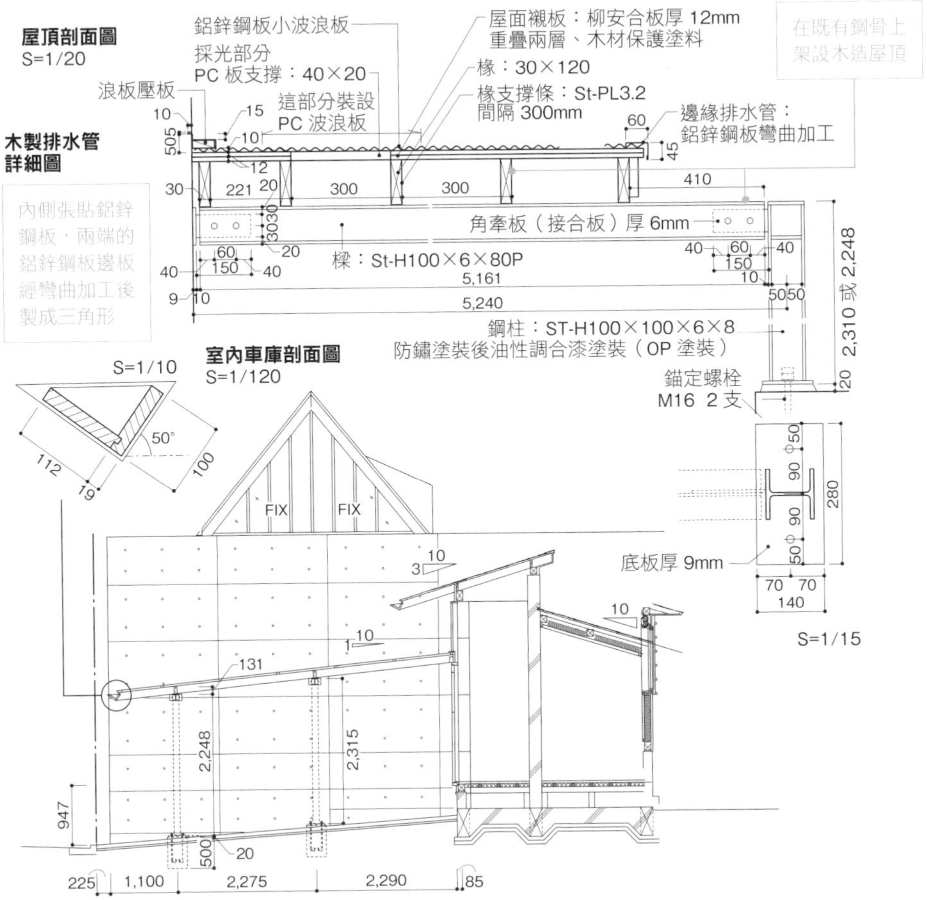
屋頂剖面圖
S=1/20
鋁鋅鋼板小波浪板
採光部分
PC 板支撐：40×20
浪板壓板
這部分裝設
PC 波浪板
屋面襯板：柳安合板厚 12mm
重疊兩層、木材保護塗料
椽：30×120
椽支撐條：St-PL3.2
間隔 300mm
邊緣排水管：
鋁鋅鋼板彎曲加工
在既有鋼骨上
架設木造屋頂
角牽板（接合板）厚 6mm
樑：St-H100×6×80P
5,161
5,240
鋼柱：ST-H100×100×6×8
防鏽塗裝後油性調合漆塗裝（OP 塗裝）
2,310 或 2,248
錨定螺栓
M16 2 支
底板厚 9mm
S=1/15
木製排水管
詳細圖
內側張貼鋁鋅
鋼板，兩端的
鋁鋅鋼板邊板
經彎曲加工後
製成三角形
S=1/10
50°
112
19
100
室內車庫剖面圖
S=1/120
FIX
FIX
131
2,248
2,315
947
500
20
225
1,100
2,275
2,290
85

CASE 3-2

## 有助採光的PC屋頂

這是地面鋪設枕木，屋頂以貼有貼面椽的PC板覆蓋的車庫。本案例為了配合建築物的色調而選擇混有黑色半透明浪板鋪設屋面。由於相當透光，所以得以確保明亮度，這裡相當適合進行各種作業。（松澤靜男）

**PC 屋頂詳細圖** S=1/15

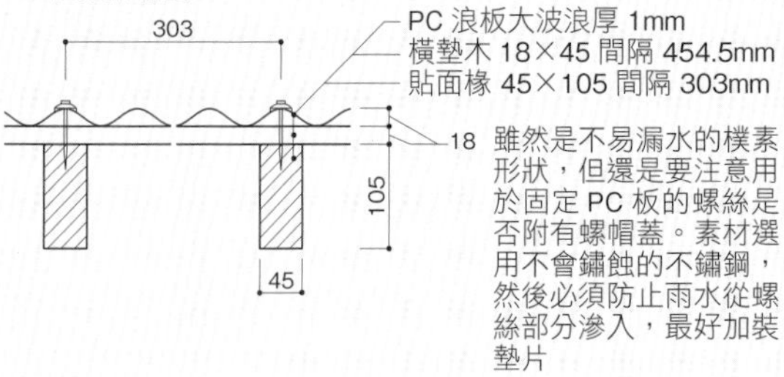
PC 浪板大波浪厚 1mm
橫墊木 18×45 間隔 454.5mm
貼面椽 45×105 間隔 303mm
303
18
105
45
雖然是不易漏水的椽素形狀，但還是要注意用於固定PC板的螺絲是否附有螺帽蓋。素材選用不會鏽蝕的不鏽鋼，然後必須防止雨水從螺絲部分滲入，最好加裝墊片

**PC 屋頂詳細圖** S=1/15

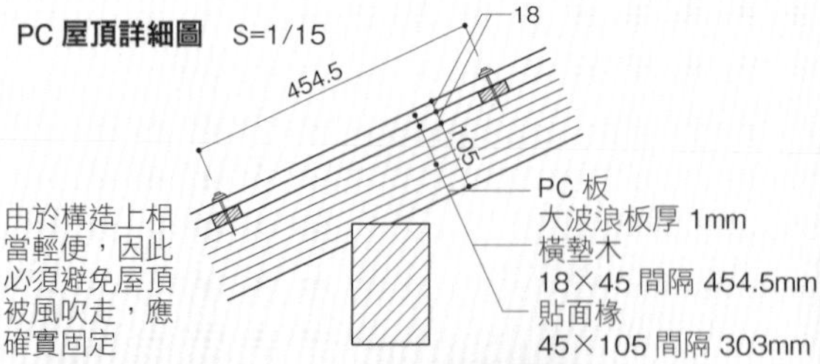
18
454.5
105
PC 板
大波浪板厚 1mm
橫墊木
18×45 間隔 454.5mm
貼面椽
45×105 間隔 303mm
由於構造上相當輕便，因此必須避免屋頂被風吹走，應確實固定

屋頂是混雜黑色的半透明PC板。除了能帶來暖和光線外，也具有隔熱效果。

地面與通往玄關的階梯皆採用枕木鋪裝。這是屋主的DIY。

CASE 3-3

## 大屋頂屋簷下的車庫

這是活用深屋簷下的空間打造成多功能車庫的範例。本案例在屋簷設置三處與屋簷深度同長的天窗，使北邊變得明亮。因為屋頂挑高的關係，所以整體感覺相當舒適。屋主可將運過來的蔬菜在這裡做前置處理，也可當成外玄關使用。（松澤靜男）

**北側天窗屋頂詳細圖**
S=1/12

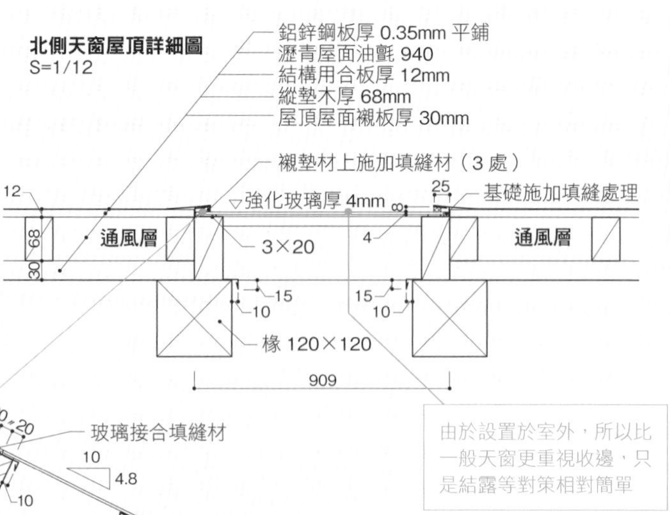
鋁鋅鋼板厚 0.35mm 平鋪
瀝青屋面油氈 940
結構用合板厚 12mm
縱墊木厚 68mm
屋頂屋面襯板厚 30mm
襯墊材上施加填縫材（3 處）
25
基礎施加填縫處理
12
強化玻璃厚 4mm
8
68
30
通風層
3×20
4
通風層
15
10
15
10
椽 120×120
909
由於設置於室外，所以比一般天窗更重視收邊，只是結露等對策相對簡單

**天窗詳細圖** S=1/12

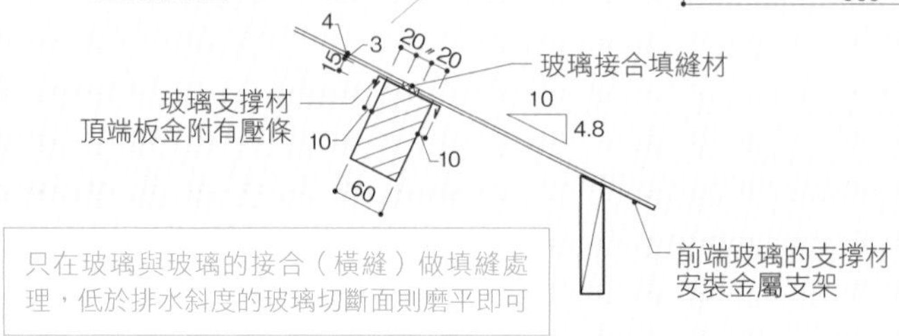
4
15
3
20
20
玻璃接合填縫材
玻璃支撐材
頂端板金附有壓條
10
10
10
10
4.8
60
前端玻璃的支撐材
安裝金屬支架
只在玻璃與玻璃的接合（橫縫）做填縫處理，低於排水斜度的玻璃切斷面則磨平即可

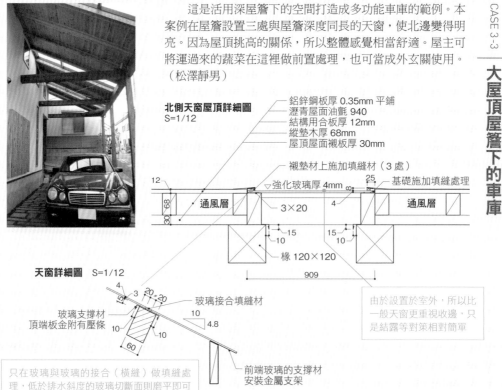

# 4 自行車停放處 抑制存在感

## CASE 4-1 融入外觀的自行車停放處

沿著通往玄關的通道打造一道木格子圍牆。並在圍牆旁邊設置自行車停放處以及格子門。關上格子門後會與格子圍牆融為一體，完全看不到自行車停放處，使通道空間變得寬敞舒適。另外，屋頂是藤架風格，與格子圍牆同樣採用香柏打造，上方鋪設乳白色的PVC浪板。（高野保光）

打開格子門就是自行車停放處。屋頂用香柏打造藤架，並且在上面鋪設 PVC 浪板。

通道左邊是自行車停放處；右邊是車庫。

**平面圖** S=1/200

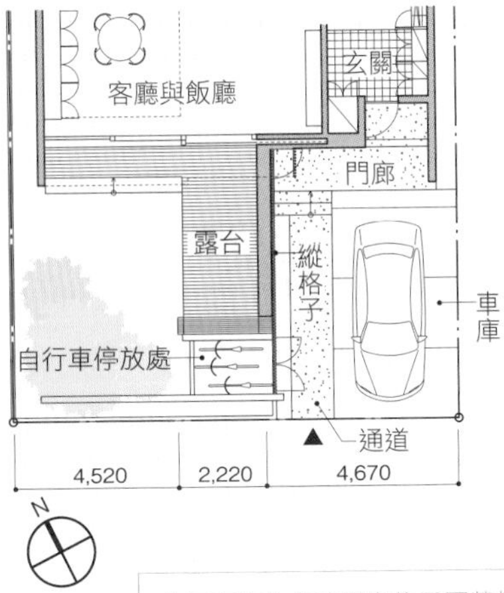
客廳與飯廳
玄關
門廊
露台
縱格子
車庫
自行車停放處
通道
4,520
2,220
4,670
N

**格子圍牆、自行車停放處立面圖**
S=1/70

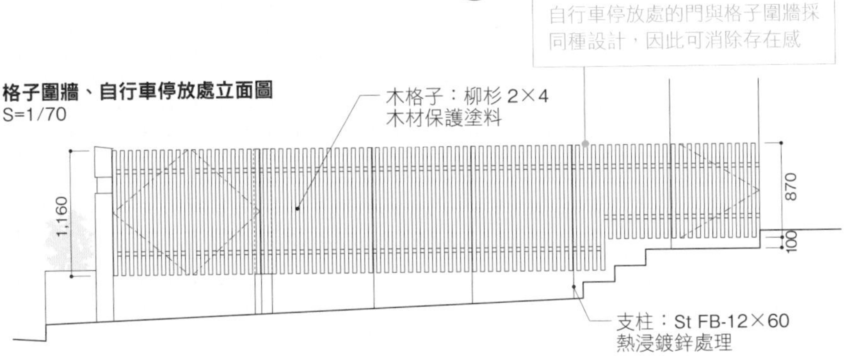
自行車停放處的門與格子圍牆採同種設計，因此可消除存在感
木格子：柳杉 2×4
木材保護塗料
1,160
870
100
支柱：St FB-12×60
熱浸鍍鋅處理

**自行車停放處剖面圖**
S=1/50

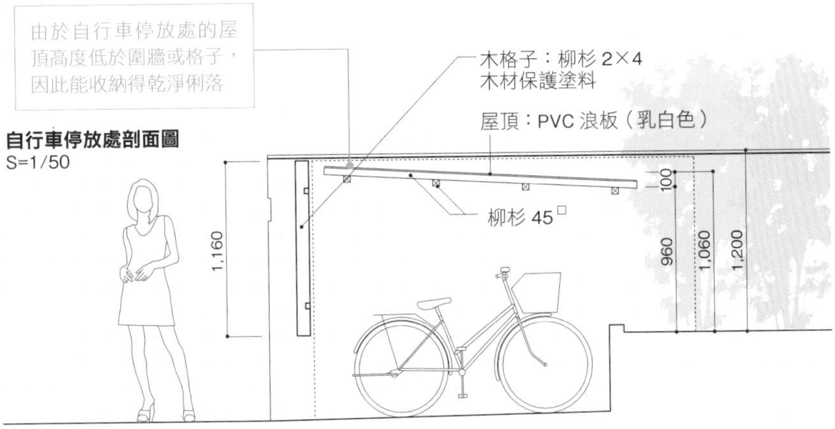
由於自行車停放處的屋頂高度低於圍牆或格子，因此能收納得乾淨俐落
木格子：柳杉 2×4
木材保護塗料
屋頂：PVC 浪板（乳白色）
柳杉 45□
1,160
100
960
1,060
1,200

## CASE 4-2 設置在玄關附近的自行車停放處

當建地空間足夠時，可在玄關附近規劃自行車停放處。使用鐵架等材質組構骨架，並搭建屋頂以確保專用空間。反之，當建地空間不足時，也可善用屋簷下方等空間，設置一處將自行車上鎖的鎖鏈架。（吉原健一）

附設屋頂的自行車停放處。

可上鎖的鎖鏈架。

**自行車停放處平面圖** 1/60

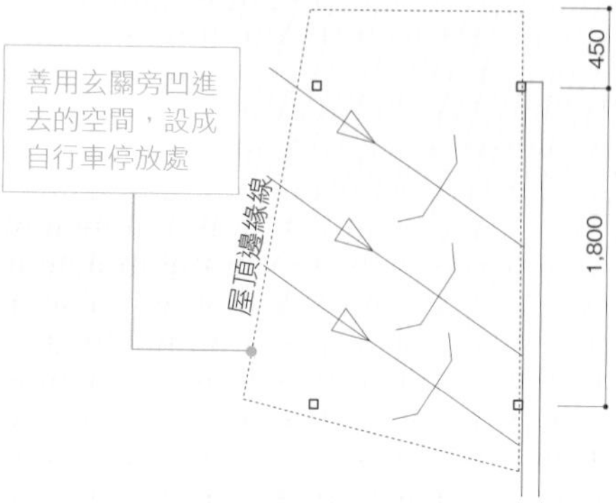
善用玄關旁凹進去的空間，設成自行車停放處
屋頂邊緣線
450
1,800

**展開圖** S=1/60

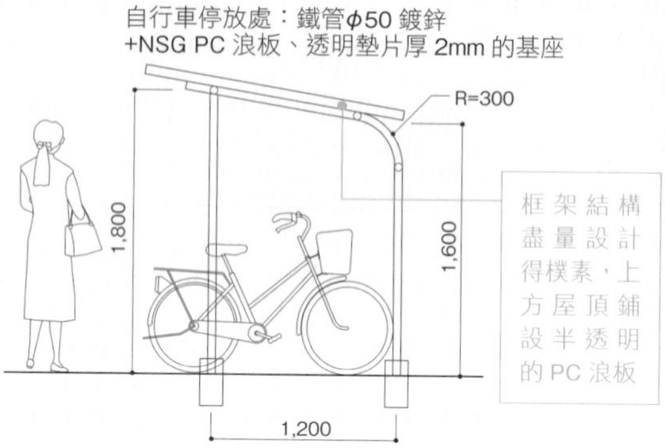
自行車停放處：鐵管φ50 鍍鋅
+NSG PC 浪板、透明墊片厚 2mm 的基座
R=300
1,800
1,600
1,200
框架結構盡量設計得樸素，上方屋頂鋪設半透明的PC浪板

## CASE 4-3 劃分自行車停放處與車庫空間

本案例在介於與道路平行的車庫以及稍微偏高的庭院之間，設置可容納四台自行車停車的空間。採用與車庫一體化的設計，並設置圍牆以避免外觀看起來雜亂，但又考量到視野和通風採光，所以清水混凝土牆上設有縱長空隙，並在上方架設屋頂。（野口泰司）

**立面圖** S=1/80

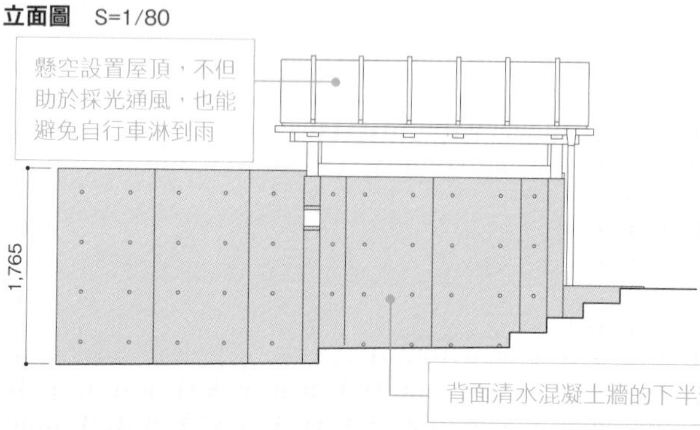
懸空設置屋頂，不但助於採光通風，也能避免自行車淋到雨
1,765
背面清水混凝土牆的下半部，兼為與鄰地共有的擋土牆

懸空屋頂與混凝土牆的空隙能確保採光通風與視野，另外也有防盜效果。

住宅的外觀。左邊的混凝土牆內側是自行車停放處。

CASE 4-4

# 規劃成多功能空間

這是將自行車停放處規劃得寬敞些，使這裡成為多功能空間的例子。裡頭是儲藏室，然後大屋頂兼為大門雨庇。這樣一來，不管是家人站在門前找鑰匙時、或是訪客在對講機處等待屋主前來應門時，都不必擔心被雨淋溼。此外，圍繞建築物的圍牆與自行車停放處的牆壁，都採同材質同色調，藉此營造內外的一體感。（長濱信幸）

平面圖　S=1/80

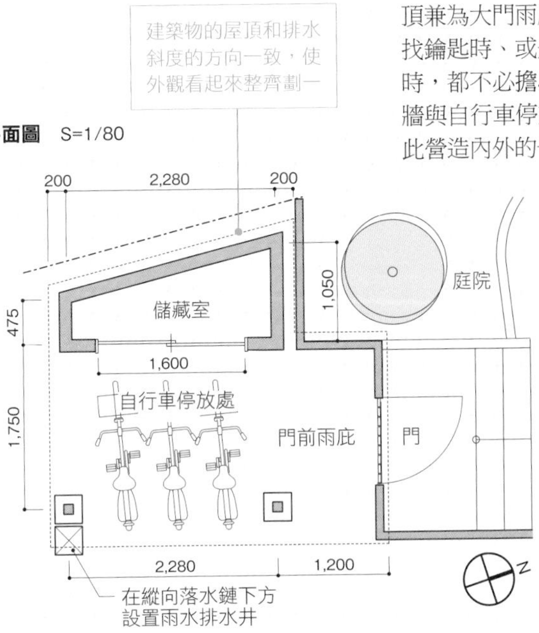
建築物的屋頂和排水斜度的方向一致，使外觀看起來整齊劃一
200
2,280
200
1,050
庭院
475
儲藏室
1,600
1,750
自行車停放處
門前雨庇
門
2,280
1,200
N
在縱向落水鏈下方設置雨水排水井

門板與圍牆的色調比建築物的木造部分深，使建築物外觀重心往下，看起來沉穩踏實。

儲藏室剖面圖　S=1/30

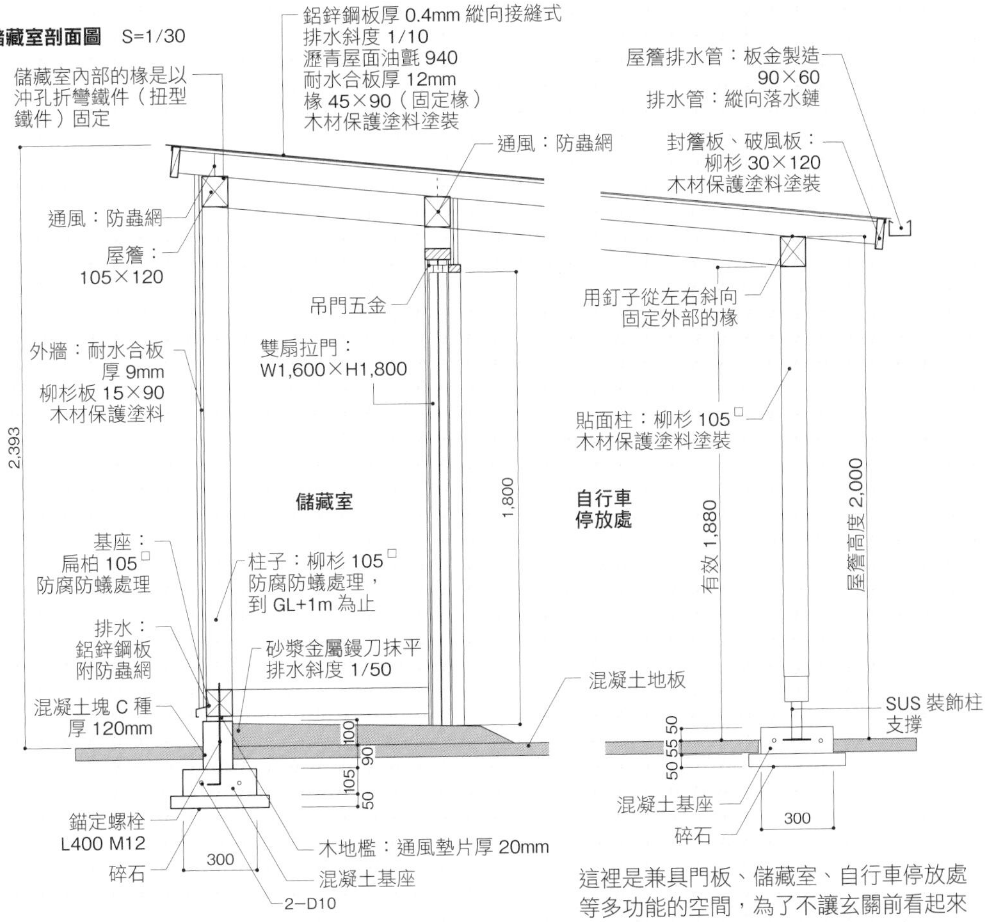
鋁鋅鋼板厚 0.4mm 縱向接縫式
排水斜度 1/10
瀝青屋面油氈 940
耐水合板厚 12mm
椽 45×90（固定椽）
木材保護塗料塗裝
儲藏室內部的椽是以沖孔折彎鐵件（扭型鐵件）固定
屋簷排水管：板金製造 90×60
排水管：縱向落水鏈
通風：防蟲網
封簷板、破風板：柳杉 30×120 木材保護塗料塗裝
通風：防蟲網
屋簷：105×120
吊門五金
用釘子從左右斜向固定外部的椽
外牆：耐水合板厚 9mm
柳杉板 15×90
木材保護塗料
雙扇拉門：W1,600×H1,800
貼面柱：柳杉 105□
木材保護塗料塗裝
2,393
儲藏室
1,800
自行車停放處
有效 1,880
屋簷高度 2,000
基座：扁柏 105□ 防腐防蟻處理
柱子：柳杉 105□ 防腐防蟻處理，到 GL+1m 為止
排水：鋁鋅鋼板附防蟲網
砂漿金屬鏝刀抹平
排水斜度 1/50
混凝土地板
混凝土塊 C 種厚 120mm
SUS 裝飾柱支撐
100
90
105
50
50
55
50
50
錨定螺栓 L400 M12
碎石
300
木地檻：通風墊片厚 20mm
混凝土基座
2-D10
混凝土基座
碎石
300

這裡是兼具門板、儲藏室、自行車停放處等多功能的空間，為了不讓玄關前看起來雜亂，將所有素材與色調都統一起來

## 作者簡介

本書作者主要以NPO法人築巢會「住宅外觀研究會」的六名成員為主。以★標示

### 荒木毅

一九五七年出生於北海道札幌市／一九八一年北海道大學工學部建築學科畢業／一九八三年北海道大學研究所工學研究科結業／一九八三年於RAYMOND設計事務所任職／一九八九年於任職ARCHITECT 5 PARTNERSHIP／一九九〇年設立ALEPH ARCHITECTS／二〇〇〇年成為負責人並更名為荒木毅建築事務所

### 泉幸甫

一九四七年出生於熊本縣／日本大學研究所碩士結業、千葉大學研究所博士結業（工學博士）／一九七七年起為泉幸甫建築研究所代表／現任日本大學教授／在APARTMENT鵜多次榮獲日本建築學會作品推薦獎等／著有《建築家的心象風景1泉幸甫》等

### 落合雄二

一九五五年出生於東京都／一九七八年明治大學工學部建築學科畢業／曾任職於ARCHI-BRAIN建築研究所，一九九〇年設立U設計室至今／一九九八年準入選OM地區建築獎／二〇〇四年榮獲「街景住宅」優秀獎／著有《推薦三贏住宅》等

### 川口通正

一九五二年出生於兵庫縣／自學建築／一九八三年設立川口通正建築研究所／現任工學院大學兼任講師／一九九二年以「草絲館」（JT9108）榮獲UD獎的都市建築部門獎／一九九九年「土庵」川口市都市設計獎榮獲街角景點獎／著有《狹小空間的隔間》等

### 川崎君子

一九四三年出生／日本女子大學住居學系畢業／曾任職於京都裏千家、仙ART STUDIO／一九七九年設立川崎君子建築事務所／二〇〇二年榮獲川越市都市景觀設計獎／二〇〇九年榮獲埼玉縣產木材住宅CONCOUR優秀獎

### 倉島和彌

一九五五年出生於栃木縣那須鹽原市／東京電機大學建築學科畢業／曾任職於盧川智建築研究室／一九八四年設立RABBITSON一級建築士事務所／日本建築家協會會員、註冊建築師／埼玉縣產木材住宅促進中心會員／昭和女子大學兼任講師／榮獲九州電力九州E CUBE的「變裝住宅」優秀獎等

### 小谷野榮次

一九五三年出生於茨城縣結城市／一九七六年國士館大學工學部建築學科畢業／一九八一年曾任職於小林隆夫建築設計事務所，後來設立結設計事務所，主要從事住宅設計等／一九八八年入選第一屆茨城建築文化獎／一九九一年入選茨城縣高齡模範住宅設計／一九九八年榮獲地區合適型木造住宅設計錦標賽優秀獎／一九九八年榮獲住宅振興獎

### 十文字豐

一九四六年出生於東京都／一九六九年工學院大學建築學科畢業／一九七四年設立ALCOVE・U／設計案超過170間以上／曾任職工學院大學、女子美術短期大學等講師／日本建築家協會會員、註冊建築師。著作無數

### 高野保光 ★

一九五六年出生／一九七九年日本大學生產工學部建築工學科畢業／一九八四年任職日本大學助理／一九九一年設立遊空間設計室／日本大學生產工學部建築工學科兼任講師／二〇〇三年榮獲木材王國日本住宅設計錦標賽最優秀獎／二〇〇四年榮獲「街景住宅100選」日本建築師公會會長獎／二〇〇六年榮獲第8屆「溫暖的居住空間設計」生活設計部門優秀獎

### 田代敦久

一九五二年出生／一九七四年明治大學工學部建築學科畢業／一九八二年設立田代計畫設計工房／一九七四年榮獲堀口捨巳獎／一九九九年榮獲群馬住宅優秀獎

### 田中NAOMI

一九六三年出生於大阪，德島長大／英日混血兒，父親為大阪人，母親為英國人／一九八三年女子美術短期大學造型科畢業／曾任職於N建築設計事務所、藍設計室，後來一九九九年設立田中NAOMI工作室

### 德川正樹

一九五九年出生於群馬縣桐生市／致力於建造可活用氣候、土壤素材的住宅／主要活動：探求瓦片的新可能性／一年舉辦一次「高崎一日住宅建築學校」／「功樂志・群馬UNIT」發起人代表／「新屋頂開拓集團・屋頂舞台」舞台監督／榮獲第10屆吉岡獎／榮獲第12屆甍賞金獎、國土交通大臣獎、TAKASAKI都市景觀獎、大田都市景觀獎／著有《探訪氣候、土壤素材的源流》等

### 長濱信幸 ★

一九六四年出生／一九八八年早稻田大學理工學部建築學科畢業／一九九〇年早稻田大學研究所結業／一九九八年設立長濱信幸建築設計事務所／一九九九年至二〇〇二年擔任早稻田實業學校建築計畫顧問／二〇〇五年榮獲第15屆TOTAL HOUSING大賞特別獎／二〇〇七年第9屆「溫暖的居住空間設計」優秀獎

### 根來宏典

一九七二年出生於和歌山縣／一九九五年日本大學畢業／一九九五年任職於古市徹雄都市建築研究所，二〇〇二年轉約聘身分／二〇〇四年設立根來宏典建築研究所／二〇〇五年日本大學研究所博士後期課程結業、博士（工學）／二〇〇九年榮獲茨城建築文化賞住宅部門優秀獎

### 野口泰司

出生於神奈川縣橫濱市／橫濱國立大學建築學科畢業／一九七五年設立野口泰司建築工房／曾任關東學院大學兼任講師、神奈川縣縣產材認證制度檢討會委員等／日本建築家協會會員／入選神奈川縣建築CONCOUR、山梨縣建築文化賞等

### 長谷部綠

一九四八年出生／中央工學校建築科畢業／

曾任職於大江 ASSOCIATES、設計工房 TALO／一九七六年設立長谷部建築設計事務所／隸屬於多摩都市建築設計協會

**濱田昭夫**

一九四二年出生於福岡／一九七二年工學院大學建築學科畢業／一九七二年至一九八四年期間任職於工學院大學波多江研究室工作室／一九八五年設立TAC濱田建築設計事務所／一九九五年至二〇〇〇年擔任工學院大學講師／日本建築師協會會員／榮獲千葉縣建築文化獎（木更津之家）／榮獲長岡街景獎

**藤田辰男**

一九五二年出生／一九八二年赴美研究太陽能建築／一九八四年堪薩斯大學建築學研究科碩士畢業／一九八四年任職於McCoy Hutchison Stone 建築事務所／一九九〇年設立事務所／一九九五年榮獲神奈川縣建築競圖獎勵／二〇〇六年榮獲東京建築賞優秀獎

**藤原昭夫**

一九四七年出生／一九七〇年東京芝浦工業大學建築學科畢業／一九七七年設立結設計／二〇〇二年「鹽山之家」榮獲山梨縣建築文化鼓勵獎（住宅建築部門）／二〇〇四年「三和台之家」榮獲千葉縣建築文化獎（環保建築物）・千葉市優秀建築獎／二〇〇四年「昇龍木舍」榮獲群馬之家設計最優秀獎／二〇〇五年「碌山TM2」榮獲北區景觀獎

**本間至**

一九五六年出生／一九七九年日本大學理工學部建築學科畢業／曾任職於林寬治設計事務所，後來一九八六年設立Bleistift／日本大學理工學部建築學科兼任講師／著作無數

**松澤靜男 ★**

一九五三年出生於川崎市／一九七六年日本大學工學部建築學科畢業／曾任職於建設公司、設計事務所，後來於一九八二年設立事務所至今／擔任住宅的設計與監督，30年間經手200多棟

**松原正明 ★**

一九五六年出生於福島縣／東京電機大學工學部建築學科畢業／曾任職於設計事務所，後來於一九八四年設立松原正明建築設計室／次世代Solar通風系統「微風」立案設計事務所／居住環境設計大賞二〇〇八年環境設計優秀獎

**松本直子**

一九六九年出生於東京／一九九二年日本女子大學住居學系畢業／一九九四年任職於川口通正建築研究所，後來於一九九七年設立松本直子建築設計事務所

**水口裕之**

一九六七年出生／一九九一年東京大學工學部建築學科畢業／一九九一年至一九九八年任職於清水建設設計本部／一九九一年設立水口建築設計室

**村田淳**

一九七一年出生於東京都／一九九五年東京工業大學建築學科畢業／一九九七年東京工業大學研究所建築學專科結業／曾任職Archivision建築研究所／二〇〇六年任職於村田靖夫建築研究室、二〇〇七年成為同事務所代表／二〇〇九年更名為村田淳建築研究室

**森博**

一九五九年出生／關東學院大學工學部建築學科畢業／一九九〇年設立工作室／居住於鎌倉30年，與當地工匠友人共同打造以杉木木材和白色灰泥築起的樸素溫暖住宅

**諸角敬**

一九五四年出生／一九七七年早稻田大學理工學部建築學科畢業／曾任於林・山田・中原設計同人 studio Mangiarotti（Milano ITALIA）／一九八五年設立studioA／現任日本大學生產工學部、工學院大學建築學科兼任講師／一九九〇年榮獲東京建築師會建築住宅賞優秀獎、二〇〇六年神奈川建築CONCOUR優秀獎／著作無數

**安井正 ★**

一九六八年出生／一九九一年早稻田大學理工學科機械工學系畢業後，就讀建築學科學士班，一九九八年早稻田大學研究所碩士課程結業／一九九八年設立Craft Science建築事務所／我孫子市的景觀顧問／著有《成為住宅專家的必備筆記》／譯有《建築的ABC》

**山本成一郎**

一九六六年出生／一九九〇年早稻田大學研究所（神山研究室）結業／曾任於海工作室、廣瀨研究室，後來於二〇〇一年設立山本成一郎設計室／二〇〇七年至今擔任東洋大學兼任講師／著有《日本的名字：和風生活物品圖鑑》

**吉原健一 ★**

一九六三年出生／一九八六年關東學院大學工學部建築學科畢業／一九九三年設立光風舍／一九九五年榮獲京都市HOPE居住文化獎／著有《成為住宅專家的必備筆記》

## 譯者簡介

**洪淳瀅**

高雄人。國立高雄第一科技大學應用日語所碩士，2009年取得日本交流協會主辦的「貿易人才赴日研修計劃」資格，赴日研習貿易實務及國際化戰略等課程，並取得結業證明。曾從事服務業、貿易業、製造業、電子精密零件等行業，鑽研各專業領域多年。也因曾任職於耐火材料公司，而了解相關原料、混練機、成型機等各種材料與機械。於2012年12月設立純子中日翻譯工作室，成為專職譯者，協助各企業主翻譯電子電機、機械化工、建築設計、醫學保健、財務金融、專利契約等領域的專業技術文件。譯有《圖解環保住宅》、《圖解建築材料》、《裝潢建材知識》（以上由易博士出版）、《FinTech跟我有什麼關係》，合譯有《鴻海為什麼贏得夏普：前夏普技術長為你揭開百年品牌犯下的二大致命失策》。

國家圖書館出版品預行編目（CIP）資料

日式住宅外觀演繹法 / NPO法人築巢會著 ; 洪淳瀅譯. -- 修訂一版.. -- 臺北市 : 易博士文化, 城邦文化出版 : 家庭傳媒城邦分公司發行, 2019.05
232面 ; 19*26公分
譯自 : 最高の外構をデザインする方法
ISBN 978-986-480-084-1 (平裝)
1.房屋建築　2.室內設計　3.空間設計

441.52　　108007250

**Craft Base 17**

# 日式住宅外觀演繹法

原著書名／最高の外構をデザインする方法
原出版社／X-Knowledge
作　　者／NPO法人築巢會
譯　　者／洪淳瀅
選 書 人／蕭麗媛
執行編輯／鄭雁聿、呂舒峮

業務經理／羅越華
總 編 輯／蕭麗媛
視覺總監／陳栩椿
發 行 人／何飛鵬
出　　版／易博士文化　城邦文化事業股份有限公司
台北市中山區民生東路二段141號8樓
電話：（02）2500-7008　傳真：（02）2502-7676
E-mail: ct_easybooks@hmg.com.tw
發　　行／英屬蓋曼群島商家庭傳媒股份有限公司城邦分公司
台北市中山區民生東路二段141號11樓
書虫客服服務專線：（02）2500-7718、2500-7719
服務時間：週一至週五上午09:30-12:00；下午13:30-17:00
24小時傳真服務：（02）2500-1990、2500-1991
讀者服務信箱：service@readingclub.com.tw
劃撥帳號：19863813　戶名：書虫股份有限公司
香港發行所／城邦（香港）出版集團有限公司
香港灣仔駱克道193號東超商業中心1樓
電話：（852）2508-6231　傳真：（852）2578-9337
E-mail：hkcite@biznetvigator.com
馬新發行所／城邦（馬新）出版集團Cite(M) Sdn. Bhd.
41, Jalan Radin Anum, Bandar Baru Sri Petaling,
57000 Kuala Lumpur, Malaysia.
電話：（603）90578822　傳真：（603）90576622
E-mail：cite@cite.com.my

封面構成／陳姿秀
美術編輯／簡單瑛設
製版印刷／卡樂彩色製版印刷有限公司



■2018年01月02日 初版（原書名為《住宅外觀設計》）
■2019年06月11日 修訂一版（更定書名為《日式住宅外觀演繹法》）
ISBN 978-986-480-084-1

定價1300元　HK $433